普通高等教育信息技术类系列教材

大学计算机基础教程

（第二版）

主　编　杨　俊　郭　丹　金一宁
副主编　关绍云　韩雪娜　高　祥

U0332361

科学出版社

北　京

内 容 简 介

本书通过讲授计算机科学中最基本的内容,来介绍有关计算思维的基础概念,不仅帮助学生了解数字交互,更着力于一般问题的有效求解。希望通过学习和实践,提升学生的信息素养,增强问题分析能力、问题求解思路的描述能力、初级系统设计的认知能力和初级计算思维跨学科应用能力。全书分为 5 章,包括计算与计算思维、信息的数字化表示、可计算问题求解、计算机科学中的系统与设计和计算思维的跨学科应用案例。本书在编写内容上,注重热点内容更新,基础内容覆盖广,实用性强;在编写形式上,力求阐述透彻,深入浅出。

本书适合作为高等学校计算机公共基础课程的教材及计算思维基础知识培训教材,也可以作为计算机初学者、计算机等级考试、工程技术人员和管理人员的参考资料。

图书在版编目(CIP)数据

大学计算机基础教程/杨俊,郭丹,金一宁主编. —2 版. —北京:科学出版社,2019.8

(普通高等教育信息技术类系列教材)

ISBN 978-7-03-061779-8

Ⅰ. ①大… Ⅱ. ①杨…②郭…③金… Ⅲ. ①电子计算机-高等学校-教材 Ⅳ. ①TP3

中国版本图书馆 CIP 数据核字(2019)第 129739 号

责任编辑:宋 丽 杨 昕/责任校对:王万红
责任印制:吕春珉/封面设计:东方人华平面设计部

科 学 出 版 社 出版
北京东黄城根北街 16 号
邮政编码:100717
http://www.sciencep.com

三河市骏杰印刷有限公司 印刷
科学出版社发行 各地新华书店经销

*

2014 年 2 月第 一 版 开本:787×1092 1/16
2019 年 8 月第 二 版 印张:15 1/4
2023 年 8 月第十九次印刷 字数:362 000

定价:56.00 元
(如有印装质量问题,我社负责调换〈骏杰〉)

销售部电话 010-62136230 编辑部电话 010-62315397-2032

第二版前言

教育是国之大计、党之大计，教育、科技、人才是全面建设社会主义现代化国家的基础性、战略性支撑。全面建设社会主义现代化国家，必须坚持科技是第一生产力、人才是第一资源、创新是第一动力，深入实施科教兴国战略、人才强国战略、创新驱动发展战略。高等教育人才培养要树立质量意识、抓好质量建设、全面提高人才自主培养质量。

在物联网、大数据、云计算、人工智能快速发展的今天，计算机越来越深入地融入社会与生活的各个方面，深刻地改变着社会的运行模式和人们的生活方式。在这一进程中，计算思维成为人们认识和解决问题的基本能力之一。同时，计算已被确立为人类知识的核心之一，科学上最重要、经济上最有前途的前沿研究都有可能通过先进的计算技术和计算科学而得到解决。对于计算与计算思维的理解和认知已经成为信息时代人们必备的基本能力。

"大学计算机基础"是大学本科教育的第一门计算机公共基础课程，这门课程的教学改革越来越受到人们的关注。从 2008 年开始，以"计算思维"的培养为主线开展计算科学通识教育，逐渐成为国内外计算机基础教育界的共识。其目标是培养学生的计算思维能力，提升计算机应用水平，将计算机解决问题的思想和方法应用到专业领域中，培养适应新时期各个领域信息化与专业化融合的合格人才。

本书从计算思维的角度，重点讲授与计算思维相关的基本概念、信息的数字化表示、可计算问题求解的思维过程和概念模型、算法类问题求解策略、计算机科学中运用系统科学解决问题的典型应用和方法、计算思维的跨学科应用案例。本书在第一版的基础上所作的修改主要体现在以下 3 个方面。

1）增加计算学科基本问题的描述，完善问题求解模型和算法类问题求解框架。

2）重新整合硬件系统、软件系统、数据库系统和网络系统的基础知识，重点描述如何在计算机科学中应用系统科学方法，以及系统科学在计算机科学中辅助解决问题的途径和典型应用。

3）重点描述计算机科学与其他学科的交叉融合，给出如何将其他学科的问题转化为计算问题的思路与方法，从计算的角度揭示跨学科问题的本质，较好地解决这些问题，从而实现一系列新的科学发现与技术创新。

本书的素材资源可从科学出版社职教技术出版中心网站 www.abook.cn 下载。

本书由杨俊、郭丹、金一宁担任主编，关绍云、韩雪娜、高祥担任副主编。全书包含 5 章，第 1 章 1.1 由高祥编写，第 1 章 1.2 和第 2、3 章由杨俊编写，第 3 章的流程图和 Python 程序由韩雪娜编写，第 4 章 4.1～4.4、4.6 和第 5 章由郭丹编写，第 4 章 4.5.1～4.5.7 和附录由金一宁编写，第 4 章 4.5.8 由关绍云编写。本书配有《大学计算机基础实验教程（第二版）》（杨俊等主编，科学出版社出版）可供上机实验使用。

在本书的编写过程中，得到了哈尔滨商业大学各级领导的帮助和支持，同时也得到了哈尔滨商业大学计算机学院教师们和张洪瀚教授的支持和关心，在此表示衷心感谢。

　　书中难免有不足之处，衷心希望读者给予批评指正。

第一版前言

21世纪科学上最重要、经济上最有前途的前沿研究都有可能通过先进的计算技术和计算科学而得到解决。为此，作为专业人才培养基地的高等学校要率先摒弃"计算机工具论"的理念，将人才培养目标从基础知识和基本技能的培养提升到意识和思维的培养层面。

计算思维是人类科学思维活动固有的组成部分，每个人都具有利用计算科学的基础概念进行问题求解、系统设计和行为理解的潜能。培养学生的计算思维能力，能够将计算机解决问题的思想和方法应用到学生的专业领域中，提升计算素养并展现计算之美的科学魅力。

大学计算机基础课程对于培养和提高学生的思维素质、创新能力、科学精神和传承计算机文化，以及用计算机解决实际问题的能力有着非常重要的作用。近年来，大学计算机基础课程进入一个新的发展阶段，以计算思维培养为切入点是今后大学计算机基础课程深化改革、提高质量的核心任务，培养具有国际竞争力的高级人才的计算思维能力成为大学计算机基础教学的一项重要的、长期的和复杂的核心任务。

本书将计算思维引入大学计算机基础课程教学中，探讨使用算法和程序来描述待求解的问题，并运用适合的硬件和软件来实现待求解的问题。同时，本书还包括问题求解过程中使用到的数据库、网络、信息检索、多媒体等基础知识。建议书中带"*"的章节只对理工科学生讲授。

本书由哈尔滨商业大学张洪瀚教授设计方案、组织实施、统稿、定稿。全书包含10章，第1、3、6、8章由杨俊编写，第2、4章由张艳荣编写，第5章由郭丹编写，第7章由金一宁编写，第9章由张启涛编写，第10章由韩雪娜编写。本书由杨俊、金一宁、韩雪娜担任主编，张启涛、张艳荣、郭丹担任副主编，张洪瀚担任主审。本书配有《大学计算机基础实验教程》（金一宁等主编，科学出版社出版）。

在本书的编写过程中，得到了哈尔滨商业大学各级领导的帮助和支持，同时得到了哈尔滨商业大学计算机学院教师们的支持和关心，在此表示衷心感谢。

书中难免有不足之处，衷心希望读者给予批评指正。

目　　录

第 1 章　计算与计算思维

☞ 教学目的和要求

　　本章介绍计算、计算科学、计算学科和计算机科学等基本概念，描述各领域的计算需求和有计算的解，介绍计算思维的定义、本质及其在学科交叉与融合方面所起的作用。通过学习，要求了解计算机科学的重要性，理解计算思维作为一种普遍性的认识和一类普适性的技能，每个人都应熟练掌握。

　　计算是人们熟悉的一个概念。例如，探月工程嫦娥四号探测器在距离月面 100m 处悬停并通过计算寻找安全着陆点，大学生创业期计算投资、收益、人员工资和资金周转，家庭出游规划最经济的旅游路线，在线购物，移动支付等。由此可见，计算不再仅与计算机有关，它正改变着人们的生活，影响人们看待世界和解决问题的角度和行为方式。计算思维（computational thinking，CT）是适合每个人的"一种普遍性的认识和一类普适性的技能"，旨在教会每个人像计算机科学家一样去思考。计算思维的训练和计算能力的提升会让人们的生活更加惬意，学习和工作更加游刃有余。

1.1　计算与计算机科学

1.1.1　计算与计算机

1. 计算与计算需求

　　计算是指在某种计算装置上，根据已知条件，从某一个初始点开始，在完成一组定义良好的操作序列后，得到预期结果的过程。理解这个定义需要注意以下两点。

　　1）计算的过程可由人或某种计算装置执行。

　　2）同一个计算可由不同的技术实现。

　　以往，计算的作用受到人脑运算速度慢和手工记录计算结果易出错的制约，因而能够通过计算解决的问题的规模非常小。相对于人的制约因素，计算机擅长两件事：运算和记住运算的结果。随着计算机的出现和计算机运算速度的不断提高，能够通过计算解决的问题的数量越来越多、问题的规模越来越大。换句话说，越来越多的问题被证明有计算的解。有计算的解是指对某个问题，能够通过定义一组操作序列，按照该操作序列执行得到该问题的解。

　　当下，计算机不仅能够完成算术运算和逻辑分析，也可以完成对现实世界的模拟和重现；不仅能够处理数值信息，也可以处理文本、图形、图像、声音和视频等信息。计算机能够根据问题的不同需求执行不同的计算。

2．计算机简史

（1）机械式计算装置

借用机械装置进行记账和算术的历史可以追溯到古代。

算盘（abacus）是一种简单而又方便的机械计算器，通过在细小柱子上滑动的珠子实现算术运算，算盘珠子的数目和位置表示十进制数。关于中国算盘的文字记载，最早出现在公元 190 年。

1642 年，法国数学家帕斯卡（Pascal）发明了加法器。由于加法器可以完成 8 以内的加减法，因此被认为是人类历史上第一台真正意义上的机械式计算工具。

1674 年，德国数学家莱布尼茨（Leibniz）发明了乘法器。乘法器是世界上第一台可以进行完整的四则运算的机械式计算器。

1823 年，英国数学家查尔斯·巴贝奇（Charles Babbage）设计了一台差分机。"差分"就是把函数表的复杂算式转化为差分运算，用简单的加法代替平方运算。巴贝奇的差分机使用齿轮和其他精密零件来计算多项式函数。1830 年，巴贝奇又设计了分析机。分析机有 3 个主要部件：齿轮存储器、运算装置和控制装置。巴贝奇设想用穿孔卡片组控制机器的计算过程，包括操作顺序、输入和输出过程等。该控制机制包含了顺序、选择和循环控制等特性。

与巴贝奇同时期的英国著名诗人拜伦的女儿奥古斯特·艾达·劳莉斯（Augusta Ada Lovelace）负责为分析机编写软件，她编写了三角函数的计算程序、级数相乘程序和伯努利数计算程序等。作为世界上第一个为机器编写程序的人，艾达也是世界上第一位程序员和第一位软件工程师。后人为了纪念她，将一种计算机程序设计语言命名为 Ada。

虽然巴贝奇在生前未能将分析机制造出来，但是分析机的设计已经完成，用于分析机的程序也作为文档保留下来。在巴贝奇首次提出分析机设计思想 150 年之后，伦敦科学博物馆依照巴贝奇的设计图纸制造出一台分析机，现代机械工程师一致赞叹巴贝奇设计的精确性。巴贝奇提出的程序控制思想和程序设计思想已经渗透现代计算机技术中，因此人们认为巴贝奇是现代计算机技术的奠基人。巴贝奇及其设计的差分机模型和分析机模型如图 1-1 所示。

图 1-1　巴贝奇及其设计的差分机模型和分析机模型

（2）机电式计算机

1941 年，德国人朱斯（Zuse K）在巴贝奇研究的基础上研制出第一台以继电器为主要元器件的机电式计算机，该机器可以执行 8 种指令，包括四则运算和求平方根。朱斯对计算机技术的发展具有特殊的贡献，主要体现在 3 个方面：从数学和逻辑两个方面考虑了计算机的设计问题；首次提出了计算机数据采用二进制数的基本表示方法；首次提出了存储器的概念。

1944 年，美国人艾肯（Aiken）在 IBM 公司的资助下研制成功机电式计算机，又称为继电器式计算机。这时的机电式计算机已能完成相当广泛的数学计算工作，如编制各种数学用表、求任意阶的微分、数值积分计算等。

（3）现代电子计算机

从 20 世纪初开始，物理学和电子学领域的科学家们就在争论"制造可以进行数值计算的机器应该采用什么样的结构"，人们被十进制这个习惯的计数方法所困扰。20 世纪 30 年代中期，冯·诺依曼大胆地提出"抛弃十进制，采用二进制作为数字计算机的数制基础"的观点。同时，他还提出预先编制计算程序，然后由计算机来按照人们事前制定的计算顺序来执行数值计算工作。

1945 年 6 月，冯·诺依曼提出了在数字计算机内部的存储器中"存储程序"的概念，这是所有现代电子计算机的模板，被称为"冯·诺依曼原理"，按照这一原理建造的计算机称为存储程序计算机（stored program computer），又称为冯·诺依曼计算机。

1946 年 2 月，世界上第一台电子数字积分计算机（electronic numerical integrator and calculator，ENIAC）在美国宾夕法尼亚大学研制成功。该机由 18800 个电子管组成，重约 30t，占地面积约 170m^2，每小时耗电约 150kW，每秒运算 5000 次，如图 1-2 所示。ENIAC 主要有两个弊端：①采用十进制，逻辑元件数量多、结构复杂、可靠性低；②没有内部存储器，操纵运算的指令分散在许多电路部件中，需要人工配合实现运算。针对 ENIAC 存在的问题，冯·诺依曼提出一个全新的通用计算机方案，这个方案包括 3 个重要设计思想。

1）计算机由 5 个基本部分组成：运算器、控制器、存储器、输入设备和输出设备。

2）采用二进制形式表示计算机的指令和数据。

3）"存储程序"原理。

图 1-2　世界上第一台电子数字积分计算机 ENIAC

（4）计算机的发展方向

现代计算机主要有两个发展方向：一是向着巨型化、微型化、网络化和智能化趋势发展；二是朝着非冯·诺依曼结构模式发展。

智能化是指应用人工智能技术使计算机系统能够更加高效地处理问题。从 20 世纪 80 年代开始，美国、日本等国家投入了大量的人力、物力研究新一代计算机，其目标是使新一代计算机能够像人一样具有看、说、听和思考的能力，即计算机智能化。它涉及很多高新科技领域，如微电子学、高级信息处理、知识工程和知识库、计算机体系结构、人工智能和人机界面等。

非冯·诺依曼结构计算机主要是指生物计算机、量子计算机和人工神经网络计算机等。其中，量子计算机是一类遵循量子力学规律进行高速数学和逻辑计算、存储及处理量子信息的物理装置。当某个装置处理和计算的是量子信息，运行的是量子算法时，它就是量子计算机。量子计算机具有天然的大规模并行计算的能力，其并行规模随芯片上集成量子位数目指数增加，因此量子计算的并行规模实际上是不受限制的。

1.1.2　计算科学、计算学科和计算机科学

1. 计算科学

理论科学、实验科学和计算科学是推动人类文明进步和科技发展的重要途径。这种认识已经获得了广泛的认同。

（1）计算科学的地位

2005 年 6 月，在美国总统信息技术咨询委员会（The President's Information Technology Advisory Committee，PITAC）提交的题为"计算科学：确保美国竞争力"（*Computational Science: Ensuring America's Competitiveness*）的研究报告中，再次将计算科学提升至国家核心竞争力的高度。该报告认为，计算不仅是一门学科，还具有促进其他学科发展的作用。21 世纪科学上最重要的、经济上最有前途的前沿研究课题都有可能利用先进的计算技术和计算科学而得以解决。该报告强调，美国目前还没有认识到计算科学处于社会科学、生物医学、工程研究、国家安全及工业改革的中心位置，这种认识上的不足将危及美国的科技领先地位、经济竞争力及国家安全。

（2）计算科学的概念

计算科学又称为科学计算，是一个与数学模型构建、定量分析方法及利用计算机来分析和解决科学问题相关的研究领域。在实际应用中，计算科学主要用于对其他学科中的问题进行计算机模拟或其他形式的计算。计算科学应用程序常常用于创建真实世界变化情况的模型，以及处理与该模型相关的信息。例如，与天气、飞机周围的气流、事故中的汽车车身变形等相关的模型及与之相关的信息。

2. 计算学科

1985 年春，由美国计算机协会（Association for Computing Machinery，ACM）与美国电气和电子工程师学会计算机分会（Institute of Electrical and Electronics Engineering-Computer Society，IEEE-CS）组成的联合研究组经过近 4 年的工作，提交了题为"计算作为一门学科"的报告。

该报告为"计算学科"给出了一个透彻的定义。计算学科系统地研究描述和变换信

息的算法过程，包括算法过程的理论、分析、设计、效率分析、实现和应用等。

此后，ACM 和 IEEE-CS 联合研究组做了大量的工作，将计算学科分为计算机科学、软件工程、计算机工程、信息技术和信息系统 5 个分支学科或专业。其中，计算机科学学科与计算机工程学科的界定非常明确，前者着重于理论与算法，后者着重于技术与工程实现，这两个学科本科专业的知识领域既有交叉，又有侧重。

3．计算机科学

现在，计算机科学不仅处于科学与技术领域的中心地位，而且正在改变着几乎所有的学科。虽然这在一定程度上是廉价计算机大规模数据处理能力迅速发展的结果，但是最根本的改变源自计算机科学在其他学科中的成功应用。例如，与生物科学相关的问题求解。通过利用计算机建模模拟生命系统动态发展过程的方法，计算机科学正在改变生物学的研究方法，与此类似，它也在改变天文学、流行病学和经济学的研究方法。这一过程表明，计算机科学正从一个工程学科变成一个富有创造性的科学学科。为了更好地求解问题、设计系统和理解人类的行为，人们希望更多的研究者能够在理解计算机科学概念的基础上，从计算的视角重新审视学科自身的问题，最终产生一系列科学新发现与技术创新。

（1）什么是计算机科学

计算机科学作为计算科学的一个重要分支学科，是研究计算过程的科学。

计算过程是通过操作数字符号变换信息的过程，涉及信息在时间、空间、语义层面的变化。例如，游览天安门广场时将自拍的人物照片用图片文件存档，第二天再打开观看，涉及时间的改变；把人物图片从天安门广场传到远方家中给父母看，涉及空间的改变；用一个模拟软件根据人物图片模拟出 10 年后人物的模样，涉及语义层面的改变。

从技术角度看，计算机科学涉及信息获取、信息存储、信息处理、信息通信、信息显示等环节。一个计算过程既可以专注于某一个环节，也可以覆盖多个环节。为了突出计算机科学学科的技术内涵和技术影响，国内业界人士有时会使用"计算机科学技术"这一名称来称呼该学科。

计算机科学不仅为人们提供了一种科技工具，更重要的是提供了计算思维，即从信息变换的角度有效地定义问题、分析问题和解决问题的思维方式。

（2）奇妙的计算机科学

计算机科学技术已经渗透到人类社会生产、生活的各个方面，全球的计算机科学技术用户已有数十亿人，智能手机已有数百万个不同的应用程序。计算机科学发展为何如此迅速？其中一个重要的原因是计算机科学具备其他学科没有的特点，包括 3 个奇妙之处：指数之妙、模拟之妙、虚拟之妙。

1）指数之妙。计算机科学领域有别于其他学科的一个重要特征是利用和应对指数增长（摩尔定律描述了集成电路芯片上的晶体管数量随时间呈指数增长的趋势），即假设产业（问题、需求、技术能力等）指数会增长，面向未来充满信心地开展研究和创新，而不是局限于今天的问题，被今天的技术和需求框框限制。这种研究方法有许多成功案例，如操作系统、微机、图形界面、数据库及因特网的发明和普及等。

指数之妙是指计算机科学技术领域的一个现象，即很多理论问题和实际问题的计算量随问题计算规模呈指数增长，这给科学研究与技术开发带来挑战。例如，借助计算机来模拟蛋白质折叠过程。

指数之妙还指计算机科学技术领域的另一个现象，即计算速度随时间呈指数增长。例如，高性能计算机速度增长趋势、摩尔定律（计算机硬件半导体芯片的性能价格比呈指数变化规律）、硬盘容量和网络带宽等指标的改善遵循指数变化规律。

计算机技术的创新发展应该利用其创新产出，这样该技术就有可能通过自我加强而快速改善。由摩尔定律可知，尽管人们对计算机硬件方面如何持续创新已有了很多经验，但是在计算机整机、计算机软件、网络通信及其可靠性、安全性等方面，人类的创新活动需要与摩尔定律保持同步，否则计算机软件、网络通信及其可靠性、安全性将会变成瓶颈，整个计算机系统的效率会变得很低。

2）模拟之妙。计算机模拟又称为仿真，是指利用计算机模拟现实世界（物理世界和人类社会）中的真实系统随时间演变的过程。计算机通过执行计算过程求解表示真实系统的数学模型和其他模型，并由此产生模拟结果。数十年的计算机应用历史表明，计算机可以模拟物理世界和人类社会中的各种事物和过程，用较低的成本重现物理现象和社会现象，甚至可以让人们看见原来看不见的事物，做原来做不到的事情。

计算机模拟可用于经济分析、金融推荐、汽车碰撞、飞机设计、核武器仿真、新材料发现、基因测序和新药研制等方面。

3）虚拟之妙。计算机世界是人创造的，因此可由设计者定义并控制。这使得人们不仅能够在计算机的虚拟世界中重现现实世界，还可以创造出现实世界没有的东西，甚至与现实世界截然相反的平行世界。例如，电影特技与计算机游戏。计算机世界的这种虚拟性使得一切都在设计者和创造者的掌控之中，这也是吸引很多年轻人加入计算机科学领域并成为创新者的重要原因。

在计算机的虚拟世界中，很多现实世界的元素都可以被虚拟化，包括虚拟时间、虚拟空间、虚拟主体、虚拟物体、虚拟过程甚至虚拟的整个世界。

【例 1.1】 数字敦煌。

现代计算机技术已经可以逼真地重现千年前的莫高窟及其精美的壁画，人们可以通过登录"数字敦煌"资源库平台 https://www.e-dunhuang.com 感受敦煌这一世界文化遗产和人类艺术殿堂带来的震撼。"数字敦煌"主页如图 1-3 所示。

图 1-3　数字敦煌

【例 1.2】 远程呈现（telepresence）。

远程呈现技术的目标是使用户可以凭借"时移"或"空移"观察甚至参与某个远程活动，从而获得逼真的体验。例如，学生可以通过远程呈现技术参与探月工程嫦娥四号登月的科学实验，或者参加地下森林科学考察。人们熟悉的虚拟现实也与远程呈现技术相关。

1.2 计 算 思 维

随着信息化应用的全面深入，计算思维成为人们认识问题和解决问题的基本能力之一。计算思维已经不仅是计算机专业人员应该具备的能力，而且是所有受教育者应该具备的能力。计算思维不能简单类比于数学思维、艺术思维等人们可能追求的素质，它蕴含着一整套解决一般问题或一类问题的方法与技术。计算思维代表着一种普遍性的认识和一类普适性的技能，每个人都应热心于它的学习和运用。

1.2.1 计算思维的概念

目前国际上广泛使用的计算思维概念是由美国卡内基·梅隆大学周以真教授提出的。计算思维是运用计算机科学的基础概念去求解问题、设计系统和理解人类的行为。

可以从以下 7 个方面来理解计算思维。

1）计算思维是通过约简、嵌入、转化和仿真等方法，把一个困难的问题阐释成如何求解它的思维方法。

2）计算思维是一种递归思维，是一种并行处理方法，把代码译成数据又把数据译成代码，是一种多维分析推广的类型检查方法。

3）计算思维是采用一种抽象和分解的方法来控制庞杂的任务或者进行巨型复杂系统的设计，是基于关注点分离的方法。

4）计算思维是选择一种合适的方式陈述某些问题，或者对某些问题的相关方面建模使其易于处理的思维方法。

5）计算思维是按照预防、保护及通过冗余、容错、纠错的方式从最坏情况进行系统恢复的一种思维方法。

6）计算思维是利用启发式推理寻求解答，即在不确定的情况下规划、学习和调度的思维方法。

7）计算思维是利用海量数据来加快计算，在时间和空间之间、在处理能力和存储容量之间进行折中的思维方法。

周以真教授列举的生活中的事例都与计算思维有关。例如，当某人早晨去学校时，她把当天需要的东西放进背包，这就是预置和缓存；当某人弄丢自己的手套时，旁人建议他沿着走过的路寻找，这就是回推；在什么时候停止租用滑雪板而为自己买一对，这就是在线算法；在超市付账时应当去排哪个队，这就是多服务器系统的性能模型；停电时为什么自己的电话仍然可用，这就是失败的无关性和设计的冗余性。全自动区分计算机和人类的大众图灵测试（completely automated public turing test to tell computers and humans apart，CAPTCHA）就是充分利用求解人工智能难题之艰难来挫败计算代理程序。

从上述事例可以看出，计算思维具体表现形式主要有计算逻辑思维、算法思维、网络思维、计算系统思维和数据思维。

因此，计算思维是每个人应该具备的基本技能，而不仅仅属于计算机科学家。在阅读、写作和算术（reading，writing and arithmetic，3R）之外，应当将计算思维融入每个人的解析能力之中。

1.2.2　计算思维的本质

2008 年 7 月，周以真教授在英国著名期刊《英国皇家学会哲学学报》上发表论文《计算思维与关于计算的思维》，对计算思维的本质进行了讨论，明确了抽象（abstraction）和自动化（automation）是计算思维的本质，也是计算思维最重要的两个元素。其中，前者对应建模，后者对应模拟。

抽象就是忽略一个主题中与当前目标无关的那些方面，以便更充分地注意与当前目标有关的方面。在计算机科学中，抽象是一种被广泛运用的思维方法。计算思维中的抽象完全超越物理的时空观，并完全用符号来表示，其最终目的是能够机械地一步步自动执行抽象出来的模型，以求解问题、设计系统和理解人类行为。

计算思维的本质反映了计算学科的根本问题，即"什么能被有效地自动进行"。用一句话总结就是：计算是抽象的自动执行，自动化需要某种计算装置去解释抽象。

在现实生活中，无论哪个学科的可计算问题都可以抽象出数学模型，确定适当的计算策略，选取合适的算法，通过计算机自动化运行来解决。

2010 年，美国国家研究委员会（National Research Council，NRC）召开了一系列会议，提出了《关于计算思维的本质和适用范围的工作报告》。该报告认为计算思维认知的关键在于确定计算思维的基本元素及元素之间的关系，从而引出了计算思维的结构问题。

关于计算思维的不同声音。美国 ACM 前主席丹宁（Denning）教授在 2003 年出版了《伟大的计算原理》，书中将计算原理划分为 5 个类别：计算（computation）、通信（communication）、协作（coordination）、自动化（automation）、记忆（recollection）。2009 年 6 月 Denning 又出版了《超越计算思维》，书中将计算原理划分为 7 个类别，新增加了评估（evaluation）和设计（design）。

其实，周以真是从思维层面给出计算思维的本质结构，Denning 是从原理出发给出计算思维的结构框架。

1.2.3　计算过程和计算思维

人们现在已经知道计算机科学是研究计算过程的科学，下面列出 10 种对计算过程和计算思维的理解。它们各自代表计算机科学的一个本质性难题，攻克这些难题将成为计算机科学发展史上的里程碑。

1）自动执行：计算机能够自动执行由离散步骤组成的计算过程。
2）正确性：计算机求解问题的正确性往往可以精确地定义并分析。
3）通用性：计算机能够求解任意可计算问题。
4）构造性：人们能够构造聪明的方法（算法），让计算机有效地解决问题。

5）复杂度：这些聪明的方法（算法）具有时间复杂度和空间复杂度。

6）连通性：很多问题涉及用户/数据/算法的连接体，而非单体。

7）协议栈：连接体的结点之间通过协议栈通信交互。

8）抽象化：少数精心构造的计算抽象可以产生万千应用系统。

9）模块化：多个模块有规律地组合成为计算系统。

10）无缝衔接：计算过程在计算系统中流畅地执行。

另外，还可以从计算机科学的发展历史中进一步提炼更基本、更简约的目标。由计算机科学技术的发展历程可知，计算思维的演变历程大体上体现了自动、通用、算法、联网、抽象 5 个主要目标，并会一直延续下来。

1.2.4　学科交叉与融合

计算和计算思维已经广泛地应用在各个领域的问题求解中。例如，现实生活中面临自然资源消耗过快、全球变暖、环境污染、医疗保障、非传统安全、老龄化等严峻问题，解决这些问题有两个共同的要求，即多学科交叉和离不开计算科学。以计算为桥梁的学科交叉融合不是简单的计算机应用，而是计算思维给广泛的学科问题求解带来的一种思想、策略、方式和手段上的变化，融合正在促进各学科的突破性发展。

（1）计算生物学（computational biology，CB）

近年来，生物学的"数据爆炸"为计算机科学带来了巨大的挑战和机遇，处理、存储、检索和查询庞大的数据并非易事，而从各类数据中发现复杂的生物规律和机制，进而建立有效的计算模型就更加困难。利用计算模型进行快速的模拟和预测，指导生物学的实验，辅助药物设计，改良物种用于造福人类，这些可以说是计算生物学中最富有挑战性的任务。例如，计算机科学家运用霰弹枪算法（shotgun algorithm）大大提高了人类基因组测序的速度；数据挖掘与聚类分析的方法在蛋白质结构预测中也有广阔的应用空间。

（2）计算化学（computational chemistry，CC）

计算化学是化学和计算机科学等学科相结合形成的交叉学科，其研究内容是如何利用计算机来解决化学问题。有些化学问题是无法用分析方法解决的，只能通过计算来解决。计算化学一般用于解决数学方法足够成熟从而能够在计算机上实现的问题。计算化学有两个用途：①通过计算来与化学实验互为印证、互为补充；②通过计算来预测迄今完全未知的分子或从未观察到的化学现象，或者探索利用实验方法不能很好研究的反应机制。

2013 年，诺贝尔化学奖授予马丁·卡普拉斯（Martin Karplus）、迈克尔·莱维特（Michael Levitt）和亚利耶·瓦谢尔（Arieh Warshel），以表彰他们在"开发多尺度复杂化学系统模型"方面所做的贡献。他们综合了不同领域方法的精华，设计出基于经典物理和量子物理学两大领域的方法，让化学家们得以借助计算机的帮助揭示化学世界的神秘。如今，化学家们在计算机上进行模拟实验的数量几乎与其在实验室里做实验的数量一样多。从计算机上获得的理论结果被现实中的实验证实，之后又产生新的线索，引导人们去探索原子世界的工作原理。

（3）计算经济学（computational economics，CE）

计算经济学是以计算机为工具来研究人和社会经济行为的社会科学。计算经济学的主要研究方向包括算法博弈论的基本原理、拍卖、采购机制设计、区块链及分布式商业等。

算法博弈论研究博弈论和经济学中的计算问题，包括各种均衡（纳什均衡、市场均衡等）的计算复杂性问题、优化问题，以及合作博弈、利益再分配和商品定价等。机制设计归根结底也是算法问题，现实中的案例包括搜索引擎网址排序、淘宝卖家排序等。总的来说，算法博弈论在市场行为、交通道路设计、导航问题、在线广告拍卖、选举等方面都能发挥作用。

【例 1.3】　请结合"互联网+"、供给侧结构性改革和推荐系统，说明在互联网经济环境下实现电子商务的一种有效途径。

解："互联网+"往往是由政府或互联网企业牵头主导的，从技术、商业模式、资金、人才等方面实现互联网与传统产业的融合。互联网金融、互联网医疗等新业态正是互联网与传统产业融合的产物。

供给侧结构性改革是从提高供给质量出发，用改革的办法推进结构调整，扩大有效供给，提高供给结构对需求变化的适应性和灵活性，更好地满足广大人民群众的需要，促进社会经济持续、健康发展。例如，中国游客到日本旅游时抢购智能马桶盖，说明群众的消费需求旺盛，作为供给侧的企业就需要调整生产及销售模式，利用"互联网+"搭建自己的资源平台，实现供需双方的互联互通，满足群众的消费需求。

电子商务网站（淘宝、京东等）普遍应用了推荐系统。推荐系统应用机器学习方法，通过用户浏览、收藏、购买的记录更精准地理解用户需求，对用户进行标签聚类，推荐用户感兴趣的商品，帮助用户快速找到需要的商品，同时适时放大需求，售卖更加多样化的商品，甚至在站外推广时，能够做个性化营销。可以说，在互联网经济环境下，利用推荐系统实现了相对精准的电子商务。图 1-4 所示为某网站推荐区域。推荐区域的内容会随着用户的需求而改变。

图 1-4　某网站的推荐区域

（4）计算机艺术（computational art，CA）

计算机艺术是计算科学与艺术相结合的一门新兴的交叉学科，包括绘画、音乐、舞蹈、影视、广告、书法模拟、服装设计、图案设计、产品造型设计和建筑造型设计及电子出版物等众多领域。计算机艺术为人类提供了一种全新的艺术创作手段，向人们展示了全新的艺术思维和艺术作品。

目前，在计算机艺术中发展最活跃的是计算机美术，利用大数据和算法的力与美的艺术作品如图 1-5 所示。计算机美术要求创作者既要懂美术又要懂计算机，它利用计算机作为工具，按照美学原理，以图像和图形的形式进行信息交流和升华，创造新的艺术形式。在计算机美术创作中，绘画的技法和色彩的调配均可以借助计算机强有力的交互性操作完成。造型和构图是美术创作思维模拟的主要应用领域，建立造型和构图的算法模型是实现美术创作思维模拟的关键。这些算法模型是对美术创作的规律、原理和法则及思维方法的数学描述，是所有造型与构图功能的算法基础。

（a）作品一
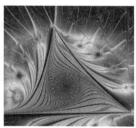
（b）作品二

图 1-5　利用大数据和算法的力与美的艺术作品

算法艺术创作是指用一个公式或一个算法来直接产生一幅或一系列多媒体艺术作品。一系列是指这一公式或算法能够根据不同的参数而产生类似的多媒体艺术作品。利用该方法创作的大多数艺术作品的主题比较抽象，但其中多数作品具有令人赏心悦目的图案和几何图形，这些抽象的几何图案不仅可以通过挂图或者设置计算机屏幕保护动画等方式供人们欣赏，而且在服装设计和工业设计等领域也大有用武之地。

（5）社会计算（social computing，SC）

社会科学家一直希望能够像研究自然现象那样，通过"实验—理论—验证"的范式研究社会现象，这种期盼在高度信息化的社会成为现实。对于社会计算主要有两种理解，即"社会的计算化"和"计算的社会化"。

"社会的计算化"是指随着互联网的普及，越来越多的社会活动通过互联网进行，人类因此在互联网上留下海量且相互关联的数据足迹，基于这些数据足迹，大量原本不可追踪、检索、汇编、计量和运算的社会活动变得可以追踪、检索、汇编、计量和运算。利用"社会的计算化"能够更好地监测社会运作、洞察社会规律、预测社会趋势、规划社会生活。"社会的计算化"主要有 3 个方面的应用和表现，即社会建模、社会实验和人工智能。

"计算的社会化"是指互联网创造了一种环境、一个平台，使群众能够广泛地参与计算过程，从而在数据的挖掘、分析和应用等方面使充分集中群众智慧成为可能。

【例 1.4】　社会媒体广告投放策略是社会计算的应用。请说明利用计算思维实现广告定投的社会意义和商业价值。

解：当下，利用互联网在人们之间建立了一种新型的"远程"社会关系，从传统的面对面交流到数字操纵的网络交往，必将深刻地改变已有的社会模式。利用计算的手段来研究人类的行为，主要是通过各种信息技术手段来设计、实施和评估人与环境之间的交互。利用网络，针对不同的人的不同爱好投放不同类别的广告，花钱少，见效快。

社会媒体广告投放策略实现的主要步骤如下。

1）面对当前需求，参考以往案例，拟定"广告信息"。

2）选择投放结点，重点选择影响力大或感兴趣的用户进行投放。

3）投放广告信息。

4）引导效果评估。人们主要从 3 个方面进行评估：①利用传播树计算广告传播规模（定量）；②利用情感倾向分析技术计算广告投放效果（定性）；③综合考虑定量指标和定性指标，设计新的广告计费模式。

计算思维——领域知识

运用计算技术解决问题时，经常需要用到该问题领域的专业知识，只有结合领域知识和技巧的算法才是科学合理的，因此在专业领域使用计算机解决问题，经常需要该领域专家和计算机专业人士的紧密合作。

【例 1.5】 《论语·宪问》中，子曰："骥不称其力，称其德也。"或曰："以德报怨，何如？"子曰："何以报德？以直报怨，以德报德。"以前是如何证明孔子的说法是正确的？现在是如何计算孔子的说法是正确的？

解：学科一：为了计算这个问题，引入博弈论中的"囚徒困境"案例。两个罪犯准备抢劫银行，但在作案前被擒。警方怀疑他们意图抢劫，于是将两人分开审讯。警方分别对两人说："若你们都保持沉默（"合作"），则一同入狱 1 年；若你们互相检举（互相"背叛"），则一同入狱 5 年；若你认罪并检举对方（"背叛"对方），而他保持沉默，则他入狱 10 年，而你可以获释（反之亦然）"。结果两人都选择了招供（警方最希望的结果）。

孤立地看，这是最符合个体利益的"理性"选择。以囚徒 A 为例，若囚徒 B 招供，则囚徒 A 自己招供获刑 5 年，不招供获刑 10 年；若囚徒 B 不招供，则囚徒 A 自己招供可以免刑，不招供获刑 1 年。

在这两种情况下，两人选择招供都更为有利，但事实上却比两人都拒不招供的结果糟糕。两个囚徒都选择不招供就是这个博弈的最终结果。"囚徒困境"之所以称为"困境"，是因为这个博弈的最终结果恰恰是最坏的结果。"囚徒困境"的战略表述如图 1-6 所示。

		囚徒 B	
		保持沉默	检举对方
囚徒 A	保持沉默	-1　　-1	-10　　0
	检举对方	0　　-10	-5　　-5

图 1-6　"囚徒困境"的战略表述（单位：年）

由"囚徒困境"可知，在公共生活中，如果每个人都从眼前利益、个人利益出发，结果就会对整体利益（间接对个人的利益）造成伤害。

学科二：利用博弈论中的"囚徒困境"，可以解释可口可乐公司和百事可乐公司之间的"价格大战"。经济学将两个企业联合起来垄断某种商品的市场行为称为双寡头经济。例如，可口可乐公司和百事可乐公司互相竞争，都想打垮对手，争取更大的利润。为什么两个企业要愚蠢地进行价格大战呢？因为每个企业都以对方为竞争对手，只关心自己一方的利益。在价格大战博弈中，只要以对方为故手，那么不管对方的决策怎样，自己采取低价策略总是会占便宜，这就促使双方都采取低价策略。但是，如果双方合作或勾结起来，都实行比较高的价格，那么双方都可以因为避免价格大战而获得较高的利润。有人把这种双方都采取高价策略的对局形势称为双赢对局。如何避免价格战，走出"囚徒困境"？答案是"合作"。

学科三：为解决"囚徒困境"难题，美国曾组织竞赛，要求参赛者根据"重复囚徒困境"（双方不止一次相遇，"背叛"可能在以后遭到报复）来设计程序。将程序输入计算机反复互相博弈，以最终得分评估优劣。程序对策有随机、永远背叛、永远合作等。最终，加拿大多伦多大学的阿纳托尔教授的"一报还一报"策略夺得了最高分。"一报还一报"策略：我方在第一次相遇时选择"合作"，之后就采取对方上一次的选择。这意味着在对方每一次"背叛"后，我方就"以牙还牙"也"背叛"一次；在对方每一次"合作"后，我方就"以德报德"也"合作"一次。

学科四：通过"一报还一报"策略就可以计算出《论语·宪问》中"何以报德?以直报怨，以德报德"这段话的正确性。

这个案例涉及人文、博弈论、经济学、计算4个学科的知识，通过计算思维将这4个学科中的常见现象和观点融合在一起。

计算思维——从问题求解角度理解工程教育认证标准

信息技术、生物技术、新能源技术、新材料技术等的交叉融合正在引发新一轮科技革命和产业变革。非计算机专业在进行工程教育认证时离不开信息技术的支持。人们认识到，计算和计算思维已经广泛地应用在各个领域的问题求解中。工程教育认证标准中与问题求解相关的部分专业毕业要求如下。

1）工程知识。能够将数学、自然科学、工程基础和专业知识用于解决复杂工程问题。

2）问题分析。能够应用数学、自然科学和工程科学的基本原理，识别、表达并通过文献研究分析复杂工程问题，以获得有效结论。

3）设计/开发解决方案。能够设计针对复杂工程问题的解决方案，设计满足特定需求的系统、单元（部件）或工艺流程，并能够在设计环节考虑社会、健康、安全、法律、文化及环境等因素，体现创新意识。

4）研究。能够基于科学原理并采用科学方法对复杂工程问题进行研究，包括设计实验、分析与解释数据，并通过信息综合得到合理有效的结论。

5）使用现代工具。能够针对复杂的工程问题，开发、选择与使用恰当的技术、资源、现代工程工具和信息技术工具，包括对复杂工程问题的预测与模拟，并能够理解其局限性。

6）工程与社会。能够基于工程相关的背景知识进行合理分析，评价专业工程实践和复杂工程问题的解决方案对社会、健康、安全、法律及文化的影响，并理解应该承担的责任。

小　结

本章介绍了与计算和计算思维相关的重点概念。计算是指在某种计算装置上，根据已知条件，从某一个初始点开始，在完成一组定义良好的操作序列后，得到预期结果的过程。有计算的解是指对某个问题，能够通过定义一组操作序列，按照该操作序列执行得到该问题的解。计算科学是一个与数学模型构建、定量分析方法及利用计算机来分析和解决科学问题相关的研究领域。计算学科系统地研究描述和变换信息的算法过程，包括算法过程的理论、分析、设计、效率分析、实现和应用等。计算学科的根本问题是"什么能被有效地自动进行"。计算机科学作为计算学科的一个重要分支学科，是研究计算过程的科学。计算思维是运用计算机科学的基础概念去求解问题、设计系统和理解人类的行为，包括涵盖计算机科学之广度的一系列思维活动。计算思维作为适合每个人的"一种普遍性的认识和一种普适性的技能"，旨在教会每个人像计算机科学家一样去思考。

以计算为桥梁的学科交叉融合不是简单的计算机应用，而是计算思维给广泛的学科问题求解带来的一种思想、策略、方式和手段上的变化，正在促进各学科的突破性发展。

习　题　1

1. 什么是计算机科学？怎么理解计算机科学的奇妙之处？

2. 什么是计算思维？计算思维有哪些具体表现形式？

3. 怎么理解计算思维的本质？

4. 计算和计算思维已经广泛地应用在各个领域的问题求解中，请列举几个与计算有关的交叉学科，并以某学科为例说明怎么理解跨学科问题的求解？

第 2 章　信息的数字化表示

🕐 **教学目的和要求**

重点理解把真实世界的信息转化为可计算的数据的方法，即使用计算机处理信息，必须将要处理的信息转化为二进制数据。理解社会问题、自然问题面向计算的基本表达方法——语义符号化与符号计算化。理解计算 0 和 1 的符号化，即任何信息都可以表示为 0 和 1，数值型信息采用二进制表示，非数值型信息采用编码表示。理解基本的逻辑运算，即任何信息都可以进行基于 0 和 1 的运算。了解电子技术可以自动实现 0 和 1 及其基本运算，即基于 0 和 1 实现自动化。

通过学习，要求掌握社会问题、自然问题面向计算的最基本的抽象与自动化机制：语义符号化—符号计算化—计算自动化。

2.1　符号化、计算化与自动化

广义的科学概念包括自然科学、人文科学和社会科学等所有学科。自然科学（natural science）是以自然界为主要研究对象，运用实证、理性和证明等方法，揭示自然的奥秘，获取自然的真知。人文科学（humanities）是以人类为主要研究对象，运用实地考察、诠释和启示等方法，认识人、人性和人生的意义，提升人的精神素质和思想境界。社会科学（social science）是以社会领域为主要研究对象，运用调查、统计和归纳等方法，把握社会规律，解决社会问题，促进社会进步。现实生活中的大多数问题，无论涉及哪个学科，都需要借助计算来求解。

2.1.1　符号化与计算化

理解社会问题、自然问题面向计算的基本表达方法——语义符号化与符号计算化，其中符号计算化包括数学类问题的符号计算化和非数学类问题的符号计算化。

如何借助计算研究复杂现象呢？答案就是"符号化-计算化"。通过"符号化"可将各种现象或其相关要素表达出来，通过"符号计算"可以反映现象及其要素之间的关系。符号化是最基本的抽象手段。任何事物只要符号化，就可以被计算，但符号化不仅仅是指数学符号化，表达成任何符号都可以。例如，0 和 1，阴（▬ ▬）和阳（▬）。其中，每个阴（▬ ▬）和阳（▬）称为爻（yáo）。

《易经》利用阴阳及其组合变化来研究自然现象，在今天看来，它依然展现了构造组合的多样性和变化的复杂性，利用构造组合可以表达复杂的语义。《易经》体现了从"现象存在"到"概念抽象"，再将抽象概念应用到不同的空间领域，而抽象是计算学科的基本研究方法。《易经》的阴阳与计算学科的 0 和 1 有着天然的联系，基于阴阳组合的变化与基于 0 和 1 组合的变化也有着相似的规律。因此，通过《易经》来研究自然现象是理解"符号化-计算化"是非常好的实例。

【例2.1】　　　请描述易经八卦的符号化处理原理。

解：易经八卦是指《易经》和《八卦》。《易经》的创始人为周文王，《八卦》的创始人为伏羲。《易经》是天地万物变易之学，易是变化，经是道理。《八卦》是用八种符号代表自然界的8种现象，并通过这8种自然现象的演变规律进而推及人事规律。

符号化原理："万物生于有，有生于无"，那么"有"是如何从"无"中而来的呢？对此可以用《易经》的"无极生太极，太极生两仪，两仪生四象，四象生八卦"来解释。无极、太极、两仪、四象等八卦符号化示意图如图2-1所示。其中，八卦由3个符号（爻）组成，每个符号都有阴阳两种变化，因此有2^3=8种变化，这就是3个符号最多只能表示八卦的原因。那么，六十四卦又需要用几个符号来表示呢？答案是6个符号，有2^6=64种变化。

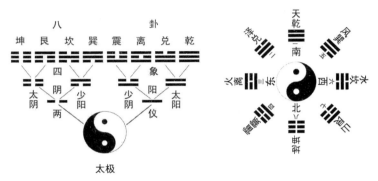

图2-1　八卦符号化示意图

拓　展

如果用0代表阴，1代表阳，就可实现八卦的二进制编码表示。八卦的相关知识见表2-1。二进制和Unicode的相关知识在后续章节会具体介绍。

表2-1　八卦的相关知识

卦象	卦名	自然象征	性情	家族关系	五官象征	后天八卦方位	五行	二进制	Unicode
☰	乾	天	健	父	头	西北	金	111	U+2630
☱	兑	泽	悦	少女	腹	西	金	110	U+2631
☲	离	火	丽	中女	足	南	火	101	U+2632
☳	震	雷	动	长男	股	东	木	100	U+2633
☴	巽	风	入	长女	耳	东南	木	011	U+2634
☵	坎	水	陷	中男	目	北	水	010	U+2635
☶	艮	山	止	少男	手	东北	土	001	U+2636
☷	坤	地	顺	母	口	西南	土	000	U+2637

计算思维——抽象

在解决问题和处理事务之前，首先要进行问题抽象，忽略无关紧要的部分，专注于实质性的部分。抽象是科学研究的基础能力，要逐步养成科学地抽象问题的习惯。

2.1.2　逻辑与自动化

数字计算机是逻辑机器，使用比特来存储信息。比特可以用开关的两种状态（开或关）来表示。一个比特可以取值 1 或 0，用来表示真或假。

计算思维中涉及的逻辑思维与其他学科的逻辑思维是有区别的，它强调比特层次的精准性，具备能够机械地自动执行的特点。基本的逻辑运算是指任何信息都可以进行基于 0 和 1 的运算；电子技术也可以自动实现 0 和 1 及其基本运算。换句话说，利用布尔逻辑或图灵机（后续章节重点介绍）在比特层次定义该问题涉及的数字符号、操作步骤、问题的解，实现逻辑推理自动化和计算过程自动化。

1. 布尔的故事

乔治·布尔（George Boole）1815 年生于英格兰。布尔从小就喜欢学习，但他家境贫寒，因而不得不放弃了上大学的梦想。从 16 岁开始他就一边在学校当助教一边自学，到了 19 岁，布尔自己开办了一所私人授课学校。他在工作之余继续自学，并开始尝试创造性的工作，撰写了多篇数学论文。布尔经过十余年的自学和研究终于成为一名优秀的数学家，并发表了一系列有影响力的论文。1848 年，33 岁的布尔受聘担任爱尔兰柯克女王大学的数学讲座教授。六年后，布尔发表了他的重要专著《思维定律研究》。

布尔很早就洞察到符号和它所代表的数值是可以分开的，符号及符号之间的关系有其自身的规律。基于这个洞察，布尔提出了一套用于研究人类思维规律的符号逻辑系统，后人称之为布尔代数或布尔逻辑。布尔代数是一个二值逻辑系统，即它的变量只有两个值：0 和 1。

布尔逻辑的基本概念包括命题、连接词、真值表、逻辑性质、谓词逻辑、定理机器证明。

2. 命题

下面通过一个经典案例来体会命题逻辑。

【例 2.2】　一个土耳其商人想找一个聪明的助手协助他经商，有两个人前来应聘。这个商人想测验一下这两个人中谁更聪明些，就把两个人带进一间漆黑的屋子里。他打开灯后说："这张桌子上有五顶帽子，其中两顶是红色的，三顶是黑色的，现在，我把灯关掉，并弄乱帽子的位置，然后我们三个人每人摸一顶帽子戴在自己头上，余下的两顶帽子会被藏起来，在我开灯后请你们尽快说出自己头上戴的帽子是什么颜色的。"灯打开后，两个应试者看到商人头上戴的是一顶红帽子，且对方头上是黑帽子。沉默片刻后，其中一个人便喊道："我戴的是黑帽子。"请问这个人说得对吗？他是如何推导出来的呢？

解：这个人说的是正确的。他的思维和推理过程是：如果他头上戴的是一顶红色的帽子，那么另一个人必定说其头上戴的是黑色的帽子；另一个人未说其头上戴的是黑色的帽子，所以他头上戴的不是一顶红色的帽子，而是黑色的帽子。其推理的逻辑形式是：如果 P，那么 Q；非 Q，所以非 P。

由此看出，命题是有具体意义且能够判断真假的陈述句。这种判断只有两种可能，一种是正确的判断，另一种是错误的判断。

命题真值是指命题的判断结果。命题所具有的值"真"（T）或"假"（F）称为其真值。命题分为简单命题和复合命题。

【例2.3】 判断下列句子哪些是命题？若是命题，则判断其真值。

1）喜鹊是鸟类动物。

2）禁止吸烟！

3）4既是奇数也是偶数。

4）$X+5>0$。

5）你今天自习吗？

6）3能被2整除。

解题思路：判断一个句子是否为命题，一看其是否为陈述句，二看其真值是否唯一。

解：1）、3）和6）是命题。

1）的真值为真，3）和6）的真值为假。

3. 连接词与真值表

简单命题通过连接词组成复合命题。主要的连接词有"与""或""非""异或""蕴含"等。

（1）"与"（∧）

两个命题A和B的"与"（两个命题A和B的"合取"）是一个复合命题，记为A∧B。复合命题A∧B的真值见表2-2。

【例2.4】　A：郭德纲是一名相声演员。

　　　　　　B：郭德纲是一名主持人。

　　　　　　A∧B：郭德纲是一名相声演员并且是一名主持人。

（2）"或"（∨）

两个命题A和B的"或"（两个命题A和B的"析取"）是一个复合命题，记为A∨B。当且仅当A和B同时为假时，A∨B为假，而在其他情况下A∨B的真值均为真。

复合命题A∨B的真值见表2-3。

【例2.5】　P：我今晚在寝室。

　　　　　　Q：我今晚去图书馆。

　　　　　　P∨Q：我今晚在寝室或者去图书馆。

（3）"非"（￢）

命题A的"非"（命题A的"否定"）是一个复合命题，记为￢A。若A为真，则￢A为假；若A为假，则￢A为真。复合命题￢A的真值见表2-4。

表2-2　A∧B的真值表

A	B	A∧B
T	T	T
T	F	F
F	T	F
F	F	F

表2-3　A∨B的真值表

A	B	A∨B
T	T	T
T	F	T
F	T	T
F	F	F

表2-4　￢A的真值表

A	￢A
T	F
F	T

【例 2.6】　A：她是华侨。

　　　　　┐A：她不是华侨。

4. 逻辑代数

布尔创建了逻辑代数，因此逻辑代数又称为布尔代数或布尔逻辑。逻辑代数是一种描述客观事物逻辑关系的数学方法，有一套完整的运算规则，包括公理、定理和定律。它被广泛地应用于开关电路和数字逻辑电路的变换、分析、化简和设计上。

命题代数中的等价律在逻辑代数中依然成立，只需要将"T"换为"1"，将"F"换为"0"。在逻辑代数中，逻辑与、逻辑或、逻辑非是逻辑变量 A、B 之间的 3 种最基本的逻辑运算。常见的逻辑运算真值见表 2-5～表 2-7。

表 2-5　逻辑与的真值表

A	B	A·B
1	1	1
1	0	0
0	1	0
0	0	0

表 2-6　逻辑或的真值表

A	B	A+B
1	1	1
1	0	1
0	1	1
0	0	0

表 2-7　逻辑非的真值表

A	$\overline{A}$
1	0
0	1

5. 数字逻辑电路

通过下面的实例学习如何通过电路来实现常见的逻辑关系。

【例 2.7】　图 2-2 中给出的 3 个指示灯的控制电路,分别代表 3 种不同的因果关系,即逻辑与、逻辑或和逻辑非,请说明原因。

解：在图 2-2（a）电路中，只有当两个开关同时闭合时，指示灯才会亮；在图 2-2（b）电路中，只要有任何一个开关闭合，指示灯就亮；而在图 2-2（c）电路中，开关断开时灯亮，开关闭合时灯反而不亮。

如果把开关闭合作为条件或导致事物结果的原因，把灯亮作为结果，那么图 2-2 中的三个电路就代表了三种不同的因果关系，即逻辑与、逻辑或和逻辑非。

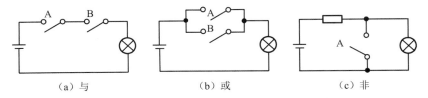

　　　　（a）与　　　　　　　　　（b）或　　　　　　　　　（c）非

图 2-2　用于说明与、或、非定义的逻辑电路

（1）逻辑门

现代计算机的电子线路以电子信号为处理对象，处理离散信号的电路称为数字电路，而数字电路是建立在逻辑代数基础上的，因此也称为逻辑电路。

逻辑电路中的基本单元通常称为门电路，一个逻辑门实现一种基本的逻辑运算。门电路的输入和输出有两种状态，即高电压（用"1"表示）和低电压（用"0"表示）。

常用的门电路有"与"门、"或"门和"非"门，通过这 3 个基本门电路组合可得

"与非"门、"或非"门、"异或"门等电路。常见的逻辑门如图 2-3 所示。

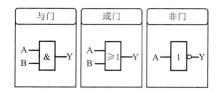

图 2-3   常见的逻辑门

基本门电路可以按逻辑设计组合成计算机硬件的基本功能电路，如触发器、寄存器、计数器、译码器、半加器和全加器等。

（2）加法器

在 CPU 中，二进制数的加法运算是最基本的逻辑运算，如何用门电路构建一个比特层次的加法器（adder）呢？首先构建半加器，在半加器中有两个输入 A 和 B，一个输出 S 是 A+B 的和，C 是 A+B 的进位，半加器的真值表见表 2-8。使用"异或"门计算和，使用"与"门计算进位，半加器如图 2-4 所示。

表 2-8   半加器的真值表

A	B	S	C
0	0	0	0
0	1	1	0
1	0	1	0
1	1	0	1

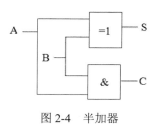

图 2-4   半加器

一个全加器有 3 个输入 A、B 和 C_{in}（进位），产生 A+B 的和 S_{out} 与进位 C_{in}。一个全加器可以由两个半加器和一个额外的"或"门组成。全加器及计算示意图如图 2-5 所示，全加器的真值表见表 2-9。

表 2-9   全加器的真值表

A	B	C_{in}	S_{out}	C_{out}
0	0	0	0	0
0	0	1	1	0
0	1	0	1	0
0	1	1	0	1
1	0	0	1	0
1	0	1	0	1
1	1	0	0	1
1	1	1	1	1

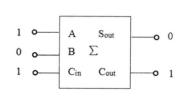

图 2-5   全加器及计算示意图

先构建简单的部件，然后将其组合形成更加复杂的部件，这是经常使用的解决问题的方法。首先构建一个半加器，然后再组合两个半加器形成一个全加器，组合 n 个全加器就可以解决 n 位数的相加问题。组合 n 个全加器，只需将低位全加器的 C_{out} 连接到高

位全加器的 C_{in}，就可以得到逐位相加的结果 S（$s_n s_{n-1},\cdots,s_0$）。

在理解了加法器原理之后，就可以进一步理解运算器原理。运算器实际上就是 CPU 中实现加减乘除算术运算的器件，其实现技术比较复杂，但是基本原理是相通的：借助各种逻辑门实现不同的逻辑操作，从而实现各种算术运算。同理，将多种硬件组合在一起，通过运行程序实现自动计算。

计算机是由各种电子元器件组成的，能够自动、高速、精确地进行算术运算、逻辑控制和信息处理的现代化设备。

【例 2.8】　请设计一个逻辑电路，要求能够实现 4 位二进制数加法的自动计算。具体数值是 1011+1001=？请思考如果要求设计一个能够实现 64 位二进制数加法自动计算的逻辑电路，你会怎样实现？

解：使用全加器实现 4 位二进制数加法，只需组合 4 个全加器，硬件采用逢二进一的运算原则，使用全加器实现 4 位二进制数加法示意图如图 2-6 所示。

使用全加器实现 64 位二进制数加法的自动计算，只需组合 64 个全加器，方法类似。

$$1011$$
$$+)\ 1001$$
$$\overline{10100}$$

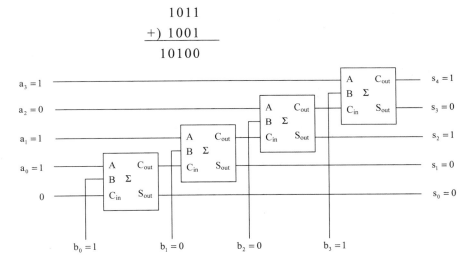

图 2-6　使用全加器实现 4 位二进制数加法示意图

计算思维——由简入繁解决问题

把复杂问题分解为若干个简单问题，再从简单问题的解决逐步得到复杂问题的求解，这种由简入繁解决问题的方法在许多情形下都是有效的，这是一种"自底向上"解决问题的模式。

2.2　存储数据的组织方式

真实世界的信息只有在转化为可计算的数据以后才能被计算机处理。计算机在处理数字、文本、图像、声音及视频数据之前，这些数据都是以二进制数的方式保存在存储器里，而且这些可被计算机处理的数据是用比特来表示的。

比特模式（bit patterns）是计算机存储器中表示数据的基本方法。一个比特模式是由固定个数的比特组成的 0、1 序列。例如，3 个比特可以表示包括 000～111 共 8 种模式，每个比特取值为 0 或 1。

在数字计算机内，比特模式是表示数据的唯一方法，而且同一个比特模式可以用来表示不同类型的数据，如表示一个数或者表示一个网址。

1. 比特、字节和字长

（1）比特

比特（bit）是计算机内部数据的最小单位，又称为"位"，简写为 b。单词 bit（位）是"binary digit"（二进制位）的缩写。

（2）字节

字节（Byte）是计算机中信息存储和管理的基本单位。通常将 8 位二进制位编在一起进行处理，称为一个字节，简写为 B。计算机存储器的容量也是用字节来计算和表示的。

（3）字长

在计算机中 CPU 是进行计算的地方，CPU 以字长（word）为单位从存储器加载数据，并把运算结果返回存储器。字长通常是进行这种数据操作的最小单元。对大多数的现代通用计算机来说，如果字长是 32 位（4 个字节），就称为 32 位计算机；如果字长是 64 位（8 个字节），就称为 64 位计算机。

比特、字节和字长三者之间的关系示意图如图 2-7 所示。

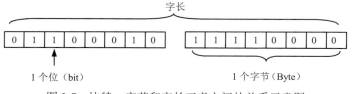

图 2-7　比特、字节和字长三者之间的关系示意图

2. 数据的长度

在计算机内部，数的存储长度与数的实际长度（二进制位数）无关。例如，计算机中的一个整数通常占用两个字节存储，超过范围的数据可能产生数据"溢出"，不足的数据则用 0 进行填充。

在计算机中，数的符号用最高位（左边第一位）来表示，并约定 0 代表正数，1 代表负数。带符号数可以用不同方法表示，常用的有原码、反码和补码。

3. 存储设备结构

用来存储信息的设备称为计算机的存储设备，如内存、硬盘、光盘和 U 盘等。存储设备按照字节组织存放数据。

（1）存储单元

存储单元具有存储数据和读写数据的功能，一般由一个或几个字节组成一个存储单元。每一个存储单元有一个地址。程序中的变量和主存储器的存储单元相对应。变量的名字对应存储单元的地址，变量内容对应存储单元存储的数据。

（2）存储容量

存储器的存储容量一般用 B（字节）、KB（千字节）、MB（兆字节）、GB（吉字节）、TB（太字节）等单位来表示。存储单位换算关系见表 2-10。

表 2-10　存储单位换算关系

中文单位	中文简称	英文单位	英文简称	进率（Byte=1）
位	比特	bit	b	0.125
字节	字节	Byte	B	1
千字节	千字节	KiloByte	KB	2^{10}
兆字节	兆	MegaByte	MB	2^{20}
吉字节	吉	GigaByte	GB	2^{30}
太字节	太	TrillionByte	TB	2^{40}
拍字节	拍	PetaByte	PB	2^{50}

其中，1KB=1024B，1MB=1024KB，1GB=1024MB。

计算思维——符号的含义

求解问题时，每个人都可以发明符号并指定它的意义。不要通过符号的外形猜测它的含义，相同的符号在不同的上下文中或许有其他的意义。要用定义和上下文来准确理解符号的含义。例如，F_5 可以代表键盘上的功能键，也可以代表某个游戏中的快捷键，还可以代表某款软件中的运行功能等。

2.3　数制与运算

在日常生活中，人们普遍使用的是十进制数，但是计算机内部采用二进制数。

计算机内部采用二进制数主要有 3 个原因：①具有两个状态的电子逻辑部件容易实现，如晶体管的"导通"和"截止"、电平的"高"与"低"等；②二进制运算规则简单，由于二进制 0 和 1 正好与逻辑代数的真（T）和假（F）相对应，便于使用逻辑代数；③计算机部件状态少，还可以增强整个系统的稳定性。

2.3.1　数制及其表示

1. 数制

数制是用一组固定的数字和一套统一的规则来表示数目的方法。按照进位方式计数的数制称为进位计数制。进位计数制按照"逢基数进位"的原则进行计数，即十进制数采用"逢十进一"、二进制数采用"逢二进一"的原则。

2. 基数

在一种数制中，具体使用多少个数字或符号来表示数目的大小，称为该数制的基数。十进制的基数是 10，二进制的基数是 2，十六进制的基数是 16。

3. 位权

在某进位计数制中，一个数字处在不同的位置上所代表的值就不同，如数字 8 在十位数位置上表示 80，而在小数点后第 1 位表示 0.8。每个数码所表示的数值等于该数码乘以一个与数码所在位置相关的常数，这个常数称为位权。位权的大小是以基数为底、数码所在位置的序号为指数的整数次幂。例如，十进制的个位数位置的位权是 10^0，而小数点后第 1 位的位权为 10^{-1}。

【例 2.9】 $(123.45)_{10}=1\times10^2+2\times10^1+3\times10^0+4\times10^{-1}+5\times10^{-2}$

4. 常用的进位计数制及其表示

（1）十进制数
十进制的基数为 10，10 个记数符号分别是 0，1，2，…，9，原则是"逢十进一"。
表示：123.125D 或（123.125）$_{10}$
（2）二进制数
二进制的基数为 2，两个记数符号分别是 0 和 1，原则是"逢二进一"。
表示：1111011.001B 或（1111011.001）$_2$
（3）八进制数
八进制的基数为 8，8 个记数符号分别是 0，1，2，…，7，原则是"逢八进一"。
表示：173.1Q 或 173.1O 或（173.1）$_8$
（4）十六进制数
十六进制的基数为 16，16 个记数符号分别是 0～9，A，B，C，D，E，F，其中 A～F 对应十进制的 10～15，原则是"逢十六进一"。
表示：7B.2H 或（7B.2）$_{16}$
4 种进制数对照表见表 2-11。其中，0～15 使用 4 比特二进制数表示，原因是 $2^4=16$，也就是说 4 位二进制数，每位有 0 和 1 两种变化，共有 16 种变化表示十六进制的基数。

表 2-11　四种进制数对照表

十进制	二进制	八进制	十六进制	十进制	二进制	八进制	十六进制
0	0000	0	0	8	1000	10	8
1	0001	1	1	9	1001	11	9
2	0010	2	2	10	1010	12	A
3	0011	3	3	11	1011	13	B
4	0100	4	4	12	1100	14	C
5	0101	5	5	13	1101	15	D
6	0110	6	6	14	1110	16	E
7	0111	7	7	15	1111	17	F

2.3.2　数制间的转换

1. 二进制数转换为十进制数

规则：根据二进制的基数，按权 2^n 展开成多项式和的表达式，逐项相加，其和就是相应的十进制数。

【例 2.10】　$1111011.001B=1\times2^6+1\times2^5+1\times2^4+1\times2^3+0\times2^2+1\times2^1+1\times2^0+0\times2^{-1}+0\times2^{-2}+1\times2^{-3}$

$=64+32+16+8+0+2+1+0+0+0.125$

$=123.125D$

2. 十进制数转换为二进制数

新西兰有一个培养计算思维的优秀案例——"不插电的计算机科学"，它有一系列有助于理解计算机科学基础概念的活动。其中，第一个活动是关于二进制数表示的，该活动介绍了一个简单易学的用手指头表示二进制数的方法，即手指头向上（张开）代表1、手指头向下（握紧）代表 0。假设手心向外，右手的小拇指表示二进制数的第 1 位，左手的小拇指表示二进制数的第 10 位，根据手指的不同动作组合就可以分别表示值的范围在 00000 00000（0）～11111 11111（1023）之间的 1024（2^{10}）个数。

【例 2.11】　请使用"不插电的计算机科学"活动中的方法，将十进制数 123.125 转换成与其对应的二进制数。

解： 十进制数的整数部分为 123，先判断 123 的位置在 128 和 64 之间（2^7 和 2^6 之间），再将后一个数 64 对应的 0 替换为 1；这样，余下来的数为 123-64=59，位置在 64 和 32 之间（2^6 和 2^5 之间），将 32 对应的 0 替换为 1；以此类推。

十进制数的小数部分为 0.125，$0.125=2^{-3}$，将此位数据替换为 1。十进制数 123.125 转换为二进制数见表 2-12。

表 2-12　十进制数 123.125 转换为二进制数

2^7	2^6	2^5	2^4	2^3	2^2	2^1	2^0	2^{-1}	2^{-2}	2^{-3}
128	64	32	16	8	4	2	1	0.5	0.25	0.125
0	1	1	1	1	0	1	1	0	0	1

转换结果：123.125D=1111011.001B

3. 二进制数与十六进制数之间的转换

编写计算机程序时还会用到十六进制数，它的本质是二进制数，表示数据时比使用二进制数要简练一些。

二进制数转换为十六进制数的规则：以小数点为基准，整数部分从右至左每四位一组，最高位不足四位时添 0 补足；小数部分从左至右每四位一组，最低有效位不足四位时添 0 补足。将各组的四位二进制数按权展开，即得到一位十六进制数。

十六进制数转换为二进制数的规则：将每一个数码用相应的四位二进制数码表示出来。

【例 2.12】　将二进制数 1111011.001 转换为对应的十六进制数。

解： 1111011.001B=0111 1011.0010B=7B.2H

【**例2.13**】 将十六进制数 1A3.F2 转换成对应的二进制数。

解：1A3.F2H=0001 1010 0011.1111 0010B=110100011.1111001B

计算思维——逆向设计

通过进制转换解决了计算机内外数据的交流问题。由此引发设计思考：设计大多是从事情的开始处出发，称为正向设计；但是，设计有时也需要从事情结束处倒推，称为逆向设计。在某些情况下，逆向设计往往更容易找到解决问题的有效策略。

2.4 数据类型和数据编码

计算机中的各种信息必须经过数字化编码后才能被传送、存储和处理。计算机使用编码在计算机内部和键盘等终端之间，以及计算机之间进行信息交换。任意信息都可以只用 1 和 0 这两个符号构成的符号串来表示，这种表示称为编码。编码只是一个符号串，这个符号串代表的含义依赖于应用背景。因此在特定背景下，编码有时被解释成一个数值，有时被解释成英文字母或标点符号，有时被解释成图像或声音。

下面介绍生活中的常用信息在计算机内部的表示和编码。

2.4.1 数值

在计算机中，数值型数据是用二进制数来表示的。二进制数一般由三类符号组成：数字 0 和 1，数符 "+" 和 "-"，小数点 "."。若要表示数值，则必须解决用二进制对这三类符号进行编码的问题。

为了节省内存，数值型数据的小数点的位置是隐含的。数值型数据有两种表示方法：定点数和浮点数。定点数就是在计算机中所有数的小数点的位置固定不变。浮点数是指小数点的位置是可变的。

在计算机中，无论是定点数还是浮点数，都有正负之分。通常情况下，在表示数据时，符号位都处于数据的最高位（最左侧比特）。对单符号位来说，通常用 "1" 表示负号，用 "0" 表示正号。

1. 定点数

定点数有两种：定点小数和定点整数。定点小数将小数点固定在最高数据位的左边，因此它只能表示小于 1 的纯小数。定点整数将小数点固定在最低数据位的右边，因此定点整数也只能表示纯整数。由此可见，定点数表示数的范围较小。

【**例2.14**】 用定点方式表示十进制整数 123 的存储结果（假设是 16 位字长）。

解：123 的存储结果如图 2-8 所示。

图 2-8 123 的存储结果

一个定点数在计算机中可用不同的码制来表示，常用的码制有原码、反码和补码 3 种。其中，原码和补码是现代计算机中实际使用的编码，而反码则是从原码过渡到补码的中间形式，是一种辅助编码。不论用什么码制来表示，数据本身的值并不发生变化，数据本身所代表的值称为真值。

（1）机器数和真值

将数字和符号组合在一起的二进制数称为机器数，由机器数所表示的实际值称为真值。真值是面向人的，数字和符号可以用十进制表示，也可以用二进制表示。

【例 2.15】　请说明例中的机器数和真值。

解：（+43）$_{机器数}$=（00101011）$_2$

十进制数+43，用二进制表示，机器数是 00101011。

（-43）$_{机器数}$=（10101011）$_2$

十进制数-43，用二进制表示，机器数是 10101011。

（2）原码

原码的表示方法：若真值是正数，则最高位为 0，其他位保持不变；若真值是负数，则最高位为 1，其他位保持不变。数 X 的原码记为$[X]_原$。

利用原码表示法，在 n 位单元中可存储的数字范围为$-(2^{n-1}-1) \sim +(2^{n-1}-1)$。若用 8 位二进制数表示，最高位为符号位，则整数原码表示的范围为-127～+127，即最大数是 01111111，最小数是 11111111。

【例 2.16】　写出 13 和-13 的原码（取 8 位码长）。

解：$[+13]_原$=00001101

　　　$[-13]_原$=10001101

采用原码表示的优点是转换非常简单，只要根据正负号将最高位设置为 0 或 1 即可。但是原码表示在进行加减运算时很不方便，符号位不能参与运算。另外，0 的原码有两种表示方法：+0 的原码是 00000000，-0 的原码是 10000000。

（3）反码

反码的表示方法：若真值是正数，则最高位为 0，其他位保持不变；若真值是负数，则最高位为 1，其他位按位求反。数 X 的反码记为$[X]_反$。

【例 2.17】　写出 13 和-13 的反码（取 8 位码长）。

解：$[+13]_反$=00001101

　　　$[-13]_反$=11110010

反码与原码相比较，其符号位虽然可以作为数值参与运算，但是在运算完成后仍然需要根据符号位进行调整。另外，0 的反码同样也有两种表示方法：+0 的反码是 00000000，-0 的反码是 11111111。

为了克服原码和反码的上述缺点，又引进了补码表示法。补码的作用在于能够把减法运算转化为加法运算，现代计算机中一般采用补码来表示定点数。

（4）补码

补码的表示方法：若真值是正数，则最高位为 0，其他位保持不变；若真值是负数，则最高位为 1，其他位按位求反后再加 1。数 X 的补码记为$[X]_补$。

利用补码表示法，在 n 位单元中可存储的数字范围为$-(2^{n-1}) \sim +(2^{n-1}-1)$，若用 8

位二进制数表示，则其表示的范围为-128～+127。

【例 2.18】 写出 13 和-13 的补码（取 8 位码长）。

解： [+13]_补=00001101

[-13]_补=11110011

补码的符号可以作为数值参与运算，并且在运算完成后不需要根据符号位进行调整。另外，0 的补码表示方法也是唯一的，即 00000000。

可以验证，任何一个数的补码的补码即是原码本身。

引入补码后，可以将减法变为加法来运算，并且两个数之"和"的补码等于两个数的补码之"和"。

公式： $[X+Y]_补=[X]_补+[Y]_补$

$[X-Y]_补=[X+(-Y)]_补=[X]_补+[-Y]_补$

【例 2.19】 利用补码计算十进制数 35 与 65 之差，即 35-65=？

解： 因为[+35]_原=00100011，[+35]_补=00100011

[-65]_原=11000001，[-65]_补=10111111

所以[35]_补-[65]_补=[+35]_补+[-65]_补=11100010

```
      00100011
+)    10111111
    ——————————
      11100010
```

结果 11100010 为补码，对它再进行一次求补运算就得到结果的原码表示形式。即若[11100010]_补=10011110，则[10011110]_原=-0011110=（-30）₁₀。

在计算机中，加减法运算都可以统一转换成补码的加法运算，并且不需要区分数符和数字，可以把它们同等对待。运算规则的简洁性能够以更小的代价获得物理实现。

计算思维——从计算角度理解模运算

模（modulus）是一个正整数，它规定了计数范围的上界。时钟的模为 12，计数范围是 0～11，当时针越过 12 时，计数又从 0 开始。也就是说，当计数达到或者超过模时，产生"溢出"，重新从 0 开始计数。

例如，现在的实际时间是 9 点钟，而时针指向 11，要纠正时钟的错误有两种方法：①做加法，将时针沿顺时针方向拨 10 个小时，即（11+10）mod12=9（其中 mod 代表除法取余运算，在该式中 21 除以 12 得余数 9）。②做减法，将时针沿逆时针方向拨 2 个小时，（11-2）mod12=9。可见，减法和加法的效果是一样的，说明在模运算中用加法可以实现减法。相对于模 12，1 与 11、2 与 10、3 与 9、…、6 与 6 互为"补数"，在计算机中补数就是补码。

计算机硬件支持模 m=2n 的模运算，其中 n 是字长（32 位或 64 位）。在具体计算中只要直接忽略最左边比特的溢出就可以，使用模运算满足了计算机硬件必须在字长限制下工作的要求。

在包括 C++和 Java 在内的许多程序语言中，算术操作（+、-、*、/）都默认是模运算。模运算对于理解计算机二进制数的算术运算是重要的，在数学和现代密码学中也有广泛的应用。

2. 浮点数

由于定点数表示的数值范围和精度都较小，因此在数值计算时大多还是采用浮点数表示，但是浮点数的运算规则比定点数的运算规则复杂。

浮点表示法对应于科学（指数）计数法。数的指数形式可以表示为

$$N=M\times R^{C}$$

其中，M 称为尾数；R 为基数；C 称为阶码。

在计算机中，一个浮点数所占用的存储空间被划分为两部分，分别存放尾数和阶码。尾数是纯小数，阶码是一个带符号的整数。尾数的长度影响该数的精度，而阶码则决定该数的表示范围。浮点数的存储格式如图 2-9 所示。

阶符	阶码	数符	尾数

图 2-9　浮点数的存储格式

【例 2.20】　将二进制数 110.011 用浮点数的形式表示出来。

解： $110.011=0.110011\times2^{+11}$

其中，对于二进制数的表示，2^{+11} 代表 2 的 3 次幂，尾数是纯小数。

2.4.2　字符

计算机中不但使用数值型数据，还大量使用非数值型数据，如字符。

在人们的日常生活中，字符是最基本的信息类型之一。一个字符是指独立存在的一个符号，它可以是汉字、英文字母、日语假名、数字和标点符号等，还可以是控制字符，用于通信、人机交互等方面，如"回车符""换行符"等。

计算机内部使用二进制对字符对象进行编码。对于任意一个字符对象集合，每个人都可以设计自己的编码体系，但是为了减少编码体系之间转换的复杂性，提高处理效率，相关组织发布了标准编码方案，以便信息交换和共享。例如，英文字符的 ASCII 码、中国国家标准汉字编码和统一码（Unicode）等。

1. ASCII 码

通过键盘与计算机打交道是人们使用计算机的基本手段。从键盘上输入的命令和数据，实际表现为一个个英文字母、标点符号和数字，这些都是字符。然而计算机只能存储二进制，因此需要用二进制数 0 和 1 对各种字符进行编码。目前计算机中使用最广泛的西文字符集及其编码是 ASCII 码。

美国信息交换标准代码（American Standard Code for Information Interchange，ASCII code）是西文领域符号处理普遍采用的信息编码。标准的 ASCII 码是使用 7 个比特来表示的，可以表示 128 个字符，包含控制符、通信专用字符、十进制数字符号、大小写英文字母、运算符和标点符号等。打印时，控制字符和通信专用字符是不可见的，其他字符是可见的。ASCII 码编码表见表 2-13。

注意： 在 ASCII 码中，字符 "0" 到 "9" 的编码与它们的二进制数表示并不相同。数字编码的数值小于字母编码的数值，大写字母编码的数值小于小写字母编码的数值。

表 2-13　ASCII 码编码表

$b_4b_3b_2b_1$ ＼ $b_7b_6b_5$	000	001	010	011	100	101	110	111
0000	NUL	DLE	SP	0	②	P	③	p
0001	SOH	DC1	!	1	A	Q	a	q
0010	STX	DC2	"	2	B	R	b	r
0011	ETX	DC3	#	3	C	S	c	s
0100	EOT	DC4	$	4	D	T	d	t
0101	ENQ	NAK	%	5	E	U	e	u
0110	ACK	SYN	&	6	F	V	f	v
0111	BEL	ETB	'	7	G	W	g	w
1000	BS	CAN	(	8	H	X	h	x
1001	HT	EM	)	9	I	Y	i	y
1010	LF	SUB	*	:	J	Z	j	z
1011	VT	ESC	+	;	K	[	k	{
1100	FF	FS	,	<	L	\	l	|
1101	CR	GS	–	=	M	]	m	}
1110	SO	RS	.	>	N	^	n	~
1111	SI	US	/	?	O	_	o	DEL

【例 2.21】　查找大写字母 A 的 ASCII 码，描述其在计算机内的使用方式。

解：查表得到大写字母 A 的 ASCII 码（$b_7b_6b_5b_4b_3b_2b_1$）=1000001

当从键盘输入字符"A"时，计算机首先在内存存入"A"的 ASCII 码（01000001），然后在只读存储器（BIOS）中查找 01000001 对应的字形（英文字符的字形固化在 BIOS 中），最后在输出设备（显示器等）输出"A"的字形。

注意：1 个字符用 1 个字节表示，其最高位总是 0。

2. Unicode

统一码（Unicode）是对世界上绝大多数书写系统的字符进行编码、表示和处理的国际标准，现在包含超过一百种语言文字的 110000 个字符。Unicode 允许使用的语言字符已经覆盖了人们知道的所有文本语言，Unicode 给世界上每一种文本语言的文字、标点符号、图形符号和数字等字符都赋予了统一且唯一的二进制编码，以满足跨语言、跨平台进行文本转换、处理的要求，这对于实现全球互联互通是十分有益的。

Unicode 有 1114112（10FFFF）个码位表示字符。每个码位用 U+4～U+6 个十六进制数字表示。例如，汉字"王"的十六进制 Unicode 是 U+738B。

在各种 Unicode 格式中，UTF-8 是使用最广泛的一种编码格式。UTF-8 编码的每个 Unicode 码位使用 1～4 个字节来表示。使用频率高的字符处于 Unicode 字符集靠前的位置，可以使用更少的字节来表示。

由于 UTF-8 的前 128 个字符恰好与 ASCII 码有相同的编码，因此 UTF-8 与 ASCII

码是兼容的，任何有效的 ASCII 码字符与 UTF-8 的 Unicode 字符是相同的。

下面是 UTF-8 编码格式的说明。

前 128 个码位（U+0000～U+007F）使用 1 个字节：0 后面跟 7 比特 ASCII 码（0□□□□□□□）。接下来的 1920 个码位（U+0080～U+07FF）使用 2 个字节：第一个字节是 110 后面跟 5 比特 ASCII 码（110□□□□□），第二个字节是 10 后面跟 6 比特 ASCII 码（10□□□□□□）。这 11 比特 ASCII 码足够表示 1920 个码位。

在 UTF-8 编码里，若一个字节的第一位是 1，则连续有多少个 1 就表示当前字符使用了多少个字节。其余各字节都是以 10 开始。借助 UTF-8，ASCII 码文件可以自动生成 Unicode 文本。UTF-8 已被推荐应用于所有网页、电子邮件、编程语言和操作系统。

3. 汉字编码

计算机处理汉字信息时，汉字的输入、存储、处理及输出过程中使用的汉字代码各不相同。在汉字信息输入时，使用汉字输入码来编码（汉字的外部码）；汉字信息在计算机内部处理时，统一使用机内码来编码；汉字信息在输出时使用字形码以确定一个汉字的点阵。这些编码构成了汉字处理系统的一个汉字代码体系。下面介绍几种国内使用的主要汉字编码。

（1）汉字输入码

汉字输入码是将形态各异的汉字通过现有的计算机键盘输入计算机而编制的代码。目前在我国推出的汉字输入编码方案大致可分为 3 种：①以汉字发音进行编码的音码，如全拼码、简拼码、双拼码等；②按照汉字书写的形式进行编码的形码，如五笔字型码；③音形结合的编码，如自然码。

（2）汉字交换码

汉字交换码又称为国标码，是 1980 年颁布的国家标准《信息交换用汉字编码字符集·基本集》（GB 2312—1980）所规定的机器内部编码，用于汉字信息处理系统之间或通信系统之间交换信息。

在计算机处理中，常用汉字都在标准中作出了规定。该标准规定了 6763 个汉字，另外还定义了 682 个其他字母和符号，总计为 7445 个字符和汉字。国标码规定一个汉字用两个字节的二进制编码表示，每一个字节的最高位均为 0，其余 7 位用于表示汉字信息。

为了方便交流，全部国标汉字和符号组成一个 94×94 的矩阵。在这个矩阵中，每行称为一个“区”，每列称为一个“位”，这样每个国标汉字和符号就有了唯一的行号和列号，称为区位码，用两个十进制数表示区位码。例如，汉字“啊”的区位码是 1601，表示汉字“啊”位于矩阵第 16 行、第 01 列的位置。区位码与国标码的换算关系为

国标码=区位码（“区”和“位”的十六进制表示）+2020H

例如，汉字“啊”的区位码为 1601，“区”和“位”的十六进制表示是 1001H，再加上 2020H 得到的 3021H 就是汉字“啊”的国标码。

（3）汉字机内码

汉字机内码是供计算机系统内部进行存储、加工处理、传输而统一使用的代码。目前使用最广泛的是两个字节的机内码，又称变形国标码。这种格式的机内码是将国标码

的两个字节的最高位分别置为 1 而得到的。汉字机内码的最大优点是表示简单，并且与汉字交换码之间有明显的对应关系，同时也解决了中西文机内码存在的二义性问题。

（4）汉字字形码

汉字字形码是汉字字库中存储的汉字字形的数字化信息，用于汉字的显示和打印。常用的输出设备是显示器与打印机。目前大多是以点阵方式形成汉字。汉字字形点阵有 16×16 点阵、24×24 点阵、32×32 点阵、64×64 点阵、96×96 点阵、128×128 点阵、256×256 点阵等。汉字字形点阵中每个点的信息要用一位二进制码来表示，如 16×16 点阵的字形码需要用 32 Byte 来表示。

汉字字库是汉字字形数字化后，以二进制文件形式存储在存储器中而形成的汉字字模库。

汉字编码如图 2-10 所示。

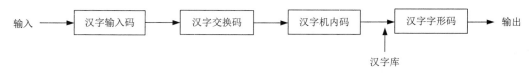

图 2-10　汉字编码

4. 字符输出

二进制编码的数据虽然可以在计算机中进行处理和存储，但是在日常生活中还是需要以人们习惯的形式输出数据，显示数字、字符、图像，演示音频和视频等。

字体是专为显示字符设计的。例如，宋体是衬线字体，是在字的笔画开始和结束处增加了小的装饰笔画，从而更加容易识别；黑体、幼圆字体是非衬线字体，没有装饰，因而显得较为醒目。计算机中文字体有宋体、仿宋、黑体、幼圆体、楷体、隶书等，常用的计算机西文字体有 Times New Roman、Airal 等。

一般而言，字体是专属的，使用字体需要授权许可或者支付费用，但是也有让大家免费使用的字体。在计算机里，把字体存放在字体文件夹中很容易进行字体大小缩放；同时，可以通过下载和安装字体软件新增字体，还可以根据需要定制专门的显示字符。

2.4.3　数字图像

1. 数字图像的定义和常用的文件格式

图像是指由输入设备捕捉的实际场景画面或者以数字化形式存储的任意画面，存储量较大。获取图像的主要途径有图像扫描，利用电视摄像机或数码照相机实现数字摄像输入，利用录像机或电视机捕获图像等。

以数字形式表示的图像称为数字图像。数字图像在广告图像处理、遥感图像处理等方面得到了广泛的应用。常用的图像文件格式如下。

1）JPEG 格式。JPEG 格式文件扩展名为.jpg 或.jpeg，它用有损压缩方式去除冗余的图像和彩色数据，在获取极高的压缩率的同时能够展现十分丰富生动的图像，很适合应用于网页的图像中，目前各类浏览器均支持 JPEG 图像格式。同时，JPEG 具有调节图像质量的功能，允许使用不同的压缩比例对 JPEG 格式文件进行压缩，已经广泛应用于彩色传真、静止图像、电话会议、印刷及新闻图片的传送上。该格式文件的缺点是不适合放大观看，输出为印刷品时其品质也会受到影响。

2）TIFF 格式。TIFF 格式文件扩展名为.tif 或.tiff，它是一种非失真的压缩格式（最高只能做到 2～3 倍的压缩比），能够保持原有图像的颜色及层次，但是占用空间大。TIFF 图像格式常被用于专业用途，如书籍出版、海报制作等；极少应用于互联网或多媒体课件中。

3）GIF 格式。GIF 格式文件扩展名为.gif，该格式图像文件在压缩过程中图像的资料不会丢失，丢失的是图像的色彩。因为 GIF 图像格式最多只能储存 256 色，所以通常用来显示简单图形及字体，在课件中常用来制作小动画或图形元素。

4）BMP 格式。BMP 格式文件扩展名为.bmp，它是 Windows 中的标准图像文件格式，有压缩和非压缩两种格式。它以独立于设备的方法描述位图，可用非压缩格式存储图像数据，解码速度快，支持多种图像的存储，各种 PC 图形图像软件都能对其进行处理。

5）PNG 格式。PNG 格式文件扩展名为.png，它是一种能够存储 32 位信息的位图文件格式，其图像质量远胜过 GIF 格式。

2. 分辨率

高清电视、计算机显示器和手机屏幕上的图像都是由一个个像素点（pixels）组成的。像素点形成的矩阵布满显示屏，每行或每列具有相同数目的像素，像素越密集影像就越清晰。同样，利用数码照相机或手机相机也可以将捕获的一张图像转换成一组像素。

分辨率是屏幕上显示的像素个数。分辨率 1028×768 的意思是水平像素数为 1028 个，垂直像素数为 768 个。在屏幕尺寸相同的情况下，分辨率越高，显示效果越细腻。

在日常使用中经常接触到分辨率比，4∶3 或 16∶9 这些比值其实就是分辨率中水平像素与垂直像素的比值。例如，可以说某个典型的宽屏高清显示器（16∶9）能够达到 1920×1080 的分辨率，约 200 万像素。

3. 颜色

计算机中如何用数据表示颜色？人们在现实生活中命名了不同的颜色，但是颜色的名字有限，并且很难在计算机中直接使用。

在不同的应用场合需要使用不同的描述颜色的量化方法，这就是颜色模型。例如，显示器采用 RGB 模型，打印机采用 CMYK 模型，从事艺术绘画的人习惯使用 HSB 模型等。在一个多媒体计算机系统中，常常涉及使用几种不同的颜色模型来表示图像的颜色，因此在数字图像的生成、存储、处理及输出时，对应不同的颜色模型需要作出不同的处理和转换。

（1）RGB 模型

RGB 模型也称为 RGB 加色模型。RGB 是红（red）、绿（green）和蓝（blue）3 种颜色名称的缩写。将红、绿、蓝 3 种颜色按照不同的比例混合来产生多种颜色的模型称为 RGB 模型。RGB 模型通常用于电视机和阴极射线管显示器（CRT）。

在 RGB 模型中，任意一种颜色都可以用它所包含的 3 种原色的量来表示。在一个像素位置发出指定的红、绿、蓝光，就可以在显示屏上产生任意颜色的光。

若分别指定了红色、绿色和蓝色的 RGB 值，则调节其数值就可以合成多种颜色。通常，RGB 值用一个字节表示，因而其可以表达的数值范围为 0～255。例如，（255，0，0）是纯红色，（0，255，0）是纯绿色，（0，0，255）是纯蓝色，（0，0，0）是纯黑色，（255，255，255）是纯白色。

RGB 模型可以表示 256^3=16777216 种不同的颜色，因此被称为真彩色。人类眼睛能够区分大约 1000 万种不同的颜色。24 位 RGB 颜色见表 2-14。

表 2-14　24 位 RGB 颜色

颜色	R	G	B
纯红	11111111	00000000	00000000
纯绿	00000000	11111111	00000000
纯蓝	00000000	00000000	11111111
黑	00000000	00000000	00000000
白	11111111	11111111	11111111

【例 2.22】　HTML 是超文本标记语言，是网页制作必备的编程语言，在 HTML 中使用了语句 Color="#FFFFFF"，应用 RGB 模型和进制转换知识分析该语句代表的含义。

解：在 RGB 模型中，（255，255，255）代表纯白色，（255，255，255）用十六进制数表示是（FF，FF，FF）。

因此，在 HTML 中，语句 Color="#FFFFFF" 表示将网页的前景色设置为白色。

（2）CMYK 模型

CMYK 模型也称为 CMYK 减色模型。CMYK 是青（cyan）、品红（magenta）、黄（yellow）、黑（black）4 种颜色名称的缩写。CMYK 模型是采用青色、品红色和黄色 3 种基本颜色按照一定比例合成颜色的模型。CMYK 模型通常用于彩色打印机和彩色印刷系统。用于印刷的油墨只吸收特定颜色的光而对其他颜色光是透明的，组合不同的油墨可以打印出所需要的颜色。

C：青色油墨——吸收红色光（在白色背景下不会显示红色）；

M：品红色油墨——吸收绿色光；

Y：黄色油墨——吸收蓝色光；

K：黑色油墨——降低整体的反光效果，以产生灰色和黑色。

一个 RGB 图像需要打印输出时，会自动转换成 CMYK 模型，每种颜色成分的值的范围从 0（没有）到 1（全满）。RGB 模型转换为 CMYK 模型见表 2-15。

表 2-15　RGB 模型转换为 CMYK 模型

颜色	RGB 模型	CMYK 模型
红	（255，0，0）	（0，1，1，0）
绿	（0，255，0）	（1，0，1，0）
蓝	（0，0，255）	（1，1，0，0）
青	（0，255，255）	（1，0，0，0）

续表

颜色	RGB 模型	CMYK 模型
洋红	（255，0，255）	（0，1，0，0）
黄	（255，255，0）	（0，0，1，0）
黑	（0，0，0）	（0，0，0，1）

一种颜色也可以具有 alpha 值以表示其透明度，表示有多少背景颜色可以穿过它。例如，alpha=0，颜色是完全透明的（不可见的），会让背景颜色直接显示出来；alpha=1，颜色是完全不透明的，不会让任何背景颜色通过；当 alpha 值从 1 到 0 变化时，透明度增加或者不透明度减少。

4. 位图与矢量图

位图和矢量图被广泛应用于出版、印刷、互联网等各个领域，它们各有优缺点。

（1）位图

位图又称为点阵图或光栅图或像素图。简单地说，最小单位由像素构成的图就是位图，缩放会失真。位图是由像素阵列的排列来实现其显示效果的，每一个像素都有自己的颜色信息（颜色和亮度），可以实现图像的色调、饱和度、明度的显示效果。

位图图像按照颜色又分为灰度图像和彩色图像。灰度图像的颜色有黑白和浓淡之分，灰度图像的灰度有 16 级和 256 级之分。彩色图像有红、绿、蓝等丰富的色彩，有 16 色、256 色和 24 位真彩色之分。

位图常用的文件格式有 BMP、TIFF、GIF、PNG、JPEG、PSD 等。

【例 2.23】　假设你的手机相机是 1200 万像素（4000×3000 像素），图像深度是 24 位，那么获得这样一幅图像大约需要占用多少存储空间？

解：图像深度是指位图中的每个像素点记录颜色的位数（bit）。若一幅数字图像上的每个像素都使用 24 位二进制数表示这个像素的颜色，则这幅数字图像的深度就是 24 位，即 3B。

根据计算式：

$$图像数据量=图像的总像素数×图像深度÷8$$

存储一幅具有 4000×3000 像素的真彩色图像所占用的空间为

$$4000×3000×24÷8B≈36MB$$

由此可见，从存储容量角度来看，图像数据必须压缩。如果不压缩，大容量数据就不适合网络传输。前面提到的 JPEG、GIF、PNG 都是常用的标准图像压缩格式，它们使用了不同的压缩和解压缩方案。

（2）矢量图

矢量图又称为向量图。简单地说，矢量图是缩放不失真的图像格式。矢量图是通过多个对象的组合生成的，对其中的每个对象的记录方式是以数学函数实现的，也就是说矢量图实际上不是记录画面上每一点的信息，而是记录了元素形状及颜色的算法。无论显示的画面是大还是小，画面上的对象对应的算法是不变的，因此即使对画面进行倍数相当大的放大，其显示效果仍然相同（不失真）。例如，汉字输出时，使用矢量图表示汉字。

矢量图常用的文件格式有 PS、SWF、EPS、DXF 等。

计算思维——适用原则

根据问题的需要选择合适的信息表示精度，过高的精度表示反而会带来各种麻烦。例如，大容量数据不适合网络传输，在线分享照片时应该适当降低图片的分辨率。

---

5. 图像的数字化过程

要在计算机中处理图像，必须先把真实的图像（照片、画报、图书、图纸等）转变成计算机能够记录和存储的数字图像，然后再用计算机进行分析处理，这个过程就是图像的数字化过程。图像的数字化过程主要分采样、量化与编码 3 个步骤。图像信息的数字化过程如图 2-11 所示。

图 2-11　图像信息的数字化过程

（1）采样

采样的实质是用多少个点来描述一幅图像，采样结果质量的高低用图像分辨率来衡量。简单来说，对二维空间上连续的图像在水平方向和垂直方向上等间距地分割成矩形网状结构，所形成的微小方格称为像素点。一幅图像就是被采样成有限个像素点构成的集合。

采样频率是指 1s 内采样的次数。采样频率越高，得到的图像样本越逼真，图像的质量越高，但同时要求的存储量也越大。一般来说，若原图像中的画面越复杂，色彩越丰富，则采样频率越高。

（2）量化

量化是指要使用多大范围的数值来表示图像采样之后的每个点。量化的结果是图像能够容纳的颜色总数，它反映了采样的质量。

例如，如果以 8 位存储一个点，就表示图像只能有 2^8=256 种颜色；若采用 16 位存储一个点，则有 2^{16}=65536 种颜色。因此，量化位数越大，表示图像可以拥有更多的颜色，产生更为细腻的图像效果，但同时也占用更大的存储空间。

（3）编码

数字化图像的数据量十分巨大，必须采用编码技术来压缩其信息量。图像编码的主要目的是数据压缩和图像传输。

图像压缩编码可分为两类：一类压缩是可逆的，即压缩后的数据可以完全恢复原来的图像，信息没有损失，称为无损压缩编码；另一类压缩是不可逆的，即压缩后的数据无法完全恢复原来的图像，信息有一定损失，称为有损压缩编码。

常见的图像处理软件有 Adobe Photoshop、Adobe Illustrator、CorelDRAW、ACDSee、Ulead GIF Animator 等。

2.4.4　数字音频

从技术上来说，音频是人耳能够听到的声音频率的范围。音频信息一般可以通过连续的波形来表示，波形的最大位移就是振幅反映的音量（音高、响度或强度）。波形中连续两个波峰或波谷之间的时间距离称为周期，周期的倒数称为频率，用 Hz 表示，频率用来反映音频的音调。另外，由不同材质、不同环境产生的声音所伴随的泛音不同，因此产生了声音的音色特征。响度的大小决定于发声体振动的振幅，音调的高低决定于发声体振动的频率，音色的不同取决于不同的泛音。

一个音频信号通常代表一组连续的振荡波。这种模拟信号必须要转化成数字格式才能在计算机设备上处理和传送。把模拟音频信号转换成有限个数字表示的离散序列的过程称为音频的数字化。用一系列数字表示的音频信息称为数字音频。

音频的数字化过程需要经过采样、量化和编码 3 个步骤。数据结果存储在二进制的数字音频文件中。

音频信息的数字化过程如图 2-12 所示。

图 2-12　音频信息的数字化过程

（1）采样和量化

获得数字音频需要采样技术和量化技术。采样是指每间隔一段时间读取一次声音信号幅度，使声音信号在时间上被离散化。量化是把采样得到的声音信号幅度转换为数字值，是声音信号在幅度上被离散化。

获得数字音频的主要硬件是从模拟信号到数字信号的转换器（A-D 转换器），由它完成音频信号的采样工作，这个过程需要 3 个重要的指标来控制。

1）采样频率。采样频率是指每秒钟采集声音样本的个数。采样频率越高，声音的保真度越高。

2）量化位数。量化位数是指每个声音样本需要用多少位二进制数来表示，常用的有 8 位、12 位和 16 位。样本的量化位数越多，声音的质量越高。

3）声道数。声道数是指所使用的声音通道的个数。声道个数是指记录声音时，如果每次生成一个声波数据，就称为单声道；如果每次生成两个声波数据，就称为双声道（立体声）；如果每次生成两个以上声波数据，就称为多声道（环绕立体声）。

采样频率、采样精度和声道数决定了声音的音质和占用的存储空间，它们之间的关系为

$$存储容量=采样频率×量化位数÷8×通道数×时间$$

例如，存储一首 3min 的 CD 音质（采样频率为 44.1kHz，振幅量子化为 2B）的立体声歌曲所需的存储空间是 $44.1×10^3×2×2×180$B，约为 31.75MB。

模拟音频信号及其采样过程如图 2-13 所示。

（2）数字音频信号的编码

一般情况下，声音通过话筒或录音机产生，由声卡上的 WAVE 合成器（A-D 转换器）

对模拟音频信号采样后，量化为二进制编码序列，并在计算机内存储；在数字音频回放时，由 D-A 转换器解码后恢复成原始的声音信号，通过音响设备输出。

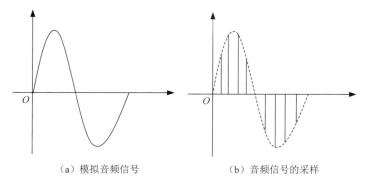

（a）模拟音频信号　　　　　　　　　　（b）音频信号的采样

图 2-13　模拟音频信号及其采样过程

　　音频信号编码的目的在于压缩数据。数字音频的发展带来了日益复杂的音频压缩方案，该方案既要减少音频文件的大小，又要尽量保留声音品质。例如，广泛使用的 MP3 是 ISO-MPEG 音频动态压缩第三层标准。

　　1987 年，德国弗劳恩霍夫研究所与埃朗根大学合作，基于人耳听觉能力设计了一种音频压缩算法，并由此产生了 MP3 标准。MP3 消除了人耳听力范围之外的声音数据，利用立体声效应（立体声通道之间的数据重复）限制音频带宽，还可以进一步压缩音频文件。对于立体声来说，一张 CD 光盘所需频带宽度是 1.4M，而使用 MP3 只需要 12K～128K 的带宽就可以达到同样的效果。

　　另外，还需要了解音乐制作类软件和音频处理软件。音频处理软件主要实现对数字音频的录音采集、剪辑、效果处理及格式转换等功能。常见的音频处理软件有 Adobe Audition、Nuendo、Vegas Audio、Ulead Audio Editor 等。音乐制作类软件有很多，如自动伴奏（编曲）软件、鼓机软件、打谱软件、音色采样软件、音色拼接软件、识别转换软件等。

2.4.5　数字视频

　　视频是一组连续快速播放的图像，通常会和一组音频流同步。为了获取连续播放的效果，图像的切换要有足够的帧速率，每秒钟刷新的图片的帧数≥30。

　　一个视频文件通常包括视轨、音轨和元数据。下面是常见的视频文件格式分类。

　　1）MPEG 视频：文件后缀名为 mp4。

　　2）手机视频：文件后缀名为 3gp。

　　3）Flash 视频：文件后缀名为 flv。

　　4）微软视频：文件后缀名为 wmv、asf、asx、avi。

　　5）Ogg 视频：文件后缀名为 ogg。

　　6）Apple 视频：文件后缀名为 mov、m4v。

　　由于视频文件中的视轨和音轨已被压缩，因此视频播放器必须在播放数据前解压轨道。压缩过程和解压缩过程分别称为编码和解码。

　　视频编解码器是指一个能够对数字视频进行压缩或解压缩的程序或设备。通常这种压缩是有损数据压缩。

视频编解码器在日常生活中应用广泛,如应用在 DVD(MPEG-2)中、VCD(MPEG-1)中、各种卫星和陆上电视广播系统中及互联网上。高清视频编解码器也应运而生。高清视频编解码器可应用于视频会议、安防监控、医疗示教、课堂录播、无人值守、庭审系统等各种环境条件下的软硬件配套服务。网页上重要的编解码器有 MPEG 提供的高度压缩数字视频编解码器标准 H.264、中国制定的音视频压缩编码标准 AVS、微软公司的视频编解码器 WMV 等。

在线的视频素材通常是使用多种不同的编解码器进行压缩的,为了能够正确地浏览这些素材,用户需要下载并安装编解码器包。

计算思维——编码与解码

编码是信息从一种形式或格式转换为另一种形式的过程。用预先规定的方法将文字、数字或其他对象编成数码,或者将信息、数据转换成规定的电脉冲信号。编码在电子计算机、电视、遥控和通信等方面广泛使用。解码是编码的逆过程。

计算机中,每个文件或程序类型都定义了自己的数据格式、数据结构及编码解码方式。使用时,计算机首先读入格式代码,然后再调用适当的解码程序打开文件。

2.5　数 据 压 缩

多媒体涉及大量的图像、语音、动画、视频等信息,这些信息经数字化处理后的数据量较大,只有采用数据压缩技术才能有效地保存和传送这些数据。

2.5.1　数据压缩概要

下面举例说明数据压缩的必要性。

【例 2.24】　计算存储一首 3min 的 CD 音质的立体声歌曲所需的存储空间是多少?其中,CD 音质下采样频率为 44.1kHz,振幅量子化为 2B。

解:所需的存储空间为

$$44.1 \times 10^3 \times 2 \times 2 \times 180B \approx 31.75MB$$

【例 2.25】　计算存储 1min 视频所需的存储空间是多少?假设每秒 30 帧,用户设置 15 英寸(1 英寸=2.54 厘米)显示器分辨率为 1024×768,图像深度是 24 位。

解:1 帧所占存储空间为

$$1024 \times 768 \times 24 \div 8B \approx 2.36MB$$

30 帧所占存储空间为

$$2.36MB \times 30 \approx 70.8MB$$

1min 视频所需的存储空间为

$$70.8MB \times 60 = 4248MB$$

由此可见,从存储容量角度来看,数据必须压缩。如果不压缩,大容量数据就不适合网络传输。另外,即使不压缩,例 2.25 中的视频在实际播放时,也要求 1min 从光盘或硬盘中读出 4248MB 数据才能保证播放，这对数据压缩技术的要求相当高。

数据压缩处理通常包括两个过程：①编码过程，即将原始数据编码压缩。②解码过程，即将压缩后的数据还原为可以使用的数据。

数据压缩主要有两种方法，即无损压缩和有损压缩。

无损压缩又称为冗余压缩或无失真压缩。无损压缩可以去掉或者减少数据中的冗余，但是这些冗余数据可以使用特定的方法重新插入数据中。无损压缩是可逆的，它能够保证百分之百地恢复原始数据。无损压缩比较小，广泛应用于文本数据、程序和特殊应用场合的图像数据的压缩。

有损压缩利用了人类视觉和听觉器官对图像或声音中的某些频率成分不敏感的特性，允许在压缩过程中损失一定的信息以减少数据量。由于信息量减少了，因此压缩比很高。有损压缩广泛用于音频数据和视频数据的压缩。

2.5.2　行程编码

行程编码（run length coding，RLC）是一种统计编码，该编码属于无损压缩编码，是栅格数据压缩的重要编码方法。

计算机在处理文字、图像、声音等多媒体数据时，常会出现大量连续重复的字符或数值，行程编码就是利用连续数据单元有相同数值这一特点对数据进行压缩的。

行程编码的思想：重复的数据用该数据及其重复的次数来代替，重复的次数称为行程长度。例如，555555777773332222222，行程编码为（5，6）（7，5）（3，3）（2，7）。可见，行程编码的位数远远少于原始字符串的位数。当然，并不是所有的行程编码都远远少于原始字符串的位数，具体应用时可以使用其他压缩工具。

行程编码的压缩方法简单有效，它的解压缩过程也很容易，只需按行程长度重复后面的数值，还原后得到的数据与压缩前的数据完全相同。因此，行程编码是无损压缩，它能够获得的压缩比主要取决于数据本身的特点。

【例 2.26】　以一幅 16×16 的黑白数字图像为例，16×16 的黑白数字图像压缩前如图 2-14 所示，若背景为白色，用字符 W 表示，绘图的黑色用字符 B 表示，则这幅图像对应的数据是一个 16×16 的矩阵，矩阵中每个位置为 B 或 W。请使用行程编码进行压缩，描绘出压缩前后图像对应的数据，并计算压缩比。

解：

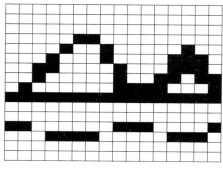

　　（a）黑白数字图像　　　　　　　　　　（b）压缩前图像对应的数据

图 2-14　16×16 的黑白数字图像压缩前

16×16 的黑白数字图像压缩后的存储如图 2-15 所示。可见，压缩前存储一幅 16×16 的黑白数字图像需要 256 位，而压缩后只需要 112 位，压缩比为 256/112=2.285，节省了约 57%的存储空间。

相比于行程编码，JPEG、PNG、MP3 等算法显得更加精细，常见的无损数据压缩的应用程序见表 2-16。

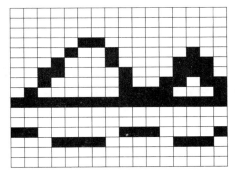

（a）黑白数字图像

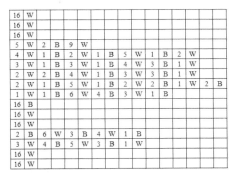

（b）压缩后图像对应的数据

图 2-15　16×16 的黑白数字图像压缩后的存储

表 2-16　常见的无损数据压缩的应用程序

程序	压缩文件后缀
ZIP	zip
WinRAR	rar

2.5.3　LZ 编码

LZ 编码是基于字典的一系列编码。字典算法就是将文本中出现频率较高的字符组合做成一个对应的字典列表，并用特殊的代码来表示字符。基于 LZ 序列的编码包括 LZ77 算法、LZSS 算法、LZ78 算法、LZW 等几种基本算法。下面以 LZ77 算法为例说明。

LZ77 算法把原文中每个重复的符号串以一个引用来替换，引用格式是"长度—距离"（len，d），意思是"长度为 len 的字节串，相同于原文件中往前数第 d 个位置开始的字节串"。当原文件中的信息冗长并含有许多重复字节串时，LZ77 算法很有用。例如，原信息是 abcbcbcbabba，编码后的信息是 abc（5，2）（2，8）ba。

可以看出，LZ77 压缩信息是由引用和文字组成的，单独的字符或字节并没有引用表示。

计算思维——信息及其表示

真实世界中的所有信息都可以采用 0/1 比特模式进行符号化，根据不同的背景和编码方式得到比特模式的不同解释，这就是信息的符号化或数字化表示模式。例如，给定一个比特模式 01000001，既可以表示数字 65，也可以表示字符"A"，根据上下文或者解读语境判断其表示意义。

小　　结

在信息互联的世界，数据无处不在。理解数据及其处理过程有助于培养计算思维。

本章详细介绍了怎样把真实世界的信息转化为可计算的数据，也就是说，使用计算机处理信息必须将要处理的信息转化为二进制数据。通过语义符号化-符号计算化-计算自动化的问题求解思路，真正理解计算思维的本质——抽象和自动化。

通过学习，了解计算机在处理数字、文本、图像、声音及视频前，必须将它们保存在存储器里，这些数据用比特表示的方法具体包括布尔逻辑、比特模式、模运算、ASCII码、Unicode、汉字编码、图像编码、音频和视频的数字化处理、数据压缩编码等。

习　题　2

1. 将十进制数 100 转换成二进制数和十六进制数。
2. 假设计算机的机器数为 8 位，请写出-100 的原码、反码和补码。
3. 请给出"A""a""1"和空格的 ASCII 码值（十六进制表示）。
4. 显示器采用 RGB 模型，打印机采用 CMYK 模型，请说明原理。
5. 请说明数据压缩的原因，并写出常见的数据压缩方法。

第 3 章　可计算问题求解

✑ 教学目的和要求

　　要求掌握现实世界中可计算问题的求解思路和方法。本章涉及的计算思维核心概念包括抽象、迭代、逐步求精、算法、可计算性和计算复杂性等。算法是求解问题的方法和过程的描述，算法设计和算法分析中包含的思维过程在问题求解中具有普适性。

　　了解可计算性、算法复杂性、并发控制和计算机智能等计算学科的基本问题；理解计算机求解问题的概念模型；理解计算思维中的问题求解方式和方法；理解科学抽象思维方法；理解算法的概念和算法的描述方法；了解常用的算法设计策略、常用的典型算法及算法复杂度的评价标准；了解常用的数据结构及其特点；了解常用的查找和排序算法。

3.1　计算学科的基本问题

　　计算学科的基本问题就是计算问题，分为可计算问题与不可计算问题。可计算问题是指存在算法可解的问题，不可计算问题是指不存在算法可解的问题。计算学科的根本问题是"什么能被有效地自动进行"。

3.1.1　可计算与算法复杂性问题

　　我们知道，不是所有问题都能通过计算机计算。换句话说，有些问题计算机能够计算，有些问题计算机不能计算，有些问题计算机虽然能够计算，但是计算起来很"困难"，这就引出了"可计算与算法复杂性"问题。我们通过汉诺塔问题和停机问题来介绍相关知识。

1. 汉诺塔问题

　　在印度教的传说中，天神梵天建了一座神庙，神庙里竖有 3 根柱子，柱子由一个铜座支撑。梵天将 64 个直径大小不一的金盘子按照从大到小的顺序依次套在第一根柱子上，形成一座金塔，即汉诺塔（梵天塔）。梵天让庙里的僧侣们将第一根柱子上的 64 个盘子借助第二根柱子全部移到第三根柱子上，即将整座金塔迁移。同时，梵天定下 3 条规则：①每次只能移动一个盘子；②盘子只能在 3 根柱子上来回移动，不能放在他处；③在移动过程中，3 根柱子上的盘子必须始终保持大盘在下，小盘在上。这就是著名的汉诺塔问题。汉诺塔示意图如图 3-1 所示。

　　用计算机求解一个实际问题，通常先要从这个实际问题中抽象出一个数学模型，然后设计求解该数学模型的算法，最后根据算法编写程序，通过调试运行程序，从而完成该问题的求解。从实际问题中抽象出一个数学模型的实质，就是要用数学的方法抽取问题的本质特征，给出一个"可计算"的求解过程。

汉诺塔问题是一个用递归方法求解的典型问题。递归是计算机学科中的一个重要概念。递归是将一个较大的问题归约为一个或多个子问题的求解方法。这些子问题比原问题简单，而且在结构上与原问题相同。

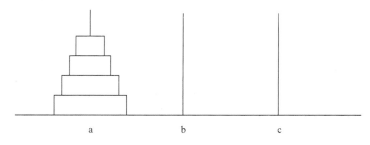

图 3-1　汉诺塔示意图

根据递归算法，可以将 64 个盘子的汉诺塔求解问题转化为 63 个盘子的汉诺塔求解问题，若 63 个盘子的汉诺塔问题能够解决，则可以先将 63 个盘子移到第二根柱子上，再将最后一个盘子直接移到第三根柱子上，最后又一次将 63 个盘子从第二根柱子移到第三根柱子上，这样就可以解决 64 个盘子的汉诺塔问题。同理，63 个盘子的汉诺塔求解问题可以转化为 62 个盘子的汉诺塔求解问题，62 个盘子的汉诺塔求解问题又可以转化为 61 个盘子的汉诺塔求解问题，依次类推，直到 1 个盘子的汉诺塔求解问题。显然，1 个盘子的汉诺塔问题很容易解决。再通过 1 个盘子的汉诺塔问题可以解出 2 个盘子的汉诺塔问题，通过 2 个盘子的汉诺塔问题可以解出 3 个盘子的汉诺塔问题，依次类推，直到解出 64 个盘子的汉诺塔问题。

现在将汉诺塔问题转化为 n 个盘子移动的问题，并把三根柱子分别标记为 a、b、c。

$n=1$ 时的移动步骤：a→c

$n=2$ 时的移动步骤：a→b，a→c，b→c

$n=3$ 时的移动步骤：a→c，a→b，c→b，a→c，b→a，b→c，a→c

$n=4$ 时的移动步骤：a→b，a→c，b→c，a→b，c→a，c→b，a→b，a→c，b→c，b→a，c→a，b→c，a→c，b→c

那么，对于 n 个盘子需要移动多少步呢？算法的时间复杂度是多少？

按照上面的算法，解决 n 个盘子移动的问题需要移动的盘子数是解决 $n-1$ 个盘子移动的问题需要移动的盘子数的 2 倍加 1。解决 $n-1$ 个盘子移动的问题需要移动的盘子数是解决 $n-2$ 个盘子移动的问题需要移动的盘子数的 2 倍加 1，依次类推，则有：

$$
\begin{aligned}
h(n) &= 2h(n-1)+1 \\
&= 2(2h(n-2)+1)+1 \\
&= 2^2h(n-2)+2+1 \\
&= 2^3h(n-3)+2^2+2+1 \\
&= \cdots \\
&= 2^nh(0)+2^{n-1}+\cdots+2^2+2+1 \\
&= 2^n-1
\end{aligned}
$$

算法的时间复杂度是 $O(2^n)$。

因此，要完成 64 个盘子的汉诺塔迁移，需要移动盘子的次数为

$$2^{64}-1=18\ 446\ 744\ 073\ 709\ 551\ 615$$

若每秒移动一次盘子，一年有 31 536 000s，则僧侣们即使一刻不停地来回移动盘子，也需要花费大约 5849 亿年的时间。假定计算机以每秒 1000 万个盘子的速度进行迁移，则需要花费大约 58 490 年的时间。

通过这个例子可以知道，理论上可计算的问题，实际上未必能够执行，这属于算法复杂性方面研究的内容。

计算思维——复杂问题

当求解问题的复杂度是指数级时，计算机的处理速度（已考虑摩尔定律）永远赶不上问题复杂度的增加速度。即使问题复杂度是 n^2 的常数倍，情况也未必好转。

---

2. 停机问题

停机问题（halting problem）是 1936 年图灵在其著名论文《论可计算数及其在判定问题上的应用》（*On Computable Numbers，with an Application to the Entscheidungsproblem*）中提出，并用形式化方法给予证明的一个不可计算问题。

停机问题是指针对任意给定的图灵机和输入，寻找一个一般的算法或图灵机，用于判定给定的图灵机在接收了初始输入后能否到达终止状态，即停机状态。若能够找到这样的算法，就说停机问题可解；否则，不可解。换句话说，就是能不能找到这样一个测试程序，它能够判断任意程序在接收了某个输入并执行后能不能终止。若能够终止，则停机问题可解；否则，不可解。

有过编程经历的人知道，有些程序一下子就能出结果，而有些程序则好久都没有显示结果，并且不知道这些程序最终是否会显示结果。如果可以设计一个程序用于测试任意程序最终是会停止运行还是会无限运行下去，就不用为了得到程序的结果而等很久，甚至有时还无法确定是不是程序本身出现了问题，导致程序无限循环。

【例 3.1】　请针对停机问题设计一个测试程序，证明停机问题的不可解。

解：设计思路：定义一个 all_mighty_program，其输入参数是被 Python 语言程序本身及其输入。若该程序最终停止运行，则返回 True；若该程序最终无法停止运行，则返回 False。

```
def all_mighty_program (code, code_input):
    if code (code_input) halts:
        return True
    else:
        return False
```

是否有测试程序能够使上面的这段代码失效呢？对此需要进行反证。被测试的程序有两种可能性：①该程序最终会返回某值；②该程序会无限循环下去。

对于第一种可能性：在某个条件下，该程序最终会返回某值，也就是说该程序最终会停止运行。因此，需要把条件设计成与上面的代码相反。如果上面的代码是测试程序

最终停止运行返回 True，那么把条件设计成上面的代码返回 False 时，测试程序最终会停止。

对于第二种可能性：在某个条件下，该程序会无限循环下去，也就是说该程序最终会无限运行下去。因此，需要把这个条件设计成与上面的代码相反。如果上面的代码是测试程序最终无法停止运行返回 False，那么把条件设计成上面的代码返回 True 时，测试程序最终会无限循环下去。

```
def code (code_input):
    if all_mighty_program (code, code_input) is False:
        return True
    else:
        loop forever
```

由此可以看出，这两段代码的逻辑是矛盾的。当 all_mighty_program (code, code_input) 是 False 时（code 会无限循环下去时），code (code_input)是返回 True 的（code 最终会停止运行）。

因此可以证明，这样的测试程序是不存在的，从而证明停机问题的不可解。

我们现在知道，不是所有的问题都有可计算的解，即使是可计算的问题，也存在是在多项式时间内可计算还是在非多项式时间内可计算的区别。

3.1.2　并发控制问题

并发控制问题本质上是计算机资源的管理问题。

计算机资源分为硬件资源和软件资源。硬件资源主要有 CPU、存储器及输入和输出设备等；软件资源则是指存储于硬盘等存储设备中的各类文件。在计算机中，操作系统负责对计算机软硬件资源进行控制和管理。如果要使计算机系统中的软硬件资源得到高效利用，就会遇到由于资源共享而产生的问题。

并发是指两个或多个事件在同一时间段内发生。并发操作可以有效提高资源的利用率，如果在只有一个处理器的计算机上并发执行多个进程，就能提高处理器的利用率，进而提高整个计算机系统的处理能力。多个进程的并发执行需要一定的控制机制，否则会导致错误。例如，完成相关任务的多个进程要相互协调和通信，多个进程对有限的独占资源的访问要互斥，等等。只有有效的并发控制，才能保证进程的并发执行正确和高效。

1. 生产者-消费者问题

1965 年，狄克斯特拉（E.W.Dijkstra）提出了生产者-消费者问题。基于狄克斯特拉的思路，对生产者-消费者问题大致描述如下：有 n 个生产者和 m 个消费者，在生产者和消费者之间设置一个能够存放 k 个产品的货架。只要货架未满，生产者 p_i（$1 \leq i \leq n$）生产的产品就可以放入货架，每次只能放入一个产品；只要货架非空，消费者 c_j（$1 \leq j \leq m$）就可以从货架上取走产品消费，每次只能取走一个产品。所有生产者的产品生产和消费者的产品消费都可以按照自己的意愿进行，即两者之间是相互独立的，只需要遵守两个约定：①不允许消费者从空货架上取产品；②不允许生产者向一个已经装满产品的货架中再放入产品。

这实际上是对操作系统进程同步机制的一种抽象描述，多个进程虽然看起来是按照异步方式执行的，但是相关的进程之间应有一种协调机制。例如，在生产者-消费者问题中，当货架已满时，生产者就要停止生产，等待消费者取走产品；同样，当货架为空时，消费者是不能消费的，要等待生产者生产产品。

2. 哲学家共餐问题

哲学家共餐问题也是狄克斯特拉提出的，该问题描述如下：五位哲学家围坐在一张圆桌旁，每个人的面前都有一碗面条，碗的两旁各有一根筷子，如图 3-2 所示。狄克斯特拉提出该问题时，桌子上放的是意大利面条和吃西餐用的叉子，为了更好地说明问题，后来的研究人员将其改成了中国面条和吃中餐用的筷子，并且约定用一根筷子吃不成中国面条。

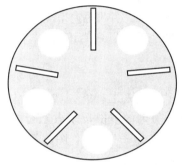

图 3-2　哲学家供餐问题

假设哲学家的生活除了吃面条就是思考问题，而吃面条的时候需要左手拿一根筷子，右手拿一根筷子，然后才能用两根筷子进餐，吃完面条后又将筷子放回原处，继续思考问题。基于这样的假设，一位哲学家的生活进程可表示如下。

1）思考问题。

2）饿了停止思考，左手拿一根筷子（拿不到筷子就等）。

3）右手拿一根筷子（拿不到筷子就等）。

4）进餐。

5）放下右手的筷子。

6）放下左手的筷子。

7）重新回到思考问题状态 1）。

基于上面描述的哲学家生活进程，可能会出现如下情况：当所有哲学家都同时拿起左手的筷子时，所有哲学家都将拿不到右手的筷子，并处于等待状态。由于拿不到右手的筷子就不能进餐，也就不能放回左手的筷子，这样一来，五位哲学家相互之间就会永远等下去，其结果是所有哲学家都无法进餐。这种情况在计算机领域称为死锁。

为避免发生上面的情况，将哲学家的生活进程修改为：当右手拿不到筷子时，就放下左手的筷子。这时，可能又会出现新的情况：在某一个瞬间，当所有哲学家都同时拿起左手的筷子时，所有哲学家都拿不到右手的筷子，于是所有哲学家都同时放下左手的筷子，等一会儿，又同时拿起左手的筷子，如此循环反复，导致所有哲学家都无法进餐。

上面两种情况反映的是资源分配问题，如果资源充足，即在每两位哲学家中间都放置两根以上筷子，就不存在无法进餐的情况了。由此可知，重点要解决的问题是：如何在资源紧张的情况下，尽最大可能满足需求。可以加一些限制，如至多只允许四位哲学家同时进餐，这样就不会出现哲学家无法进餐的情况。

哲学家共餐问题形象地描述了多个进程以互斥方式访问有限资源的问题。计算机系统不可能总是提供足够多的资源（CPU、存储单元等），但是又想尽可能多地同时满足多个用户（进程）的使用要求，以便提高系统资源的利用率。如果某一时刻只允许一个用户（进程）使用计算机资源，那么将导致系统资源利用率和程序执行效率低下。

为了提高计算机系统的处理能力和资源的利用率，并发程序被广泛地使用，因此必须彻底解决并发程序中的死锁问题和饥饿问题。于是，人们将哲学家共餐问题推广为更具有一般性的 n 个进程和 m 个共享资源的问题，并在研究过程中给出许多解决这类问题的方法和工具，如佩特里（Petri）网、并发程序语言等。

程序并发执行时进程同步的经典问题还有读者-作者问题、睡眠的理发师问题等。

3.1.3　计算机智能问题

在计算机学科诞生后，为了解决人工智能领域中一些争论激烈的问题，图灵和西尔勒（J.R.Searle）分别提出了两个著名的能够反映人工智能本质特征的哲学问题，即图灵的"图灵测试"和西尔勒的"中文屋子"。沿着图灵等人对"智能"的研究思路，人们在人工智能领域取得了长足的进展。

当前，计算机智能问题是计算机领域研究的热点问题，智能化也是计算机的一个重要发展方向。

1. 图灵测试

图灵于 1950 年在英国 *Mimd* 杂志上发表了《计算机器和智能》（*Computing Machinery and Intelligence*）一文，提出了"机器能够思维吗？"这样一个问题，并给出了一个被后人称之为图灵测试的模仿游戏。

这个游戏由 3 个人来完成：一个男人（A）、一个女人（B）和一个性别不限的提问者（C）。提问者（C）待在与其他两个游戏者相隔离的房间里。游戏的目的是让提问者通过对其他两个人的提问来鉴别其中哪个人是男人，哪个人是女人。为了避免提问者通过他们的声音、语调轻易地作出判断，最好是在提问者和两个游戏者之间通过一台电传打字机来进行沟通（现在可以通过计算机键盘）。提问者只被告知两个人的代号分别为 X 和 Y，在游戏的最后提问者要作出"X 是 A，Y 是 B"或"X 是 B，Y 是 A"的判断。

提问者可以提出这样的问题："请 X 回答，你的头发的长度？"若 X 是男人（A），为了给提问者造成错觉，他可以这样回答："我的头发很长，大约有 9 英寸"。而对于女人（B）来说，要帮助提问者，她会作出真实的回答，并可能在答案的后面加上"我是女人，不要相信那个人"之类的提示。同样，男人（A）也可能加上类似的提示。

现在，把这个游戏中的男人（A）换成一部机器来扮演，如果提问者在与机器、女人之间的游戏中作出错误判断的次数与其在男人、女人之间的游戏中作出错误判断的次数是相同的或更多，那么就可以判定这部机器是能够思维的。

图灵测试对测试的机器在结构上没有作出要求，只是从功能的角度判定机器是否能够思维。图灵测试标志着现代机器思维问题讨论的开始。根据图灵的预测，到 2000 年能够有此类机器通过测试。有人认为，"深蓝"计算机在 1997 年战胜了国际象棋大师卡斯帕罗夫，就可以看作通过了"图灵测试"。

2. 西尔勒的"中文屋子"

与计算机智能有关的另一个著名实验是"中文屋子"。1980 年，美国哲学家西尔勒在 *Behavioral and Brain Sciences* 杂志上发表了论文《心、脑和程序》（*Minds，Brains and Programs*）。

文中他以自己为主角设计了一个假想实验：假设西尔勒被关在一个小屋中，屋中有序地堆放着足够的中文字符，而他对中文一窍不通。这时屋外的人递进来一串中文字符，同时还附有一本用英文编写的处理中文字符的规则（西尔勒熟悉英语），这些规则对递进来的字符和小屋中的字符之间的转换作出了形式化的规定。西尔勒按照规则对这些字符进行处理后，将一串新的中文字符送出屋外。事实上，西尔勒根本不知道送进来的字符串就是屋外人提出的"问题"，也不知道送出去的字符串就是所提出问题的"答案"。又假设西尔勒很擅长按照规则熟练地处理一些中文字符，而程序员（编写规则的人）又擅长编写程序（规则），那么西尔勒给出的答案将会与一个熟悉中文的中国人给出的答案没有什么不同。但是，这样能够说明西尔勒真的懂中文吗？他真的理解以中文字符串表示的屋外人递进来的"问题"和自己给出的"答案"吗？

西尔勒借用语言学的术语非常形象地揭示了"中文屋子"的深刻含义：形式化的计算机仅有语法，没有语义，只是按照规则办事，并不理解规则的含义及自己在做什么。因此，西尔勒认为机器永远不可能代替人脑。

"图灵测试"只是从功能的角度来判定机器是否能够思维。在图灵看来，不要求机器与人脑在内部构造上一样，只要机器与人脑有相同的功能就认为机器有思维。而在西尔勒看来，机器没有什么智能，只是按照人们编写好的形式化的规则（程序）来完成一项任务，机器本身未必清楚自己在做什么。这种对同一问题的不同认识，代表了人们在计算机智能或人工智能上的争议。

3. 计算机中的博弈问题

博弈问题属于人工智能中的一个重要研究领域。从狭义上讲，博弈是指下棋、玩扑克牌、掷骰子等具有输赢性质的游戏；从广义上讲，博弈就是对策或斗智。计算机中的博弈问题一直是人工智能领域的重点研究内容之一。

1913 年，德国数学家策梅洛（E.Zermelo）在第五届国际数学会议上发表了论文《关于集合论在象棋博弈理论中的应用》（*On an Application of Set Theory to Game of Chess*），把数学和象棋联系起来，从此现代数学出现了一个新的理论，即博弈论。

1950 年，"信息论"创始人香农（A.Shannon）发表了《国际象棋与机器》（*a Chess-Playing Machine*）一文，并在文中阐述了用计算机编写下棋程序的可能性。

1956 年，在美国达特茅斯大学举行的夏季学术讨论会上，第一次正式使用了"人工智能"这一术语，由麦卡锡（J.McCarthy）和香农等人共同发起召开的该次会议对人工智能的发展起到了极大的推动作用。IBM 公司的工程师塞缪尔（A. Samuel）也被邀请参加了此次达特茅斯会议，塞缪尔的研究专长正是计算机下棋。早在 1952 年，塞缪尔就运用博弈理论和状态空间搜索技术成功地开发了世界上第一个跳棋程序。该程序经过不断地完善，于 1959 年击败了它的设计者塞缪尔本人，1962 年它又击败了美国著名选手尼雷（R.W.Nealey）。因此塞缪尔被称为"机器学习之父"，也被认为是计算机游戏的先驱。

1970 年开始一直到 1994 年（1992 年中断过一次），ACM 每年举办一次计算机国际象棋锦标赛，每年产生一个冠军。1991 年，冠军由 IBM 公司的"深思 II"获得。ACM 的这些工作极大地推动了博弈问题的深入研究，并促进了人工智能领域的发展。

1997 年 5 月，"深蓝"与国际象棋冠军卡斯帕罗夫在美国交战，前者以两胜一负三平战胜后者。"深蓝"是美国 IBM 公司研制的一台高性能并行计算机，它由 256 个专为国际象棋比赛设计的微处理器组成，据估计该系统每秒可以计算 2 亿步棋，计算机内部存有一百年来所有国际象棋特级大师的开局和残局的下法。"深蓝"的前身是"深思"，创建于 1985 年。1989 年，卡斯帕罗夫首战"深思"，后者败北。1996 年，在"深思"的基础上研制出的"深蓝"与卡斯帕罗夫交战，以 2：4 负于对手。1997 年，"深蓝"经过升级后，再次与卡斯帕罗夫交手，最终以 1 负 2 胜 3 平战胜了对手。

"深蓝"的研制团队有主管谭崇仁（C.J.Tan）、设计师许峰雄（C.B.Hsu）、象棋顾问本杰明（GM.J.Benjamin）及其他科学家和工程师。因此，与其说是"深蓝"战胜了卡斯帕罗夫，不如说是"深蓝队"战胜了卡斯帕罗夫。

国际象棋、西洋跳棋与围棋、中国象棋一样都属于双人完备博弈。双人完备博弈就是两位选手对垒，轮流走棋，其中一方完全知道另一方已经走过的棋步及未来可能的走棋，对弈的结果要么是一方赢（另一方输），要么是和局。

任何一种双人完备博弈都可以用一个博弈树（与或树）来描述，并通过博弈树搜索策略寻找最佳解。博弈树类似于状态图和问题求解搜索中使用的搜索树。搜索树上的一个结点对应一个棋局，树的分支表示棋的走步，根结点表示棋局的开始，叶结点表示棋局的结束，一个棋局的结果可以是赢、输或和局。

对于一个思考缜密的棋局来说，其博弈树是非常大的，国际象棋有 10^{120} 个结点（棋局总数），中国象棋约有 10^{160} 个结点，围棋更复杂，盘面状态达 10^{768} 个结点。计算机要装下如此巨大的博弈树，并在合理的时间内进行详细的搜索是不可能的。因此，如何将搜索树修改到一个合理的范围是一个值得研究的问题，"深蓝"就是这类研究的成果之一。

2016 年 3 月，采用了"人工智能"中深度学习技术的谷歌围棋程序 AlphaGo 以 4：1 的总比分战胜世界围棋冠军李世石。与"深蓝"战胜卡斯帕罗夫一样，这次比赛的结果也在世界上引起了轩然大波。很多人认为机器的智力已经超越人类，甚至还有人认为计算机最终将控制人类。其实，人的智力与机器的智力根本就是两回事，因为现在人们对人的精神和脑的结构的认识还相当缺乏，更不用说用严密的数学语言来描述它们了，而计算机是一种用严密的数学语言来描述的计算机器。

下棋的过程其实就是一个选择的过程，根据目前的棋局及对方可能走棋的判断，选择一个有利于自己最终赢棋的棋步。从上面的数字可以看出，可供选择的棋步的数量是非常巨大的，下棋的人通常要经过缜密的思考后，凭经验和直觉作出选择，这是非常耗费脑力和体力的，也容易受到外界的干扰。而下棋的计算机通过快速的计算和搜索比较，找到最有利于自己的棋步。计算机不会疲倦，也不会有心理上的起伏，更不会受到对手情绪的干扰。从一定意义上讲，双人完备博弈的"人机大战"其实就是棋手的智慧与计算机的计算能力两者之间的比拼。当然，棋手需要记忆一定数量的经典棋局，计算机也需要采取有效的棋局存储和搜索策略，以保证在合理的时间内搜索到最优的棋步。可以说，计算机下棋水平的高低取决于计算机软件的功能和硬件的性能。

3.2　问题求解模型

在社会发展进程中，人们通过不断地发现问题和解决问题，推动着社会的进步和科学技术的发展。计算科学将理论与实验联系起来，为各学科的科学研究和问题求解提供了新手段和新方法，成为自然科学中继理论科学和实验科学之后推动科技发展和人类文明进步的三大学科之一。

问题求解是计算科学的根本目的，人们既可以用计算机来求解数据处理、数值分析等问题，也可以求解化学、物理学和心理学等学科提出的问题。例如，化学的"分析高分子结构"；物理学的"高能物理建模"；心理学的"对求解问题的意图和连续性行为的分析"等。计算科学的理论与许多学科相互影响，形成了计算化学、计算经济学等跨学科。

面对客观世界中需要求解的问题，在没有计算机之前，人类是如何求解的？在有了计算机以后，人类又是如何解决的？下面对两种问题求解方法进行比较分析，了解各自的特点和两者的差异，领会计算思维的方法。

3.2.1　解决客观世界问题的思维过程

从自然科学到社会科学，从科学研究到生产生活实践，在各个学科领域中都存在着各种各样的问题。当问题出现后，人们会试图寻找问题的答案，这就是问题求解。

问题求解是指人们在生产生活中面对新问题时，由现成的有效对策所引起的一种积极寻求问题答案的思维活动过程。思维产生于问题，正如苏格拉底所说："问题是接生婆，它能够帮助新思想诞生"。人们只有意识到问题的存在，产生了解决问题的主观愿望，并且依靠旧的方法和手段不能奏效时，才能进入解决问题的思维过程。因此说，思维活动是解决问题的核心成分。

问题求解是一个非常复杂的思维活动过程，在阶段的划分上存在着许多不同的观点。问题求解的一般思维过程分为问题分析、提出假设和检验假设 3 个阶段，如图 3-3 所示。

图 3-3　问题求解的一般思维过程

1. 问题分析

问题就是事物的矛盾，矛盾具有普遍性。在人类社会的各个实践领域中存在着各种各样的问题，不断地解决这些问题是人类社会发展的需要。将社会需要转化为个人的思维任务就是发现和提出问题，它是解决问题的开端和前提。

问题分析就是抓住关键，找出主要矛盾，确定问题的范围，明确解决问题方向的过程。一般来说，最初遇到的问题往往是混乱的、笼统的、不确定的，其中包括许多局部的和具体的方面，如果要顺利解决问题，就必须对问题所涉及的方方面面进行具体分析，以充分揭露矛盾，区分主要矛盾和次要矛盾，使问题症结具体化、明朗化。

2. 提出假设

解决问题的关键是找出解决问题的方案，具体包括解决问题的原则、途径和方法。然而这些方案不是简单地能够立即找到和确定的，而是通常先以假设的形式产生和出现。提出假设就是根据已有知识来推测问题成因或者解决问题的可能途径。

在问题分析的基础上，人脑进行推测、预想和推论，有选择地提出解决问题的建议和方案（假设）。假设的提出依赖于一定的条件，已有的知识经验、直观的感性材料、尝试性的实际操作、语言的表述和重复，以及创造性构想等都对其产生重要的影响。

3. 检验假设

提出的假设是否切实可行，是否能够真正解决问题，还需要进一步检验。

检验方法主要有两种：①实践检验，它是一种直接验证方法，即按照假设去具体进行实验解决问题，再依据实验结果直接判断假设的真伪。如果问题得到解决就证明假设是正确的，否则假设就是无效的。②间接验证方法，根据个人掌握的科学知识通过智力活动来进行检验，即根据公认的科学原理、科学原则利用头脑中的思维活动进行推理论证，从而在思想上考虑对象或现象可能发生什么变化，将要发生什么变化，分析推断自己设立的假设是否正确。在不能立即用实际行动来检验假设的情况下，在头脑中用思维活动来检验假设起着特别重要的作用，如军事战略部署、围棋对弈过程中的思考、自然灾害的防范等。当然，任何假设的正确与否最终还需要接受实践的检验。

3.2.2　通用的问题求解策略

对各种问题及其求解方法进行归纳、总结和抽象，建立不同的求解策略，这对于问题求解具有重要的指导意义。19世纪末20世纪初，心理学家对问题及问题求解进行了广泛的研究。根据心理学的研究结果，可以把问题求解策略分为算法式（algorithms）和启发式（heuristics）两大类。问题求解策略的类别见表3-1。

表 3-1　问题求解策略的类别

算法式（试误法）	启发式
将所有可能性全部列出，一个一个尝试	将问题转换为相近的问题去试探解决

1. 算法式

算法式是指按照逻辑来求解问题的策略，通常适合求解简单的问题。若问题有解，则算法式一定可以得到问题的解。常用的算法式策略有枚举法、递归法等，这些方法容易证明其正确性。但是随着问题规模的增加，计算量往往会出现爆炸式增长，这使得许多问题成为难题，如汉诺塔问题和公开密码密钥问题等。

2. 启发式

启发式通常适合求解复杂的问题，它是根据以往解决问题的经验形成一些经验规则，将问题转换为相近的问题去试探解决。例如，计算机突然不能上网，可能是网线没接好，也可能是网络协议问题，或者是由计算机病毒造成的。与算法式不同，启发式并不能保证得到答案。常用的启发式策略有以下几种。

1）手段目的分析。手段目的分析是指不断地将当前状态和目标状态进行比较，然后采取措施尽可能地缩小这两个状态之间的差异。当问题可分成若干个更小问题时，人们常采用手段目的分析启发式，它也是人们解决问题最常用的一种策略。

2）顺向推理。顺向推理是指从问题的已知条件出发，通过逐步扩展已有的信息直到问题解决的一种策略。研究表明，专家常常采用顺向推理求解问题。专家在看到问题时，首先根据知识和经验从已有的信息中推理出新的信息，再逐步推理，最后解决问题。

3）逆向推理。逆向推理是指从问题的目标状态出发，按照子目标组成的逻辑顺序逐级向当前状态递归的问题解决策略。其主要特点是将问题解决的目标分解成若干子目标，直至使子目标按照逆推途径与给定的条件建立直接联系或者等同起来。这样，从一个子目标出发反推到另一个子目标，即可解决问题。例如，采用逆向推理来求解 $n!$，即 $m=n\times(n-1)!$，直到 $0!=1$。

在求解问题时，人们可以选择不同的策略，但是一般不去寻求最优的策略，而是只要找到一个较为满意的策略即可。因为即使是解决最简单的问题，要想得到次数最少、效率最高的问题解决策略也是很困难的。此外，若一个人的经验越多，知识储备越丰富，则其解决问题的可能性也就越大。因此，提高问题求解能力，不仅要训练求解问题的方法和策略，还需要不断地提高知识储备的数量与质量，培养思考问题的习惯。

计算思维——启发式策略

当问题复杂度超出计算机的计算能力时或者精确算法难以设计时，可以考虑采用启发式策略。启发式策略可以提供更加简单的求解过程，这在问题不需要精确求解的情况下尤为重要。启发式策略不能保证找到最优解，也不能保证每次都成功，但在很多情况下可以获得可行解。

3.2.3 计算机的问题求解过程

利用计算机求解问题也遵循了人类思维和问题求解的一般方法。或者说，利用计算机求解问题是对问题抽象建模后的一种求解办法，它充分发挥了计算机在存储、运算速度和精度及自动化运行等方面的独特优势。从本质上说，利用计算机求解问题只是问题求解手段的改变。

从计算机求解问题的过程可以看出，其核心是计算机程序。计算机程序是机器代替人工求解问题思想的实现，是人类思维的程序化。程序是问题求解算法的计算机语言实现，程序的运行结果即问题的解，它可能是原始问题的最终结果，也可能是子问题的中间输出结果。

问题的复杂程度不同，其数据类型的抽象层次就不同，对应的处理过程也不同，但在概念上是一样的。计算机求解问题的基本过程，即求解问题概念模型如图 3-4 所示。

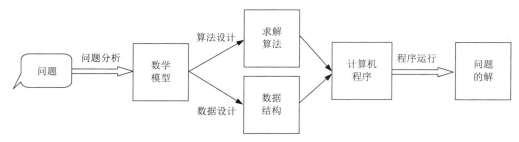

图 3-4　计算机求解问题概念模型

下面具体介绍计算机求解问题的过程。

1）进行问题分析。明确问题的性质和目的，根据现有的技术和条件（人员、时间、法律和经费等）进行可行性分析，并对待求解的问题进行抽象以获取其数学模型。

2）有了数学模型以后，根据问题求解的需要来组织、提取原始数据，以确定原始数据进入计算机后的存储结构（数据结构），并在数据结构的基础上研究数据的处理方法和步骤（算法）。宏观地说，问题求解包括两方面内容，一方面是对问题求解过程的描述，另一方面是用于求解此问题的装置。显然，算法就是对问题求解过程的精确描述，代表了对问题的解，它是用计算装置能够理解的语言描述的解题过程。

3）根据算法编写程序。程序是算法在计算机上的特定实现。两种典型的程序设计方法是面向过程的结构化程序设计方法和面向对象的程序设计方法，两者构造程序的思维方法（问题域与解空间的映射问题）有很大的差异。不管选择哪一种程序设计方法，最终目的都是构造出可供计算机运行的程序代码。实际上，程序设计过程就是人们使用各种计算机语言将现实世界（问题域）映射到计算机世界（解空间）的过程。

4）有了问题求解程序以后，通过语言编译器对程序进行编译，得到在计算机上可以执行的目标程序，并在计算机上运行，从而得到问题的解。

3.2.4　计算思维中的问题求解方式

计算机作为一种通用计算机器，通过编程几乎可以完成所有的任务。计算机可以自动解决问题，并且可以重复、可靠、准确、快速地运行。虽然不是所有问题都有自动求解方法，但是计算思维可以教会人们如何找出自动解决问题的方法。

利用计算机求解问题时，通常采用自顶向下和自底向上两种解决方式，同时配合使用迭代方法和逐步求精方法。

1. 自顶向下

自顶向下的问题求解方式通常是将一个大而复杂的问题分解成多个小的子问题（分而治之），每个子问题可以直接解决或者再进一步分解。当所有子问题都解决了，再通过组合和构建，大的问题也就解决了。

【例 3.2】　使用自顶向下的问题求解方式，给出撰写问卷调查报告的子问题分解图。

解：通常情况下，撰写问卷调查报告主要分为 5 个步骤：制作问卷、收集数据、分析数据、撰写报告、提交报告。因此，使用自顶向下的问题求解方式，可以将该问题分解为 5 个子问题，使得每个子问题不仅变得相对简单，而且目标也很明确。

通过分解，我们对撰写问卷调查报告这个问题的认识更清楚。分解展示了解决问题所需的更多细节，也展示了更多的未知因素。例如，在撰写报告的子问题中有很多问题是未知的（报告由哪些部分组成？格式是什么？用什么方法收集数据？用什么工具分析数据？）

通过调研发现，很多网站提供免费的问卷调查发布、数据统计与数据分析功能。假设基于某个网站进行本次问卷调查报告的撰写，那么"制作问卷"任务将被分解为"编写问卷题目"和"通过网络发布问卷"两个子问题。同时，收集数据、分析数据将变得简单，可以直接利用网站提供的功能，在人们通过计算机、手机等方式登录该网站完成问卷调查时，自动完成数据的收集和分析，因此这两个子问题将不再被分解。撰写问卷调查报告的任务相对复杂，可以根据报告格式分解成多个子任务。例如，撰写摘要和引言、进行数据分析等。而最后的提交报告只需要将报告通过邮件发送给老师即可。根据上述分析，撰写问卷调查报告的子问题分解图如图 3-5 所示。

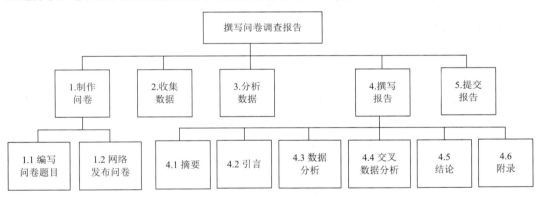

图 3-5　撰写问卷调查报告的子问题分解图

2. 自底向上

与自顶向下的问题求解方式相反，自底向上的问题求解方式是从给定的数据和方法开始构建一些小模块，由小模块可以组合成大模块，继续构建、组合下去，最后解决整个问题。

现代数字计算机的架构就是一个很好的例子：将基本逻辑运算单元（逻辑门）组合起来可以表示和操控数据，这些基于电路的模块（硬件）加上软件的各个模块（指令集、汇编语言、编译器等）组合成更大的模块，最终实现通过编程就可以解决问题的计算机。

当尝试解决一个问题时，需要自顶向下和自底向上两种思维，在分解问题的同时也构建基本模块，这两种方法的交错使用常常可以帮助找到求解问题的方法。

> **计算思维——分拆和复合**
>
> 首先将一个大问题分拆成一些小问题，然后求解这些小问题，最后再将这些小问题的解复合成为原来大问题的解，这是计算机算法设计中常用的思路和方法。

3. 迭代

迭代是一种思维方法，通过设计合理的重复过程，可以使系统中出现的微弱优势逐步积累并显现；或者对细节部分进行不断完善，最后完美地实现整个系统。这种方法经常用于计算机系统设计或者软件编制，用于日常生活中也能帮助我们轻松地完成任务。例如，不论是学习还是工作，刚开始制订一个计划，不可能一步到位制订好计划的所有细节，因此可以通过讨论和商议甚至边实施边改的方法，逐步完善计划的内容，这就是一次迭代的过程。迭代的关键是设计好相应的算法，使迭代能够"正向推进"，使得所期望的优势不断积累，或者使系统得到不断完善。

> **计算思维——迭代**
>
> 在求解问题的过程中，把大问题的解决化解为对一些小问题的解决反复执行，每一次执行都逐步逼近大问题的解决。将每次迭代计算的结果作为下次迭代计算的初始值。迭代可以充分发挥计算机易于实现反复操作的优点，反复执行少数的指令就可以解决规模较大的问题。充分利用迭代技巧会使计算程序简单和易于理解。

4. 逐步求精

在利用计算机求解问题的过程中，当着眼于一个算法解决方案或一个程序时，容易在细节中迷失。在计算科学中，逐步求精方法建议总揽大局，首先保证解决方案框架（算法或程序）正确，然后再找出需要改进的地方，通过不断地修改，逐步提升速度和效率。

> **计算思维——逐步求精**
>
> 在求解问题的过程中，从一个基础装置出发，通过逐步求精方法不断扩展它的功能或者提高它的效率，最终达到期望的效果，这是计算机工程中经常使用的方法。利用这一方法，计算机的硬件系统和软件功能都达到了相当惊人的水平。

将迭代方法和逐步求精方法用于其他学科的科学研究，也取得了众多成果。例如，聚合酶反应（polymerase chain reaction，PCR）的发明。PCR 是复制特定 DNA 序列的生物学技术，现在已经成为医学和生物学研究不可缺少的技术，被广泛地运用在医学和生物学的实验室，如用于 DNA 检测和基因指纹分析。PCR 的发明具有深远影响。穆利斯（Mullis）博士因为 PCR 的发明获得 1993 年诺贝尔化学奖，他说："我从计算机程序那里感悟到一个数学过程反复迭代的力量,设置一个初始的数,通过一次迭代得到一个新的数,再使用相同的过程得到一个更新的数,以此类推。如果能够借助此方法在一个短的 DNA 合成片段中寻找特定的序列,通过重复迭代过程将原本数量很小的序列一次次地自我复制,使得该特定序列的数量越来越多,这就接近于我要解决的问题了。"在 PCR 被发明的时代,聚合酶和相关的 DNA 反应技术都已经存在,所缺少的只是如何产生"链式反应"这一部分。Mullis 的计算思维将生物科学划分为 PCR 前和 PCR 后两个时代。

3.3　算法类问题求解框架

假设已知一个问题是可计算的,解决该问题可能存在许多计算过程。算法思维的目的就是找出求解该问题的巧妙的计算过程,使得计算时间短、使用的计算资源少。巧妙的计算过程所体现的方法称为算法。

在计算思维中,算法有着重要地位,算法是计算机科学的基石。实际上,在用户的日常生活中,算法也是无处不在的,如网上支付、电子地图中路线的查找、搜索引擎的信息查找等都是算法运行的结果。还需要了解的是,深度学习作为人工智能最主流的算法获得广泛关注。深度学习集中体现了机器学习算法的三大趋势:①用较为复杂的模型降低模型偏差;②用大数据提升统计估计的准确性;③用可扩展的梯度下降算法求解大规模优化问题。

3.3.1　算法的概念和特征

一般认为,历史上第一个算法是欧几里得算法,用于求解两个正整数的最大公约数,它出现于公元前 3 世纪欧几里得所著的《几何原本》中。三国时代数学家刘徽给出的求圆周率算法(刘徽割圆术)是中国古代算法的代表,宋代数学家杨辉的专著《杨辉算法》是中国古代算法的代表作。

1. 算法的概念

算法是对解题方案准确而完整地描述。也可以说,算法是对特定问题求解步骤的一种描述,是由若干条指令组成的有穷集合。

对于一个问题来说,若可以通过一个计算机程序在有限的存储空间内运行有限长的时间而得到正确的结果,则称这个问题的算法是可解的。但是算法不能等同于程序。算法是指逻辑层面上解决问题方法的一种描述,一个算法可以被很多不同的程序实现,即程序可以作为算法的一种描述,但是程序通常还需考虑很多与方法和分析无关的细节问题,这是因为在编写程序时要受到计算机系统运行环境的限制。算法可以被计算机程序模拟出来,但是程序只是一个让计算机机械式执行的手段。程序中的指令必须是机器可执行的,而算法中的指令则无此限制。因此说,程序的编制不可能优于算法的设计。

2. 算法的基本特征

(1)可行性

针对实际问题设计的算法,其可行性主要体现在两个方面:一方面是算法中的每个步骤必须能够实现；另一方面是算法执行后能够达到预期的目的，得到满意的结果。

（2）确定性

算法中的每个步骤都有明确的定义，不允许有模棱两可的解释和多义性。对于每种情况，需要执行的动作都应该严格而清晰。

（3）有穷性

算法必须能够在有限的时间内完成，必须能够在执行有限个步骤之后终止。

（4）拥有足够的情报

一般来说，要使算法有效必须为算法提供足够的情报，当提供的情报不够时，算法可能无效。一个算法的执行结果通常总是与输入的初始数据有关，不同的输入将会导致不同的输出结果。当数据输入不足或者数据输入错误时，算法本身就无法执行或者导致执行结果有错。

（5）输入

一个算法有 0 个或多个输入，作为算法开始执行的初值或初始状态。

（6）输出

一个算法有一个或多个输出，作为算法的计算结果。输出与输入有特定关系，不同的输入值会产生不同的输出结果。

3．算法的控制结构

算法中各操作之间的执行顺序称为算法的控制结构。它不仅决定了算法中各操作的执行顺序，而且直接反映了算法的设计是否符合结构化原则。任何简单或复杂的算法都可以由顺序结构、选择结构和循环结构这三种基本控制结构组合而成。描述算法的工具通常有传统流程图、N-S 结构化流程图、伪代码、程序语言等。

【例 3.3】　利用多种方法描述欧几里得（GCD）算法，实现最大公约数的求解。

解：1）使用流程图描述欧几里得算法，如图 3-6 所示。

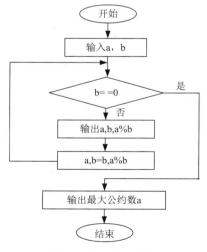

图 3-6　欧几里得算法

2）使用 Python 程序设计语言描述欧几里得算法。

```
#欧几里得算法
def GCD(a,b):
    if b==0:
        print("最大公约数是",a)
    else:
        print(a,b,a%b)
        GCD(b,a%b)
if __name__ == "__main__":
    a=int(input("a="))
    b=int(input("b="))
    GCD(a,b)
```

3）使用伪代码描述欧几里得算法。

输入：正整数 m、n

输出：m、n 的最大公约数

GCD（m, n）

1　repeat

2　　r ← m　mod　n

3　　m ← n

4　　n ← r

5　until　r=0

6　return　n

【例 3.4】　已知改进的欧几里得算法：GCD(a,b)=GCD(a,a-b)。改进的欧几里得算法见表 3-2。表中给出了 GCD(1610,546)=GCD(28,14)=14 的实现原理。请自己选择一种方式实现该算法。

提示：修改【例 3.3】中的算法，实现改进的欧几里得算法。

表 3-2　改进的欧几里得算法

a	b	r
1610	546	518
546	518	28
518	28	14
28	14	0

3.3.2　计算机求解算法类问题过程

算法是解决问题的方案，由于实际问题各不相同，因此制订的问题解决方案也将千差万别。然而，算法类问题求解过程是类似的，主要包括分析问题（确定计算机做什么）、建立模型（将原始问题转化为数学模型或模拟数学模型）、算法设计（描述解决问题的方法和途径）、编写程序（将算法翻译成计算机程序设计语言）和调试测试（通过各种数据修正程序中的错误）。

下面给出计算机求解算法类问题的具体步骤。

1. 分析问题

这一步骤的目的是通过分析明确问题的性质，将一个自然问题建模到逻辑层面上。除了需要分析问题的求解目标、输入数据和限制条件外，还要判断清楚待求解问题的种类，以及是否有现成的算法可以直接应用。例如，要找到两个城市之间最近的路线，从逻辑上应该如何推理计算？显然，应该先利用图的方式描述城市和交通路线，再从所有的路线中选择最近的路线。

可以简单地将问题分为数值型问题和非数值型问题，有针对性地处理不同类型的问题。非数值型问题也可以模拟为数值型问题，在计算机中仿真求解。

2. 建立模型

有了逻辑模型以后，还需要将逻辑模型转换为数学模型。例如，将最近路线问题首先变为"图"，再转换为数学上的优化问题。

对于数值型问题，可以建立数学模型，直接通过数学模型来描述问题；对于非数值型问题，可以建立一个过程模型或仿真模型，通过模型来描述问题，再设计算法解决。

3. 算法设计

算法设计是将算法具体化，即设计出算法的详细规格说明。首先，确定算法所需要的数据结构；然后，结合具体问题的特性来选择算法的设计策略；最后，根据算法设计技术的原理描述算法的具体流程。

对于数值型问题，一般采用离散数值分析的方法进行处理。在数值分析中有许多经典算法，当然也可以根据问题的实际情况自己设计解决方案。

对于非数值型问题，可以通过数据结构或算法分析进行仿真，也可以选择成熟和典型的算法进行处理。例如，穷举法、递推法、递归法、分治法和回溯法等。

4. 算法分析

对设计出的算法进行复杂性分析，考察其在时间和空间方面的计算开销。若算法在某些环节的计算开销较大，则可有针对性地改进该环节；若整个算法的计算开销太大，则需要返回步骤3重新考虑采用新的算法设计技术来求解该问题。

5. 编程实现

采用某种程序设计语言将设计好的算法实现。

6. 调试、测试

上机调试运行程序，得到运行结果。对运行结果要进行分析测试，检验运行结果是否符合预期。如果不符合预期，就要进行判断，找出问题所在，对算法或程序进行修正，直至得到正确的结果。

3.3.3　抽象与建模

要想得到正确的问题分析结果，通常需要对所研究的问题进行抽象，然后建立相应的模型，从而使问题的分析和描述更加严谨，这也是问题求解和建立计算机系统的基础。这种人类思维方式已经越来越普遍地应用于各个问题领域。

1. 抽象

（1）抽象的概念和主要环节

抽象是科学研究的重要手段，也是计算学科的重要概念。抽象在计算思维中有着重要地位，计算思维可以理解为"抽象的自动化执行"。抽象既是概念，也是一种方法论。

抽象包括两个方面的含义：一方面是舍弃事物的非本质特征，仅保留与问题相关的本质特征；另一方面是从众多的具体实例中抽取共同的、本质性的特征。这是两种不同的操作。例如，苹果、梨、香蕉等，它们的共同性质是水果，得出水果这一概念的过程就是一个抽象过程。

在科学研究中，抽象的过程大体是这样的：从解答问题出发，通过对各种经验事实的比较分析，排除那些无关紧要的因素，提取研究对象的重要特性（普遍规律与因果关系）加以认识，从而为解答问题提供某种科学定律或一般原理。

抽象的具体程序虽然千差万别，但是都具有分离-提纯-简略的环节。

分离就是暂时不考虑所研究的对象与其他各对象之间的总体联系。分离本身是一种抽象，是科学抽象的第一个环节。例如，要研究落体运动这种物理现象，就必须抛开其他现象（化学现象、生物现象及其他形式的物理现象等），把落体运动这种特定的物理现象从现象总体中抽取出来。把研究对象分离出来，其实质就是从学科研究领域出发，从探索某一种规律出发，抛开研究对象与客观现实的整体联系。

提纯就是在思想中排除那些模糊基本过程、掩盖普遍规律的干扰因素，从而能够在纯粹的状态下对研究对象进行考察。实际存在的具体现象总是复杂的，多方面因素错综交织在一起综合地起着作用。如果不进行合理的纯化，就难以揭示事物的基本性质和运动规律。例如，落体运动的研究，在地球大气层的自然状态下，自由落体运动受到空气阻力的干扰，人们直观看到的现象是重物比轻物先落地。伽利略依靠抽象思维抛开了空气阻力的因素，只想象在纯粹状态下的落体运动，从而得出了自由落体定律。在纯粹的状态下，对物体的性质及其规律进行考察，这是抽象过程中关键性的环节。

简略就是对纯态研究的结果所必须进行的一种处理，或者说是对研究结果的一种表述方式，它是抽象过程的最后一个环节。在科学研究过程中，不论是对考察结果的定性表述还是定量表述，都只能简略地反映客观现实。例如，自由落体定律可以简略地用公式 $s=1/2gt^2$ 来表示。式中，s 表示物体在真空中的坠落距离；r 表示坠落的时间；g 表示重力加速度，这个定律刻画的是真空状态下的自由落体运动规律。然而，要把握自然状态下的落体运动规律，就不能不考虑空气阻力因素的影响。因此，相对于实际情况来说，伽利略的落体运动是一种基于抽象的简略认识。

（2）抽象的层次性

可以在不同层次上抽象同一事物，不同层次的抽象可以从不同的层次去认识和观察事物，高层次的抽象通常可以演绎出低层次的抽象。抽象的层次性是人们分析问题的抽象思维的一部分。例如，对于在校大学生这一群体，从低到高可以有多层次的抽象：

大学生	（具有高等学校学历）
学生	（学习状态）
年轻人	（按照年龄属性）
人	（社会属性）
动物	（生物学特征）
生物	（生物学特征）
物质	（按照哲学观点）

对于计算机世界也是如此。例如，计算机的最基本元件为晶体管（半导体三极管），它有导通与截止两种基本状态。一般情况下，处于导通状态时，它的集电极上的电压约等于 0V（低电平）；处于截止状态时，集电极上的电压为 5~7V（高电平）。人们把这两种不同的状态抽象为 0 和 1，从而产生了二进制数。将其进一步抽象，变成十进制数和符号。在计算机世界中描述一个客观世界的事物时，通常希望用一个抽象的实体来表示，这就有了抽象数据类型（abstract data type，ADT）。为了使计算机世界的实体与客观世界的实体具有一致的映射关系，既要描述其状态，也要描述其行为，把两者结合起来就有了"对象"的概念，这也是从低层到高层逐步抽象的过程。

2. 建模

（1）建模的概念和构成

建模是对现实世界事物的抽象描述，通常会舍弃一些细节。建模的结果是各种模型，它们是现实世界事物抽象后的各种表现形式。例如，日历是对时间的抽象描述，并对时间进行了命名，即年、月、日。

一般来说，模型展示了问题解决方案涉及的对象及对象之间的关系。根据求解问题的背景，所有的模型都会隐藏建模对象的一些细节。一个模型通常由如下两部分构成。

1）实体。实体由所要建模的系统的核心构成。

2）关系。关系是指所要建模的系统中实体之间的关系。

通常来说，对同一个问题（系统）进行求解时，可能会有多种解决方案，因此得到的模型可能也会有多种，但是目标问题或系统中的实体不会变。因此，同样的实体可能应用于不同的模型中，并且在不同模型中的用途也会不同。这些模型提供了对同一个系统的不同视角，以及由不同视角带来的不同解决方案。例如，数学中同样的问题可以用代数方法也可以用几何方法得到解。此外，根据考察问题的不同视角，实体之间的关系也会有所不同。因此，要根据实际问题的背景来决定选用哪种模型，以及决定模型中实体之间的关系。

（2）模型的分类

一般将模型分为静态模型和动态模型。

静态模型展示的是系统快照视图，描述了在某个时间点上实体及其之间的关系。例如，公交线路图是一个静态模型。

动态模型展示的是模型随时间发生的变化。动态模型多种多样，如状态图、E-R 图等，这些模型一般包含以下部分或全部内容。

1）事件。事件是指导致状态迁移的事件。

2）动作。动作是随状态迁移而产生的计算。

例如，某机器的动态模型采用状态图来描述，如图 3-7 所示。其中，圆角矩形代表状态，箭头代表迁移关系，箭头上部的文字代表导致迁移发生的事件。

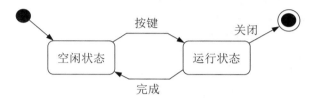

图 3-7　某机器的动态模型状态图

（3）数学模型

在现实世界中，数学是问题求解的重要工具。在问题求解中，建立数学模型通常是分析问题和解决问题的第一步。数学模型是对实际问题的数学抽象，是用数学符号、数学式子、程序、框图等对实际问题本质属性的刻画，用以描述客观事物的特征、内在联系及发展和运动规律。通过数学模型可以解释某些客观现象，预测发展规律，或者能够为控制某一种现象的发展提供某种意义的优化策略。

数学模型是近年来发展起来的研究领域，是数学理论与实际问题相结合的学科。它将现实问题归结为相应的数学问题，并在此基础上利用数学的概念、方法和理论进行深入的分析和研究，从定性或定量的角度来刻画实际问题，并为解决现实问题提供精确的数据，为问题的最终求解提供逻辑模型，最终建立与之对应的物理系统。

根据所采用的数学方法不同，数学模型可分为几何模型、图论模型、微分方程模型、概率论模型等；根据应用领域不同，数学模型又分为经济学数学模型、管理学数学模型、社会学数学模型、工程学数学模型、生物学数学模型等。此外，还有许多特殊的问题模型，如交通运输问题模型、经济决策模型等。

数学模型一般并非现实问题的直接翻版，它的建立既需要人们对现实问题进行深入细致的观察和分析，也需要人们灵活巧妙地利用各种数学知识和领域知识。这种应用知识从实际问题中抽象、提炼出数学模型的过程称为数学建模（mathematical modeling）。数学模型是现实问题的抽象，用数学语言描述了现实问题的特征及其内部联系或与外界的联系。通常情况下，建立数学模型不是解决问题的最终目标，依据数学模型构建真实的物理系统才是解决问题的最终目标。

【例 3.5】　以数学家欧拉解决的哥尼斯堡七桥问题为例，理解数学模型的概念，并说明该数学模型的意义。

解：18 世纪初，在普鲁士的哥尼斯堡有一条河穿过城区，河上有两个小岛，有七座桥把两个小岛与河岸联系起来，如图 3-8（a）所示。有人提出一个问题：一个步行者怎样才能不重复、不遗漏地一次走完七座桥，最后回到出发点。

分析：数学家欧拉对地图进行了抽象，将陆地抽象成了一个点，将桥抽象成连接点的线段，得到了一种典型的模型——图。欧拉把问题归结为"一笔画"问题，如图 3-8（b）所示，并证明上述走法是不可能的。

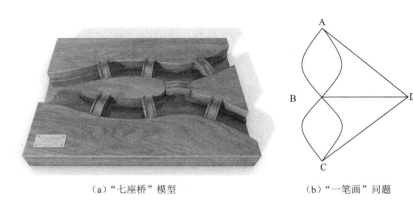

（a）"七座桥"模型　　　　　　（b）"一笔画"问题

图 3-8　哥尼斯堡七桥问题

意义：通过解决该问题，欧拉创建了数学的一个新分支——图论与几何拓扑。图论的创立为问题求解提供了一种新的理论和工具。

计算思维——抽象和建模

计算思维涉及用计算机求解现实世界中的问题，这就需要在计算机中构建现实问题的模型。然而，这种模型不能将现实问题原封不动地迁移到计算机内，只能在计算机中描述现实问题。由于现实问题涉及的事物多且杂乱，包含着大量无用的、干扰性的细节，因此难以完全地描述现实问题，只是将与问题求解相关的本质性细节保留下来，针对这些细节进行建模和求解。建模后，通过编程等方法指挥计算机使用模型求解问题。

3.3.4　数据结构的设计

计算机可以看作是一台输入数据、处理数据和输出处理结果的机器。无论是科学计算、事务处理还是其他各类应用，其本质都是处理数据。因此，数据及其关系、数据在计算机中的存储、数据处理等内容就构成了计算机科学技术的重要研究内容，它直接影响着算法设计和程序实现。

在计算机科学中，数据之间的关系称为数据结构。数据结构是对各种数据关系的总结、归纳和抽象，数据结构研究包括数据的逻辑结构和物理存储结构两个方面。从现实中的常见问题求解出发，最常见的 3 种数据结构是线性表结构、树结构和图结构（后续章节重点介绍相关知识）。

数据结构和算法被认为是计算机各领域研究的理论基础。

3.3.5　算法的实现——程序设计

从本质上说，计算机程序是问题求解中计算思维的具体化，是算法的实现。

程序设计语言（programming language）是指用于编写计算机程序的语言，它由一组基本符号和一组语法规则构成。程序设计语言的定义由三个方面组成，即语法、语义和语用。语法表示程序的结构或形式，即表示构成语言的各个单位之间的组合规律，但是不涉及这些单位的特定含义，也不涉及使用者。语义表示程序的含义，即表示各个单位的特定含义，但是不涉及使用者。语用则表示程序与使用者的关系。程序设计语言的基本功能是描述数据和数据运算。程序设计语言的好坏不仅影响其使用，而且涉及程序设计人员所编写程序的质量。

程序设计语言经历了从低级语言到高级语言的发展过程，而且新的程序设计语言还在不断地产生。目前使用的程序设计语言有很多，如 Python 语言、C++语言、Java 语言等。

用某种程序设计语言编写代码是程序编码（coding），它是在算法设计工作完成之后才开始的。程序应该包括以下两个方面的内容。

1）对数据的描述。要指定数据在程序中的类型和数据的组织形式，即数据结构。

2）对操作的描述，即操作步骤（算法）。说明如何对数据进行处理，包括进行何种处理和处理的顺序。

程序从本质上来说是描述一定数据的处理过程。著名的计算机科学家尼古拉斯·沃斯（Niklaus Wirth）用下面的公式说明了这种关系：

$$程序=数据结构+算法$$

3.3.6　算法分析

同一个问题可以用不同算法解决，而一个算法质量的优劣将影响算法乃至程序的效率。算法分析是指算法的效率分析，主要从算法的运行时间和算法所需的存储空间两个方面来衡量。算法消耗时间的多少用算法的时间复杂度表示，存储空间的耗费用算法的空间复杂度表示。

算法分析的目的在于选择合适算法和改进算法。

1. 算法时间复杂度分析

算法时间复杂度是指执行算法所需要的计算工作量。算法的工作量用算法所执行的基本运算次数来度量，而基本运算次数是问题规模的函数。通常用 $O(n)$ 表示时间复杂度，其中 n 是指问题的规模。

最坏情况复杂性是指在规模为 n 时，算法所执行的基本运算的最大次数。

一个算法花费的时间与算法中语句的执行次数成正比例，哪个算法中语句执行次数多，它花费的时间就多。一个算法中的语句执行次数称为语句频度或时间频度，记为 $T(n)$。若有某个辅助函数 $f(n)$，使得当 n 趋近无穷大时，$T(n)/f(n)$ 的极限值为非零常数，则称 $f(n)$ 是 $T(n)$ 的同数量级函数，记作 $T(n)=O(f(n))$，$O(f(n))$ 称为算法的渐进时间复杂度。在实际应用中，一般用渐进时间复杂度代替实际时间复杂度来进行算法时间效率分析。

【例 3.6】　通过键盘输入 n 个整数后，查找某个数据，若找到，则输出该数据的位置。

算法设计：首先，比较第一个位置的数据是否为要查找的数据，若是，则输出其位置；若不是，则判断第二个位置的数据是否为要查找的数据，顺序判断下去，直至找到该数据，或者在全部数据判断完毕后没有要查找的数据。

算法分析：该算法是顺序查找法，算法的实际消耗主要包括以下 3 个方面。

1）计数循环，判断 n 次循环是否结束。

2）判断当前循环的数列中是否有要查找的数据。

3）如果找到要查找的数据，就输出该数据在数列中的位置。

若将这 3 个方面每次执行的时间消耗分别记为 t_1、t_2 和 t_3，则最好的情况是要查找的数据在数列的第一个位置，运行的时间为 $t_1+t_2+t_3$；最坏的情况是要查找的数据在数列的最后一位，运行的时间为 $nt_1+nt_2+t_3=(t_1+t_2)n+t_3$。若设 t_1、t_2 和 t_3 是单位时间，则在最坏情况下的运行时间是 $2n+1$。在平均情况下，要查找的数据出现在各个位置上的概率是相同的，即 $1/n$。出现在第 1 个位置上的比较次数是 1，出现在第 2 个位置上的比较次数是 2，出现在第 n 个位置上的比较次数是 n，因此总的比较次数是 $1+2+\cdots+n=n(n+1)/2$，平均情况下的比较次数是 $n(n+1)/2n=(n+1)/2$。

该算法语句执行次数（时间频度）为 $T(n)$，当 n 趋向无穷大时，在最坏情况下为 $\lim_{n\to\infty}T(n)/n=(2n+1)/n=2$；在平均情况下为 $\lim_{n\to\infty}T(n)/n=(n+1)/2n=1/2$。这说明，无论是在最坏情况下还是平均情况下，当 n 趋近无穷大时，若 $T(n)/n$ 的极限值为非零常数，则称 n 是 $T(n)$ 的同数量级函数，记作 $T(n)=O(n)$。

常见的时间复杂度按照数量级递增排列依次是常数 $O(1)$、对数阶 $O(\mathrm{lb}n)$、线性阶 $O(n)$、线性对数阶 $O(n\mathrm{lb}n)$、平方阶 $O(n^2)$、k 次方阶 $O(n^k)$、指数阶 $O(2^n)$。可以看出，时间复杂度为指数阶 $O(2^n)$ 的算法效率极低。

2. 算法空间复杂度分析

算法空间复杂度是指执行这个算法所需要的内存空间。与时间复杂度类似，人们经常将渐进空间复杂度 $S(n)=O(f(n))$ 简称为空间复杂度，n 为问题规模，$f(n)$ 是关于 n 所占存储空间的函数。

空间复杂度是对一个算法在运行过程中临时占用存储空间大小的量度。一个算法在计算机存储器上占用的存储空间，包括存储算法本身占用的存储空间，算法的输入输出数据占用的存储空间和算法在运行过程中临时占用的存储空间 3 个方面。

算法的输入输出数据占用的存储空间是由要解决的问题决定的，是通过参数表由调用函数传递而来的，它不随算法的不同而改变。存储算法本身所占用的存储空间与算法书写的长短成正比。算法在运行过程中临时占用的存储空间随算法的不同而不同，有的算法只需要占用少量的临时工作单元，而且不随问题规模的大小而改变，是节省存储的算法；有的算法需要占用的临时工作单元数与解决问题的规模 n 有关，它随着 n 的增大而增大，当 n 较大时，将占用较多的存储单元，如快速排序算法。

当一个算法的空间复杂度为一个常量，即不随被处理数据量 n 的大小而改变时，可以表示为 $O(1)$；当一个算法的空间复杂度与 n 成线性比例关系时，可以表示为 $O(n)$；当一个算法的空间复杂度与问题规模 n 成指数关系时，可以表示为 $O(C^n)$，其中 C 代表常数。

　　算法复杂度通常是指算法在计算过程中对资源的消耗程度，其中最重要的资源是时间（计算步骤）和空间（存储器容量）。随着问题规模的增大，资源的消耗也会增长。一般认为，当资源的消耗随着问题规模的增大呈多项式增长时，该问题实际可解；若资源的消耗随着问题规模的增大呈指数增长，则该问题实际不可解。

3.4　算 法 设 计

　　在问题求解中，同一个问题可能会有不同的解决策略和解决方法，即有不同的问题求解算法。算法设计就是寻找问题求解的方法，并用自然语言、流程图或伪代码等来描述算法的过程。算法设计是计算机问题求解中非常重要的步骤，在分析清楚问题后，需要通过设计算法把问题的数学模型或处理需求转化为计算机解题的步骤，然后再将算法实现为程序，最后在计算机上运行程序，从而得到问题的解。尤其是当问题比较复杂时，如果不经过分析问题和算法设计这两个环节，就不可能编写出高质量的程序。

　　算法是人类求解问题的方法。按照问题求解策略来分，算法可分为穷举法、回溯法、递推法、贪心法等；按照实现技术来分，算法可分为递归法、迭代法等，它们是算法思想的编程实现技术；按照应用对象来分，算法可分为图算法、数据挖掘算法等。

3.4.1　穷举法

　　穷举法又称为枚举法或暴力算法，它是通过列举出问题的解空间范围内的所有可能情况，并将其逐一测试，找出符合条件的问题解的方法。对于许多毫无规律的问题而言，穷举法用时间上的牺牲换来了解的全面性保证。随着计算机运算速度的飞速发展，穷举法已经不再是原始的无奈之举。例如，通常使用穷举法来破译密码，即将密码逐个推算直至找到真正的密码。从理论上讲，穷举法可以破译任何一种密码。

　　总的看来，在科学研究及其他领域中，虽然巧妙和高效的算法很少来自穷举法，但是运用穷举法一定可以求出最优解。目前，穷举法仍是一种重要的算法设计策略，其主要原因是：①穷举法几乎可以通用于任何领域的问题求解，可能是唯一一种解决所有问题的一般性方法；②即使效率低下，仍然可以用穷举法求解一些小规模的问题实例。

　　穷举法的典型应用包括国王的婚姻中国王使用的算法、旅行商问题中逐条路线计算的算法、密码学中的暴力破解法、图论中四色定理的证明、"百钱买百鸡"问题等。

　　【例 3.7】　请描述并分析国王的婚姻中国王使用的算法。

　　解：从前，有一个酷爱数学的年轻国王向邻国一位聪明美丽的公主求婚，公主出了一道题：求出 48770428433377171 的一个非 1 的真因子，若国王能够在一天之内求出答案，公主便接受他的求婚。

　　国王回去后立即开始逐个数计算，可是他从早算到晚，一共算了 3 万多个数，最终还是没有计算出结果。国王向公主求情，公主将答案相告：223092827 是它的一个真因子。国王很快就验证了这个数确实能够除尽 48770428433377171。公主说："我再给你一次机会，如果还求不出，将来你只好做我的证婚人了。"

国王立即回国，向时任宰相的大数学家求教。大数学家经过仔细思考后认为，若这个数为 17 位，则最小的一个真因子不会超过 9 位。于是，他给国王出了一个主意：按照自然数的顺序给全国的老百姓每人编一个号发下去，等公主给出具体的数后立即将它通报全国，让每个老百姓用自己的编号去除这个数，如果除尽了就立即上报并赏金万两。最后，国王用这种办法求婚成功。

在这个故事中，国王自己使用的是一种顺序算法，其算法复杂性表现在时间资源方面。而宰相提出来的是一种并行算法，其算法复杂性表现在空间资源方面。

【例 3.8】 请描述并分析旅行商问题中逐条路线计算的算法。

旅行商问题（traveling salesman problem，TSP）又称为旅行推销员问题或货郎担问题。通常对旅行商问题的描述是：一位商人去 n 个城市推销货物，在所有城市走一遍后再回到起点，如何事先确定好一条最短的路线，使其旅行的费用最少。

解： 人们在解决这种问题时，首先想到的是最原始的方法：列出每一条可供选择的路线，计算出每条路线的总里程，最后从中选出最短的路线。

假设给定的 4 个城市分别为 A、B、C 和 D，A 为起始点，各城市之间的距离已知。可以算出可供选择的路线共有 6 条，路径分别是 $ABCDA$、$ABDCA$、$ACBDA$、$ACDBA$、$ADCBA$ 和 $ADBCA$，从 6 条路径中很快可以选出一条总距离最短的路线。由此推算，若城市数目为 n 时，则组合路径数为 $(n-1)!$。当城市数目不多时，要找到最短距离的路线并不难，但是随着城市数目的增加，组合路线数将呈指数级增长，以至达到无法计算的地步，这就是"组合爆炸"问题。

假设城市的数目为 10 个，则路径数为 $(10-1)!=9!=362880≈3.6×10^5$。假设城市的数目为 20 个，则路径数为 $(20-1)!=19!≈1.216×10^{17}$，若计算机以每秒检索 1000 万条路线的速度计算，则需要花费 386 年的时间。

计算机的处理速度取决于处理器的计算速度，若问题复杂度不是线性的，则其增长速度远远超过了计算机的处理速度。因此，不能依靠提高计算机的性能来解决复杂的问题，必须依靠设计巧妙的算法来降低计算复杂度。

计算思维——资源限制

利用计算机求解问题时，需要考虑资源限制问题，养成在资源限制条件下设计算法和编制程序的意识。资源包括环境资源（电力、成本、空间等）和机器资源（CPU 速度、存储器容量、网络速度等）。

在现实生活中，城市管道铺设优化、物流业的车辆调度、制造业中的切割路径优化等，这些都可以归结为 TSP 问题进行求解。因此，寻找一种有效的解决 TSP 问题的算法具有重要的现实意义。目前，蚁群算法、遗传算法等已被用在 TSP 问题的求解中。

当面对一个高度复杂并且超出计算机的计算能力的问题时，还可以尝试启发式算法，寻找捷径，求近似解，化简问题，依据经验解决问题。对于 TSP 问题有很多启发式算法。例如，采用最近城市原则，即总是首先访问离当前城市最近的那个城市，为了确定每两个城市之间的距离，需要进行多次比较，比较次数和 n^2 成比例。

【例 3.9】　请描述并分析"百钱买百鸡"问题。

"百钱买百鸡"问题是穷举法的一个典型案例。公元 5 世纪末，中国古代数学家张丘建在其所著的《算经》一书中提出了著名的"百钱买百鸡"问题，意思是公鸡每只 5 元，母鸡每只 3 元，小鸡 3 只 1 元，用 100 元钱买 100 只鸡，求公鸡、母鸡和小鸡的只数。

解： 设公鸡、母鸡和小鸡的只数分别为 x、y 和 z，根据题意，可得方程组

$$\begin{cases} 5x+3y+z/3=100 \\ x+y+z=100 \end{cases}$$

根据题意可知：$1\leqslant x<20$，$1\leqslant y<33$，$3\leqslant z<100$，z mod 3=0。

这是典型的不定方程组，两个方程怎么解出三个未知数？这类问题使用穷举法求解非常方便，其基本思想是：在有限集合 $1\leqslant x<20$，$1\leqslant y<33$，$3\leqslant z<100$ 中，针对每组 x、y 和 z 的值，计算 $5x+3y+z/3=100$，$x+y+z=100$，z mod 3=0 三个条件是否成立，从而找出"百钱买百鸡"问题的解。换句话说，若把 x、y、z 可能的取值一一列举，则解必在其中。

1）使用流程图实现的"百钱买百鸡"问题算法如图 3-9 所示。

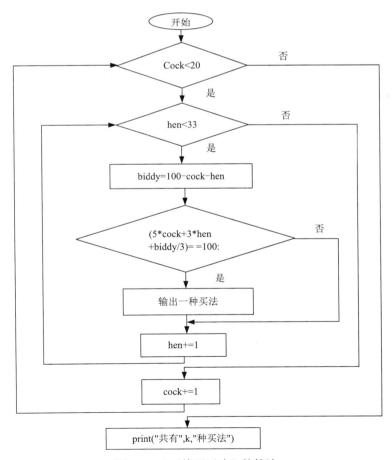

图 3-9　"百钱买百鸡"的算法

2）使用 Python 程序设计语言实现的"百钱买百鸡"问题算法。

```
#利用穷举法解决"百钱买百鸡"问题
k=0
for cock in range(1,20):
    for hen in range(1,33+1):
        biddy=100-cock-hen
        if (5*cock+3*hen+biddy/3)==100:
            k+=1
            print("  公鸡   母鸡   小鸡")
            print("{0:^6d}{1:^6d}{2:^6d}".format(cock,hen,biddy))
print("共有",k,"种买法")
```

【例 3.10】　请描述并分析 0-1 背包问题。给定 n 种物品和一个背包，物品 i 的重量是 W_i，其价值为 V_i，背包的容量为 W_m。应该如何选择装入背包的物品，使得装入背包中的物品的总价值最大？0-1 背包问题原始数据见表 3-3。假设背包容量是 150kg，使用表 3-3 中的数据进行分析。

表 3-3　0-1 背包问题原始数据

物品	重量/kg	价值
A	35	10
B	30	40
C	6	30
D	50	50
E	40	40
F	10	10
G	25	25

解： 0-1 背包问题是指在选择装入背包的物品时，对每种物品只有两种选择，即装入背包或者不装入背包。另外，不能将物品 i 装入背包多次，也不能只装入部分物品 i。0-1 背包问题是一种组合优化问题，最容易想到的求解方法就是穷举法。

采用穷举法，将物品放入背包的所有可能情况包括放置 1 件，放置 2 件，放置 3 件，…，放置 n 件，共有 $C_n^1 + C_n^2 + \cdots + C_n^n = 2^n - 1$ 种不同的选择方案，对每种方案计算一遍，再考虑背包的最大存放重量 W_m。在满足条件的情况下，计算背包内物品的总价值，求解总价值最大的情况。

使用一个 n 位二进制的计数器来表示 n 件物品放入背包的情况，若第 i 位为 0 表示第 i 件物品未放入背包，则第 i 位为 1 表示第 i 件放入背包。所有的选择方案正好构成 n 位二进制数能够表示的所有状态，去掉一个全 0，对应数字在 $1 \sim 2^n - 1$ 之间。

根据物品情况计算物品的总重量，若没有超过背包的限重，则记录此情况下物品的总价值，然后逐一测试，直到测试完 $2^n - 1$ 种情况为止。本实例需要测试 $2^7 - 1 = 127$ 种情况。

下面是使用 Python 程序设计语言实现的 0-1 背包问题算法。

```
#利用穷举法解决 0-1 背包问题
#假设已定义一个类 Item，genPowerSet 是其解空间
from Item import Item
import genPowerSet
def buildItem():
    names=['A','B','C','D','E','F','G']
    vals = [35,30,6,50,40,10,25]
    weights=[10,40,30,50,35,40,30]
    Items=[]
    for i in range(len(names)):
        Items.append(Item(names[i],vals[i],weights[i]))
    return Items
# Brute-force method（蛮力法）
def chooseBest(pset,maxWeight,getVal,getWeight):
    bestVal = 0.0
    bestSet=None
    for items in pset:
        itemsVal=0.0
        itemsWeight=0.0
        for item in items:
            itemsVal+=getVal(item)
            itemsWeight+=getWeight(item)
            if itemsWeight<=maxWeight and itemsVal>bestVal:
                bestVal=itemsVal
                bestSet=items
    return (bestSet, bestVal)
def testBest(maxWeight=150):
    items=buildItem()
    pset=genPowerSet.genPowerSet(items)
    taken,val=chooseBest(pset,maxWeight,Item.getValue,Item.getWeight)
    print ('Total value of items taken = '),val
    for item in taken:
        print (item)
```

3.4.2　回溯法

穷举法是在解空间内的蛮力测试，能否有一种方法像暴力破解法一样，结合其他手段缩短测试时间，提高算法效率。回溯法正是解决这一问题的方法。回溯法本质上是一种穷举法，它在问题的解空间中系统地搜索问题解。两者的区别是：穷举法枚举的是问题的一个完整解，而回溯法每次测试的是解的一部分。

　　在现实生活中，许多问题的解不是通过确定的计算公式得到的，尤其是在工程上，有些实际问题很难有直观的求解步骤，并且也不能进行无限的列举。对于这类问题，通过试探、回溯的方法求解是非常有效的。通过对问题的分析，找出一个解决问题的线索，然后沿着这个线索逐步试探。如果试探成功，就得到问题的解；如果试探失败，就逐步回退，换别的路线再逐步试探。因此说，回溯法是"试探—失败返回—再试探"的问题求解方法。

　　回溯法是一种选优搜索法，按照选优条件向前搜索以达到目标。在搜索过程中，能进则进，不能进则退回来，换一条路再试，通过此种方式提高搜索效率，减少不必要的测试。回溯法结合递归编程可以求解问题的所有解。

　　回溯法的典型应用包括老鼠走迷宫问题、搜索引擎中的网络爬虫、八皇后问题等。

　　【例 3.11】 请描述并分析老鼠走迷宫问题。

　　解： 老鼠从迷宫入口出发，任选一条路线往前走，在到达一个岔路口时，任选一条路线走下去……如此继续走下去，直到前面没有路可走时，老鼠退回到上一个岔路口，重新在没有走过的路线中任选一条路线往前走。按照这种方式走下去，直到走出迷宫。

　　结论： 回溯法在搜索过程中通过对约束条件的判定，排除了错误答案，提高了搜索效率。

拓　展

　　"电脑鼠"走迷宫国际竞赛简介。"电脑鼠"如图 3-10 所示，它的英文名为 Micromouse，是使用嵌入式微控制器、传感器和机电运动部件构成的一种智能行走装置（微型机器人）。"电脑鼠"可以在不同的"迷宫"中自动记忆和选择路径，采用相应的算法，快速地到达所设定的目的地。1972 年由美国机械杂志发起比赛。从 1991 年以来，美国电气和电子工程师协会每年都要举办一次国际性的"电脑鼠"走迷宫竞赛。在中国，为了培养在校大学生的科技创新意识和动手设计能力，从 2009 年开始举办全国"电脑鼠走迷宫"竞赛。2009 年全国"电脑鼠走迷宫"竞赛所用迷宫如图 3-11 所示。

图 3-10　某"电脑鼠"

图 3-11　2009 年全国"电脑鼠走迷宫"竞赛所用迷宫

　　【例 3.12】 请描述并分析搜索引擎中的网络爬虫。

　　解： 搜索引擎是指根据一定的策略、运用特定的计算机程序从互联网上搜集信息，在对信息进行组织和处理后，为用户提供检索服务。百度、谷歌等都是搜索引擎的代表。

　　网络爬虫的定义有狭义和广义之分。狭义的定义为：网络爬虫是利用标准的 HTTP，根据超级链接和 Web 文档检索的方法遍历万维网信息空间的软件程序。广义的定义为：

所有能够利用 HTTP 检索 Web 文档的软件都称为网络爬虫。网络爬虫是一个功能强大的自动提取网页的程序,它为搜索引擎从万维网下载网页,是搜索引擎的重要组成部分。它可以完全不依赖用户干预实现网络上的自动"爬行"和搜索。

网络爬虫需要一套整体架构完成工作,一个通用的网络爬虫框架如图 3-12 所示。

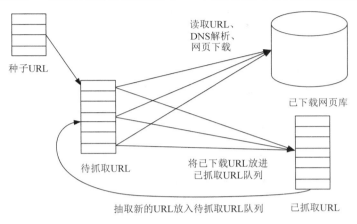

图 3-12　一个通用的网络爬虫框架

1)首先从互联网页面中精心选择一部分网页,以这些网页的链接地址(URL)作为种子 URL。

2)将这些种子 URL 放入待抓取 URL 队列中。

3)爬虫从待抓取 URL 队列中依次读取,并将 URL 通过 DNS 解析,把链接地址转换为网站服务器对应的 IP 地址。

4)将 IP 地址和网页相对路径名称交给网页下载器,网页下载器负责页面内容的下载。

5)对于下载到本地的网页,一方面,将其存储到网页库中,等待建立索引等后续处理;另一方面,将下载网页的 URL 放入已抓取 URL 队列中,这个队列记载了爬虫系统已经下载过的网页 URL,以避免网页的重复抓取。

6)对于刚下载的网页,从中抽取所包含的所有链接信息,并在已抓取 URL 队列中检查,若发现链接还没有被抓取过,则将这个 URL 放入待抓取 URL 队列中。

7)在之后的抓取调度中,会下载这个 URL 对应的网页,如此循环,直到待抓取 URL 队列为空。

网络爬虫有多种抓取策略。其中,图的深度优先遍历(顺藤摸瓜)算法、图的广度优先遍历算法等均属于回溯算法。

【例 3.13】　请描述并分析八皇后问题。

1850 年,数学家高斯(Gauss)提出了八皇后问题,如图 3-13 所示。该问题是指在 8×8 的国际象棋棋盘上摆放八个皇后,使其不能互相攻击,即任意两个皇后都不能处于同一行、同一列或同一斜线上,问有多少种摆法?后来有人应用图论方法解出 92 种结果。

解:使用回溯法求解八皇后问题的思路如下。

图 3-13　八皇后问题

1）从第一行开始为第一个皇后寻找安全的位置，后面每个皇后（每行的皇后）不能与之前的皇后处于同一列或同一对角斜线上。

2）如果第 n 行遍历所有列，没有找到合适的位置，就回到上一层，改变上一层皇后的位置，继续回溯。

3）如果在第 8 行上找到了安全位置，就说明最后一个皇后找到了合适的位置，即，找到一种解题方法。

4）改变最后一行的皇后的位置，继续寻找其他解，如果找不到，就继续返回上一层，改变皇后的位置继续寻找。

下面是使用 Python 程序设计语言实现的求解八皇后问题的回溯算法。

```python
#利用回溯法解决八皇后问题
import random
#冲突检查，在定义 state 时，采用 state 来标志每个皇后的位置，其中索引用来表示
横坐标，其对应的值表示纵坐标。例如，state[0]=3，表示该皇后位于第 1 行的第 4 列上
def conflict(state, nextX):
    nextY = len(state)
    for i in range(nextY):
        if abs(state[i]-nextX) in (0, nextY-i):
            return True
    return False
#采用生成器的方式来产生每个皇后的位置，并用递归来实现下一个皇后的位置
def queens(num, state=()):
    for pos in range(num):
        if not conflict(state, pos):
            if len(state) == num-1:
                yield (pos, )
            else:
                for result in queens(num, state+(pos,)):
                    yield (pos, ) + result
#随机打印一组结果
def prettyprint(solution):
    def line(pos, length=len(solution)):
        return '. ' * (pos) + 'X ' + '. '*(length-pos-1)
    for pos in solution:
        print( line(pos))
    for item in queens(8):
        print( item)
if __name__ == "__main__":
    prettyprint(random.choice(list(queens(8))))
```

利用回溯法解决了八皇后问题，在此基础上，能否利用回溯法解决数独游戏问题呢？数独是一种填数字游戏，数独即"独立的数字"的省略，解释为在每个方格都填上一个

个位数。数独起源于瑞士，20 世纪 70 年代由美国一家数学逻辑游戏杂志首先发表，命名为 Number Place，之后在全球流行。数独的玩法逻辑简单，数字排列方式千变万化，很多教育者认为数独是锻炼大脑的好方法。

据英国《每日邮报》2012 年 6 月 30 日报道，芬兰数学家因卡拉花费 3 个月时间设计出了世界上迄今难度最大的数独游戏，而且它只有一个答案。因卡拉说只有思考能力最快、头脑最聪明的人才能破解这个游戏。因卡拉给出的数独游戏如图 3-14 所示。可见，该拼图是九宫格（3 格宽 3 格高）的正方形状，每格又细分为一个九宫格。在每个小九宫格中分别填上数字 1～9，使整个大九宫格每一列、每一行的数字都不重复。

8								
		3	6					
	7			9		2		
	5				7			
				4	5	7		
			1				3	
		1					6	8
		8	5				1	
	9					4		

图 3-14　数独游戏

回溯法有通用解法之称，当一个问题没有显而易见的解法时，可以尝试使用回溯法求解。虽然回溯法和穷举法能够求解很多问题，但是其算法效率可能很低。

3.4.3　递推法与递归法

如果对求解的问题能够找出某种规律，那么采用归纳法就可以提高算法效率。著名数学家高斯在幼年时利用归纳法计算了 1～100 之间所有数之和，得出了 1+2+…+99+100=100×(100+1)/2=5050 的结果。归纳法在算法设计中应用很广，最常见的归纳法是递推法和递归法。

1. 递推法

递推法是一种用若干步可重复的简单运算（规律）来描述复杂问题的方法，也可以说是一种根据递推关系进行问题求解的方法。递推关系可以抽象为一个简单的数学模型，即给定一个数的序列 $a_0,a_1,\cdots,a_n$，若存在整数 n_0，使当 $n>n_0$ 时，可以用等号或大于号或小于号将 a_n 与其前面的某些项 a_i（$0<i<n$）联系起来，这样的式子称为递推公式，又称递推关系。

递推法的基本思想是把一个复杂庞大的计算过程转化为简单过程的多次重复。递推法与迭代法（每一次对过程的重复称为一次“迭代”）类似，该类算法利用了计算机速度快和自动化的特点。

递推法是一种简单的算法，通过已知条件利用特定的递推关系可以得出中间推论，直至得到问题的最终结果。递推法分为顺推法和逆推法两种。顺推法是从已知条件出发，按照递推关系一步步地递推，直至求出问题的最终结果；逆推法则是在不知道初始条件的情况下，从问题的结果出发，根据递推关系逐步推算出问题的解，这个问题的解也就是问题的初始条件。

【例 3.14】 斐波那契序列（Fibonacci sequence），又称黄金分割数列，它是指这样一个数列：1，1，2，3，5，8，13，21，…随着数列项数的增加，前一项与后一项之比越来越逼近黄金分割的数值 0.618 003 988…斐波那契数列在准晶体结构、化学等领域均有应用。在数学上，斐波那契数列的递推公式是 $F_1=1$，$F_2=1$，$F_n=F_{n-1}+F_{n-2}$（$n \geq 3$）。描述并设计一个斐波那契数列实现顺推算法。

描述：假定有一对一雄一雌刚出生的兔子，它们在长到一个月大小时开始交配，在第二个月结束时，雌兔子产下另一对兔子，过了一个月后它们也开始繁殖，如此这般持续下去。每只雌兔在开始繁殖时每月都产下一对兔子（一雄一雌），假定没有兔子死亡，一年后总共会有多少对兔子？

分析：在一月底，最初的一对兔子交配，但还是只有一对兔子；在二月底，雌兔产下一对兔子，共有两对兔子；在三月底，最老的雌兔产下第二对兔子，共有三对兔子；在四月底，最老的雌兔产下第三对兔子，两个月前生的雌兔产下一对兔子，共有五对兔子……如此这般计算下去，兔子对数分别是：1，1，2，3，5，8，13，21，34，55，89，144，…，得出的规律是：从第 3 个数目开始，每个数目都是前面两个数之和，这就是著名的斐波那契数列。斐波那契序列的说明过程见表 3-4。

解：根据题意，得到下列公式

$$\begin{cases} F_1 = 1 \\ F_2 = 1 \\ F_n = F_{n-1} + F_{n-2}(n \geq 3) \end{cases}$$

表 3-4 斐波那契序列的说明过程

月数	小兔子对数	中兔子对数	老兔子对数	兔子总对数
1	1	0	0	1
2	0	1	0	1
3	1	0	1	2
4	1	1	1	3
5	2	1	2	5
6	3	2	3	8
7	5	3	5	13
⋮	⋮	⋮	⋮	⋮

下面是使用 Python 程序设计语言实现的斐波那契数列问题求解的递推法。

```
#利用递推法求解斐波那契数列
n=eval(input("输入数值数据：    "))
def  fib(n):
    f1 = f2 = 1
    for k in range(3, n+1):
        f1, f2 = f2, f2 + f1
    return f2
print(fib(n), end=' ')
```

2. 递归法

递归是把一个复杂的问题递推为简单的易解问题，然后再一步步返回，从而得到原问题的解。

人们在解决一些复杂问题时，往往会将问题逐层分解，最后归结为一些最简单的问题。这种将问题逐层分解的过程，实际上并没有对问题进行求解，而只是在解决了那些最简单的问题之后，再沿着原来分解的逆过程逐步进行综合，这就是递归的基本思想。

递归整体分为两步：向下递推直到限制条件到了；回溯结果。

递归分为直接递归和间接递归。若一个算法 A 显式地调用自己，则称为直接递归；若一个算法 A 调用算法 B，而算法 B 又调用算法 A，则称为间接递归。

递归就是直接或间接地调用自身的算法。

严格地讲，递归不仅是一种问题求解方法，更是一种编程技术，许多算法可以通过递归技术来编程实现。在计算机科学中，人们把程序直接或间接调用自身的过程称为递归。

【例 3.15】　利用递归法实现斐波那契序列的求解。

下面是使用 Python 程序设计语言实现的斐波那契序列问题求解的递归法。

```
#利用递归法求解斐波那契序列
n=eval(input("输入数值数据：    "))
def fib(n):
    if n < 3:
        return 1
    else:
        return fib(n-1) + fib(n-2)
# 函数 fib(n) 在定义中用到 fib(n-1) 和 fib(n-2)，自己调用自己，实现递归
for i in range(1, n+1):
    print(fib(i), end=' ')
```

递归与递推是既有区别又有联系的两个概念。递推是从已知的初始条件出发，逐次

递推出最后所求的值。递归则是从函数本身出发，逐次上溯调用其本身求解过程，直到递归的出口，然后再从里向外倒推回来，得到最终的值。一般来说，一个递推法总可以转换为一个递归法。

总之，用递归法解决问题时，可以把大问题分解为更小的问题，分解之后的问题的解决方法与原来问题的解决方法一致，并且可以把问题一直这么分解下去，直至问题分解到足够小时进行解决，再回溯解决原来的问题。

递归法在程序实现时需要使用栈来存储中间结果、临时变量和返回地址，不断地入栈和出栈消耗资源，因此递归程序的执行效率相对较低。递推法因为免除了数据进出栈的过程，所以运行效率更高。可以看出，递归法花费的时间多于递推法花费的时间。

拓　展

　　楼梯有十级台阶，规定每步只能跨一级或两级台阶，登上第十级台阶有几种不同的走法？

　　解： 这是一个斐波那契数列。登上一级台阶有一种走法；登上两级台阶，有两种走法；登上三级台阶，有三种走法；登上四级台阶，有五种走法……因此，登上十级台阶：1，2，3，5，8，13，…，有 89 种走法。

【**例3.16**】　利用递归法实现汉诺塔问题的求解。（具体分析详见 3.1.1 节可计算与算法复杂性问题）

1）使用流程图实现的汉诺塔问题求解的递归法如图 3-15 所示。

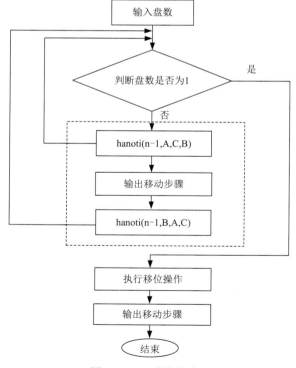

图 3-15　汉诺塔算法

2）使用 Python 程序设计语言实现的汉诺塔问题求解的递归算法。

```python
#利用递归法求解汉诺塔问题
def hanoti(n,A,B,C):
    if(n == 1):
        print('move:',A,'-->',C)
        return
    hanoti(n-1,A,C,B)
    print('move:',A,'-->',C)
    hanoti(n-1,B,A,C)

    if __name__ == "__main__":
        n=int(input("n="))
    hanoti(n,'A','B','C')
```

【例 3.17】　请描述并分析德罗斯特效应。

解： 德罗斯特效应是递归的一种视觉形式，是指一张图片的某个部分与整张图片相同，如此产生无限循环。德罗斯特效应如图 3-16 所示，照片是使用数学软件 Mathmap 制作的。

德罗斯特效应的名称源于荷兰著名品牌德罗斯特可可粉的包装盒，后来成为一个家喻户晓的概念。德罗斯特效应是一组非常有意思的照片，有的照片需要花时间去辨别。如果在这些图像上盯得太久，就会觉得自己越来越走到框架里面，甚至造成头晕、胸闷、脑子混乱等。这种神奇的效果称为"德罗斯特效应"。

在电影《盗梦空间》中，造梦者们还特别就"德罗斯特效应"引进梦境设计的理论与实践演示解说了一番。这种视觉形式主要应用在梦境设计师设计的迷宫中，利用无限循环、递归效果设计复杂无懈可击的梦境，辅助盗梦行动前的一切准备工作，确保准确无误地植入思想、入侵、操控、解梦，甚至同归于尽。

图 3-16　德罗斯特效应

然而，算法中的递归不同于德罗斯特效应。德罗斯特效应照片里的情景好像是无限循环的，但是算法必须有终止计算的时刻，若算法无终止计算的时刻，则形成了死循环，与算法的有穷性特征不符。

可以看出，递归法的主要优点是结构清晰、可读性强，而且容易用数学归纳法来验证算法的正确性，为设计算法、调试程序带来了很大方便。递归法的主要缺点是运行效率相对较低，无论是耗费的计算时间还是占用的存储空间都比非递归法多。

计算思维——递归

在很多情况下，递归是一种思考方式，可以为解决问题提供很好的模式。对于一个需要解决的问题，可以从以下两个方面考虑递归是否适用。

1）当问题很小时，是否有一个解决方法。

2）当问题不小时，是否可以将其分解成一些性质相同的小问题，并且将这些小问题的解决方法组合起来就可以解决原问题。

如果对于这两个方面的回答是肯定的，那么就已经有了一个递归解决方案。递归法通常被描述为一个直接或间接调用自己的函数。递归函数很简洁，只要了解其基本结构，就很容易编写。

3.4.4　分治法

在计算机科学中，分治法是一种很重要的算法。分治的字面意思是各个击破，"分而治之"。在求解复杂问题时，分治的基本思想就是把一个复杂的问题分解成若干个相对独立的相同或相似的子问题，再把子问题分解成更小的子问题……直到最后的子问题可以简单地直接求解，原问题的解即子问题的解的合并。总体来说，将问题"分解→求解→合并"是利用分治法求解问题的过程。这个技巧是很多高效算法（排序算法、折半查找、傅里叶变换等）的基础。

《孙子兵法》曰："故用兵之法，十则围之，五则攻之，倍则战之，敌则能分之，少则能逃之，不若则能避之。"这句话表明在实际作战中运用的原则是：若我方兵力十倍于敌，则对敌实施围歼；若我方兵力五倍于敌，则对敌实施进攻；若我方兵力两倍于敌，则要努力战胜敌军；若双方势均力敌，则设法分散，各个击破；若我方兵力弱于敌人，则避免与敌作战。其中的各个击破是指利用优势兵力将被分割的敌军一部分一部分消灭，有时也指将问题逐个解决。

分治法的应用广泛，如国王的婚姻中宰相的策略、二分查找、Strassen 矩阵乘法、棋盘覆盖、快速排序、线性时间选择、最接近点对问题、循环赛日程表、汉诺塔、组织管理和军事等领域。

分治法所能解决的问题一般具有以下特征。

1）该问题可以分解为若干个规模较小的相同问题，即该问题具有最优子结构性质。

2）该问题分解的各个子问题是相互独立的，即子问题之间不包含公共子问题。

3）该问题的规模缩小到一定程度时就可以容易地解决。

4）利用该问题分解的子问题的解可以合并为该问题的解。

其中，第一个特征是应用分治法的前提，此特征反映了递归思想的应用，分治与递归像一对孪生兄弟，经常同时应用在算法设计之中，并由此产生许多高效算法。第二个特征涉及分治法的效率，若各子问题包含相同的部分，则分治法要重复地解公共子问题，降低了效率。第三个特征是绝大多数问题都可以满足的，因为问题的计算复杂性一般随着问题规模的增大而增加。第四个特征是关键，它决定了问题能否利用分治法求解。

例如，各种大型体育赛事通常分为预赛和决赛，世界杯足球赛要从报名参赛的多支球队中选出成绩最好的 32 支球队，难度很大，因此通过分区预选赛选出成绩最好的 32 支球队进入决赛圈，这种做法既包含了分治思想又降低了问题的难度和复杂度，符合人们的思维习惯。

【例 3.18】　请描述并分析分治法在羽毛球循环赛中的应用。

解：问题描述：设有 n 位选手参加羽毛球循环赛，循环赛共进行 $n-1$ 天，每位选手要与其他 $n-1$ 位选手比赛一场，并且每位选手每天比赛一场，不能轮空。

假设将 n 位选手顺序编号为 1，2，3，…，n，比赛的日程表是一个 n 行 $n-1$ 列的表格，则 i 行 j 列的表格内容是第 i 号选手在第 $j-1$ 天的比赛对手。根据分治的原则，可以从其中一半选手的比赛日程导出全体 n 位选手的日程，最终细分到只有两位选手的比赛日程。

分析：当 n 为 2 的幂次方时，算法设计较为简单，可以运用分治法，将参赛选手分成两部分，再继续递归分割，直到只剩下 2 位选手比赛即可，再逐步合并子问题即可求得原问题的解。为了统一奇数、偶数的不一致性，当 n 为奇数时，至少举行 n 轮比赛，每轮比赛必有一支球队轮空，这时如果加入第 $n+1$ 支球队（虚拟球队），并按 $n+1$ 支球队参加比赛的情形安排比赛日程，那么 n 为奇数支球队时的比赛日程安排和 $n+1$ 支球队时的比赛日程安排是一样的，只不过每次和 $n+1$ 队比赛的球队都轮空。因此，只需考虑 n 为偶数时的情况。

选手数是 7 人时的分组情况见表 3-5，选手数是 8 人时的分组情况见表 3-6。其中，表格第 1 行代表比赛天数，第 1 列代表选手编号。

表 3-5　选手数是 7 人时的分组情况

人数	一	二	三	四	五	六	七
1	2	3	4	5	6	7	0
2	1	4	3	6	5	0	7
3	4	1	2	7	0	5	6
4	3	2	1	0	7	6	5
5	6	7	0	1	2	3	4
6	5	0	7	2	1	4	3
7	0	5	6	3	4	1	2

表 3-6　选手数是 8 人时的分组情况

人数	一	二	三	四	五	六	七
1	2	3	4	5	6	7	8
2	1	4	3	6	5	8	7
3	4	1	2	7	8	5	6
4	3	2	1	8	7	6	5
5	6	7	8	1	2	3	4
6	5	8	7	2	1	4	3
7	8	5	6	3	4	1	2
8	7	6	5	4	3	2	1

【例 3.19】　有一个装有 16 个硬币的袋子，其中有一个硬币是假币，并且假币比真币轻，你的任务是找出这个伪造的硬币。为了完成这一任务，将为你提供一台可用来比较两组硬币重量的仪器，把 2 个或 3 个硬币的情况作为不可再分的小问题。

解：利用分治算法求解问题，假设把 16 个硬币的问题看成一个大问题。

1）将大问题分成两个小问题。若选择 8 个硬币作为第一组，称为 A 组，则剩下的 8 个硬币作为第二组，称为 B 组。这样，就把 16 个硬币的问题分成两个 8 个硬币的问题来解决。

2）判断假币是在 A 组中还是在 B 组中。可以利用仪器来比较 A 组硬币和 B 组硬币的重量，如果 A 组硬币重量较轻，假币就在 A 组；如果 B 组硬币重量较轻，假币就在 B 组。

3）把存在假币的组继续划分为两组硬币来寻找假币。假设 B 组是硬币重量较轻的那一组，再把它分成两组，每组有 4 个硬币，一组为 B1，另一组为 B2。比较 B1 和 B2

这两组，假设 B1 组硬币重量较轻，则假币在 B1 组中。再把 B1 分成两组，每组有 2 个硬币，一组为 B11，另一组为 B12。比较 B11 和 B12 这两组，得到硬币重量较轻的组，由于这个组只有 2 个硬币，因此不必再细分。比较这个组中 2 个硬币的重量，可以立即辨别出假币。

使用流程图实现的找假币问题的分治算法如图 3-17 所示。

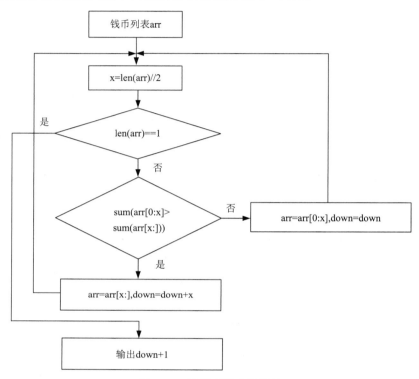

图 3-17 找假币的分治算法

使用 Python 程序设计语言实现的找假币问题的分治算法。

```python
import random
def fun(arr, down = 0):
    x = (len(arr))//2
    if len(arr) == 1:
        return (down + 1)
    elif sum(arr[0:x]) > sum(arr[x:]):
        return (fun(arr[x:], down + x))
    else:
        return(fun(arr[0:x], down))
if __name__ == "__main__":
    arr = [1,2,2,2,2,2,2,2,2,2,2,2,2,2,2,2,2]
    random.shuffle(arr)
print(fun(arr))
```

3.4.5　贪心法

贪心算法又称贪婪算法，是指在对问题求解时总是作出在当前看来是最好的选择。也就是说，不从整体最优上加以考虑，它所作出的仅是在某种意义上的局部最优解。贪心算法不是对所有问题都能得到整体最优解，但对许多范围相当广泛的问题，它能够产生整体最优解或整体最优解的近似解。

贪心算法广泛应用于最优化问题求解中。最优化问题是指寻找一组参数值，在满足一定约束的条件下，使得目标函数值达到最大值或最小值。最优化问题广泛应用于生活、工业、经济、管理等各个领域。例如，在企业的生产安排中，如何在现有人力、物力条件下合理安排几种产品的生产，使得总产值最高或总利润最大。

贪心算法解决最优化问题的设计思想是将待求解的问题分解成若干个子问题进行分步求解，并且每一步总是做出当前最好的选择，即得到局部最优解，再将各个局部最优解整合成问题的解。总体来说，利用贪心算法求解问题的过程是：分解→解决→合并。可见，贪心算法体现的思想是以当前利益和局部利益最大化为导向的问题求解策略。

对于一个给定的问题往往可能有好几种量度标准，从中选择能够产生问题最优解的最优量度标准是使用贪心算法的核心。一般情况下，要选出最优量度标准并不是一件容易的事，但若是能够对某问题选择出最优量度标准，则用贪心算法求解特别有效。值得注意的是，贪心算法需要证明后才能真正运用到题目的算法中。一旦贪心策略经过证明成立后，它就是一种高效的算法。

贪心算法是最接近人类思维的一种问题求解方法，并且优化问题在生活中无处不在，因此贪心算法在生活和工作中的应用处处可见。例如，公司招聘新员工是从应聘者中招聘一批最能干的人，学校招生是从众多报考者中招收一批最好的学生。

【例 3.20】　请描述并分析中国典故——田忌赛马。

解：战国时期，齐威王与大将田忌赛马，齐威王和田忌各有上马、中马与下马共 3 匹马。比赛分 3 次进行，每次赛马以千金作赌。由于两者的马力相差无几，而且齐威王的马比田忌同等级的马好，因此大家都认为田忌必输无疑。

田忌采纳了门客孙膑的意见，用下马对齐威王的上马，用上马对齐威王的中马，用中马对齐威王的下马，结果田忌以 2 比 1 胜齐威王而得千金。

孙膑所采用的策略就是贪心策略。

【例 3.21】　有一个电视娱乐节目的内容是 3 位主妇在超市比赛，比赛规则是：在规定时间内，购物车中的商品价值最高者为赢家。请使用贪心策略描述主妇可能的做法。

解：主妇可能采取的策略主要有以下 3 种。

1）每次都选择价值最高的商品放入购物车。

2）每次都选择体积最小的商品放入购物车。

3）每次都选择单位体积内价值最大的商品放入购物车。

假设购物车的体积是 80，商品的体积和价值见表 3-7。

表3-7　商品的体积和价值

商品名称	商品1	商品2	商品3	商品4	商品5
体积	40	70	32	40	20
价值	45	50	35	15	20

若采取策略1），应该选择商品2，之后再无法选取。说明策略1）没有最优解。

若采取策略2），应该顺次选择商品5和商品3，总价值为55；然而，若选择商品5后再选择商品1，其结果会更好。说明策略2）没有最优解。

通过分析可知，只有策略3）可以得到最优解。

在例3.10中，使用穷举法实现了0-1背包问题求解。请思考一下，应用贪心算法求解该问题会得到什么结果？能够得到最优解吗？答案是：使用贪心算法求解0-1背包问题，不一定能够得到最优解，而使用动态规划算法就可以得到。但是，完全背包问题可以用贪心算法得到最优解。

【例3.22】　使用贪心法求得完全背包问题的最优解。

解：完全背包问题与0-1背包问题类似，不同之处是在选择物品 i 装入背包时，每种物品可以装入多个。贪心法求解完全背包问题的基本思想是：首先计算每种物品单位重量的价值 V_i/W_i，然后按照贪心法策略将单位重量价值最高的物品尽可能多地装入背包。若将这种物品全部装入背包后背包内物品的总重量未超重，则选择单位重量价值次高的物品并将其尽可能多地装入背包。依此策略一直进行下去，直到背包装满为止。

1）使用流程图实现的完全背包问题求解的贪心算法如图3-18所示。

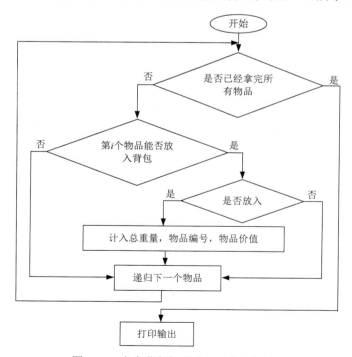

图3-18　完全背包问题求解的贪心算法

2）使用 Python 程序设计语言实现的完全背包问题求解的贪心算法。

```
#贪心算法求解完全背包问题
def knapsack(capacity=0, goods_set=[]):
    goods_set.sort(key=lambda obj: obj.value / obj.weight, reverse=True)
    result = []
    for a_goods in goods_set:
        if capacity < a_goods.weight:
            break
        result.append(a_goods)
        capacity -= a_goods.weight
    if len(result) < len(goods_set) and capacity != 0:
        result.append(goods(a_goods.id,    capacity,    a_goods.value    *
capacity / a_goods.weight))
    return result
if __name__ == "__main__":
    some_goods = [goods(0, 2, 6), goods(1, 8, 9), goods(2, 5, 3), goods(3,
3, 7), goods(4, 1, 2)]
    start_time = time.clock()
    res = knapsack(10, some_goods)
    end_time = time.clock()
    print('花费时间: ' ,str(end_time - start_time))
    for obj in res:
        print('物品编号:',str(obj.id) ,'放入重量:',str(obj.weight),'
放入的价值:' ,str(obj.value), end=',')
        print('单位价值量为:' ,str(obj.value / obj.weight))
```

对于一个具体问题，如何确定其是否可以用贪心法求解，以及能否得到问题的最优解？这个问题很难给出肯定的回答。然而，可以从许多用贪心法求解的问题中看出，这类问题一般具有两个重要性质，即贪心选择性质和最优子结构性质。

贪心选择性质是指所求问题的整体最优解可以通过一系列局部最优选择来达到，即贪心以自底向上的方式求解各子问题，这是贪心法可行的第一个基本要素。对于一个具体问题，要确定其是否具有贪心选择性质，必须证明其每一步所做的贪心选择最终导致问题的整体最优解。当一个问题的最优解包含其子问题的最优解时，则称这个问题具有最优子结构性质。

3.4.6　动态规划法

动态规划又称多阶段决策，属于运筹学的分支，是求解决策过程最优化的数学方法。20 世纪 50 年代初，美国数学家贝尔曼（R. Bellman）等在研究多阶段决策过程的优化问题时，把多阶段过程转化为一系列单阶段问题，利用各阶段之间的关系逐一求解，创立了解决这类过程优化问题的新方法——动态规划。

动态规划法是一种在数学和计算机科学中用于求解包含重叠子问题的最优化问题

的方法。动态规划法求解问题的基本思想是将待求解的问题划分为若干个阶段，即若干个互相联系的子问题，然后按照自底向上的顺序推导出原问题的解。通过存储子问题的解，可以避免在求解过程中重复多次求解同一个子问题，提高了算法的求解效率。

适用动态规划的问题必须满足最优化原理和无后效性原则。

1）最优化原理，又称最优子结构性质，它是指一个最优化策略具有这样的性质，即不论其过去的状态和决策如何，对前面的决策所形成的状态而言，余下的诸决策必须构成最优策略，即一个最优化策略的子策略总是最优的。若一个问题满足最优化原理，则称其具有最优子结构性质。

2）无后效性原则，即将各阶段按照一定的次序排列好之后，对于某一个给定阶段的状态而言，以前各阶段的状态无法直接影响其未来的决策，而只能通过当前的状态影响它未来的发展。也就是说，每个状态都是对过去的一个完整总结。

动态规划算法实质是分治思想和冗余解决方法的结合。动态规划法与分治法最大的差别是：适合于用动态规划法求解的问题，经过分解后得到的子问题往往不是相互独立的，即下一个子阶段的求解是在上一个子阶段的解的基础上进行进一步的求解。

与其说动态规划是一种算法，不如说它是一种思维方法来得更贴切。因为动态规划没有固定的框架，即使将其应用到同一个问题上，也可以建立多种形式的求解算法。

动态规划已经在经济管理、生产调度、工程技术和最优控制等方面得到了广泛的应用，最短路线、库存管理、资源分配、设备更新、排序和装载等问题运用动态规划算法求解较为方便。例如，将动态规划方法运用于经济学领域的最优投资与消费选择策略的求解，可以得到连续时间下两类资产的最优投资与消费问题的解决方案。近年来，在ACM/ICPC 中，使用动态规划或部分应用动态规划思维求解问题不仅常见，而且形式也多种多样。在与此相近的各类信息学竞赛中，应用动态规划解题已经成为一种趋势。

【例3.23】 请简单描述 GPS 中的最优路径问题。

解：全球定位系统（global positioning system，GPS）是导航软件，现在的智能手机一般也会配置 GPS。它可以计算出满足各种不同要求的、从出发地到目的地的最优路径。最优路径既可能是花费时间最短的路径，也可能是过路费最少的路径。GPS 寻找最优路径的算法就是动态规划算法。

假设最短路径（有向图）如图 3-19 所示，顶点表示城市，边权值表示两个城市之

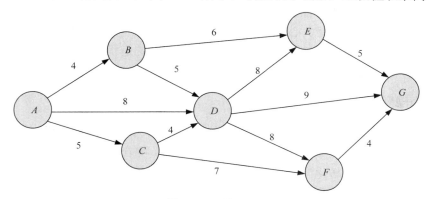

图 3-19 最短路径

间的距离或时间开销。图中任意两个顶点之间有多条路径，最短路径是指在两个顶点之间的所有路径中边权值之和最小的路径。

基于上述原理用动态规划算法求解最短路径，为计算从顶点 A 到顶点 G 的最短路径，只需依次求得从顶点 A 到各中间顶点的最短路径。按照与 A 顶点的距离，将整个求解过程划分为五个阶段。

定义 cost$[X]$ 代表从顶点 A 到顶点 X 的最短路径；path$[X]$ 记录从顶点 A 到顶点 X 的最短路径上，顶点 X 的前一顶点。初始时 cost$[A]$=0，后续各阶段依次递推计算即可。

第 0 阶段：cost$[A]$=0

第 1 阶段：cost$[B]$=cost$[A]$+4=4, path$[B]$=A

cost$[C]$=cost$[A]$+5=5, path$[C]$=A

第 2 阶段：cost$[D]$=min{cost$[A]$+8, cost$[B]$+5, cost$[C]$+4}=8, path$[D]$=A

第 3 阶段：cost$[E]$=min{cost$[D]$+8, cost$[B]$+6}=10, path$[E]$=B

cost$[F]$=min{cost$[D]$+8, cost$[C]$+7}=12, path$[F]$=C

第 4 阶段：cost$[G]$=min{cost$[E]$+5, cost$[D]$+9, cost$[F]$+4}=15, path$[G]$=E

根据计算得出，从顶点 A 到顶点 G 的最短路径值为 15。从 path$[G]$ 向前回溯，得到最短路径为 $A \rightarrow B \rightarrow E \rightarrow G$。

从求最短路径问题可以看出，对于多阶段决策过程，当前决策会引发状态的转移，一个决策序列是在变化的状态中不断产生的，因此有"动态"含义。

【例 3.24】 简单描述将动态规划方法运用于经济学领域的最优投资与资产组合策略。

解：金融学中的资产组合选择理论主要研究投资者如何在消费和投资之间分配财富，以及当投资者有机会对投资组合进行再平衡时如何在消费和投资之间分配财富的问题。把资产组合选择理论扩展到多个时期，实现组合选择的动态化，允许投资者决定在何时如何去储蓄，以及如何在风险资产中分配储蓄。此时，资产组合选择问题就变成最优消费和资产组合选择问题。

默顿（Merton）模型将动态规划算法运用于最优投资与消费选择策略的求解，给出了连续时间下两类资产（风险资产和无风险资产）的最优投资与消费问题的解决办法，很好地分析了在完全市场下的资产组合选择问题。因为在完全市场下，所有资产都可以交易，所以无论什么形式的收入都可以资本化成初期财富。然而，在非完全市场下，道德风险往往使得个体面临着流动性约束，使得人们无法对未来的劳动收入资本化，而且保险市场的不发达往往导致人们面临着没有保险的劳动收入风险。个体面临的没有保险的劳动收入风险及流动性约束，使得资产组合选择问题复杂化，有时根本无法求出最优消费和投资组合选择问题的解析解，只能借助于计算机模拟出最优解。

3.4.7 搜索问题与查找算法

搜索问题是许多问题的子问题，在许多复杂问题中都包含搜索对象，尤其是网络搜索引擎不仅要在大量的数据中找到所需要的信息，还要保证查准率和查全率，如果没有高效的查找算法，那么上述这些问题都是不可能实现的。

搜索问题通常称为查找或检索，它是指在一个给定的数据结构中查找某一个指定的元素。查找的效率将直接影响数据处理的效率。根据不同的数据结构应当使用不同的查找方法，常用的查找算法有顺序查找和二分查找。

1．顺序查找

顺序查找一般用在线性表中查找指定的元素。具体方法是：从线性表中的第 1 个元素开始，依次将线性表中的元素与被查元素进行比较。若相同，则表示查找成功；若不同，则表示查找失败。对于大的线性表来说，顺序查找的效率很低。虽然顺序查找的效率不高，但是对于无序线性表或采用链式存储结构的有序线性表，必须使用顺序查找方法。

【例 3.25】　假设有一个序列{1　3　4　2　5　6　8　9　7}，使用顺序查找方法完成数据的查找。

1）使用流程图描述的顺序查找算法如图 3-20 所示。

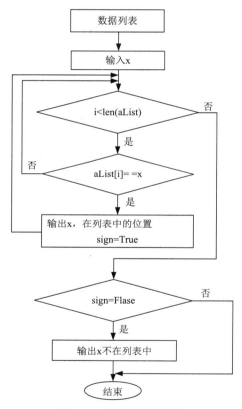

图 3-20　顺序查找算法

2）使用 Python 程序设计语言描述的顺序查找算法。

```
#顺序查找
aList=[1,3,4,2,5,6,8,9,7]
sign=False                          #初始值为没找到
x=int(input("请输入要查找的整数："))
```

```
for i in range(len(aList)):
    if aList[i]==x:
        print("整数%d在列表中，在第%d个数"%(x,i+1))
        sign=True
if sign==False:
    print("整数%d不在列表中"%x)
```

2. 二分查找

二分查找只适用于顺序存储的有序表。这里所说的有序表是指线性表中的元素按值非递减排列（从小到大顺序排列，但允许相邻元素值相等）。具体方法是：将表的中间位置元素的值与被查找元素的值进行比较来缩小查找范围。若中间位置元素的值等于被查找元素的值，则查找成功；若中间位置元素的值大于被查找元素的值，则在表的前半部分进行查找；若中间位置元素的值小于被查找元素的值，则在表的后半部分进行查找。

当有序线性表为顺序存储时，才能采用二分查找。二分查找的效率远高于顺序查找的效率。对于长度为 n 的有序线性表，在最坏情况下，使用二分查找只需比较 $\mathrm{lb}\,n$ 次，而顺序查找需要比较 n 次。

二分查找是一个典型的分治算法，也是一个高效率的查找算法，用于在 n 个元素的有序序列中查找指定元素 e。该算法的思想是：将 n 个元素分成元素个数大致相同的两半，取 $a_{n/2}$ 与欲查找的 e 作比较，若 $e=a_{n/2}$，则找到 e，算法终止；若 $e<a_{n/2}$，则只需在 a 的前半部分继续二分查找 e；若 $e>a_{n/2}$，则只需在 a 的后半部分继续二分查找 e。二分查找每次比较都将数据减少一半，因此也称折半查找。

【例 3.26】　某电视娱乐节目要求选手猜商品价格，该商品价格为整数且不超过 200元，使用二分查找最多需要几次就可以将价格猜中？用二分查找的思想验证该商品价格为 177 元的猜测过程（给出每次所猜价格）。假设商品价格最小单位为"元"，并且主持人可以提醒选手"高了"或是"低了"。

解：对于钱数为 200 元以内的商品，在最坏情况下，使用二分查找只需比较
$$\mathrm{lb}200\ \text{次} \approx \mathrm{lb}256\ \text{次} = 8\ \text{次}$$

第一次猜测 100 元，第二次猜测 150 元，第三次猜测 175 元，第四次猜测 188 元（本次开始可以有其他答案），第五次猜测 181 元，第六次猜测 178 元，第七次猜测 176 元，第八次猜测 177 元。

因此，最多只需要比较 8 次就可以猜出该商品的价格。

注意：lb 代表以 2 为底的对数。

计算思维——有序化

在搜索问题的求解中，对于有序的文件或数据表（记录是按照关键字有序排列的），可以采用折半查找以提高查找效率。在现实生活中，有序化也是常见的行为现象。例如，高考成绩由高分到低分的排列，字典按照字母顺序装订，等等。

3.4.8　排序问题与排序算法

在生活和工作中，排序无处不在，在许多复杂问题的求解中都包含了排序问题，因此计算机世界必须要有相应的算法来解决现实世界的排序问题。查找和排序已经成为计算机数据处理和问题求解中的两类重要操作。

排序是指将一个无序序列整理成按值非递减顺序排列的有序序列。根据待排序序列的规模及对数据处理的要求，可以采用不同的排序方法。不管采用什么排序方法，其基本操作都是比较和移动。因此，比较次数和移动次数的多少是衡量一个排序算法好坏的基本标准。

1. 交换类排序

交换类排序是指对待排序的数据元素进行两两比较，若发生逆序，即 $R_i > R_j$（$i<j$），则将这两个数据元素交换，最后得到一个非递减的序列（正序）。常见的交换排序包含冒泡排序和快速排序。

（1）冒泡排序

冒泡排序的基本思想：从头开始扫描待排序记录序列，在扫描的过程中顺次比较相邻两个元素的大小。以升序为例，在第一趟排序中，对 n 个记录进行如下操作：比较相邻两个记录的关键字值，逆序时就交换位置。在扫描的过程中，不断地将相邻两个记录中关键字值大的记录向后移动，最后将待排序记录序列中的最大关键字值记录交换到待排序记录序列的末尾。随后进行第二趟冒泡排序，对前 $n-1$ 个记录进行同样的操作，其结果是使次大的记录被放在待排序记录序列的末尾。如此反复，直到排好序为止（若在某一趟冒泡过程中没有发现一个逆序，则可结束冒泡排序），因此冒泡过程最多进行 $n-1$ 趟。

对于长度为 n 的线性表，在最坏情况下，冒泡排序需要经过 $n/2$ 遍的从前往后的扫描和 $n/2$ 遍的从后往前的扫描，需要比较的次数是 $n(n-1)/2$，时间复杂度为 $O(n^2)$。

【例 3.27】　使用冒泡排序法对序列{9　10　13　8　11　7}按照从小到大进行排序，要求写出详细的排序过程。

解： 假设使用由小到大的冒泡排序法，详细的排序过程如下。

初始：　{9　10　13　8　11　7}
第 1 趟：{9　10　8　11　7　13}
第 2 趟：{9　8　10　7　11　13}
第 3 趟：{8　9　7　10　11　13}
第 4 趟：{8　7　9　10　11　13}
第 5 趟：{7　8　9　10　11　13}

1）使用流程图描述的冒泡排序算法如图 3-21 所示。

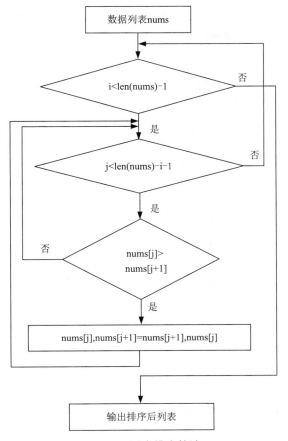

图 3-21　冒泡排序算法

2）使用 Python 程序设计语言描述的冒泡排序算法。

```python
#冒泡排序
def bubbleSort(nums):
    for i in range(len(nums)-1):
        for j in range(len(nums)-i-1):
            if nums[j] > nums[j+1]:
                nums[j], nums[j+1] = nums[j+1], nums[j]
    return nums


if __name__ == "__main__":
    nums = [9,10,13,8,11,7]
    print(bubbleSort(nums))
```

（2）快速排序

快速排序是对冒泡排序的改进。使用快速排序将一个整数数组排列成为增序数组的基本思想是：将数组分为两个部分，小的元素放在左面，大的元素放在右面，进行分划操作。首先从数组中随机选取一个元素作为分划元素 pe（有时也称为中心元素），pe 所在的位置称为分划点。通过交换，数组中所有大于等于 pe 的元素放在 pe 的右边，所有小于 pe 的元素放在 pe 的左边。

在分划之后，得到了两个范围更小的数组排序，左边的数组都是小于 pe 的，右边的数组是大于等于 pe 的。再使用同样的方法对两个较小的数组进行排序。当每个数组的规模小于 2 时，排序结束。

快速排序的时间复杂度为 $O(n^2)$ 到 $O(n\text{lb}n)$ 之间。在实际应用中，快速排序是高效的。

冒泡排序和快速排序之间的差别较大。例如，搜索引擎每天要处理大量的搜索任务，每次搜索都可能有上百万条信息需要排队。在大数据应用背景下，这两种方法在复杂度方面的差异就显得更为巨大，而方法的优劣可以直接决定任务完成的效率，甚至决定能否完成任务。因此，大的数据公司（百度、360、搜狐等）和企业（淘宝网、京东、唯品会等）都把搜索排序问题作为重要的核心技术。

计算思维——搜索排序问题

对搜索结果的排名，虽然不同的搜索引擎使用的方法各不相同，但基本上都是根据网页和搜索条件的关联程度及网页的重要程度来排序的。对网页重要性的评价不可能存在一个确定的计算方法，其结果也是模糊的，目前主要有基于链接的评价和基于访问大众性的评价两类度量方法。基于链接的评价的基本理念是一个网页的重要性取决于它被其他网页链接的数量，特别是一些已经被认定为"重要"的网页的链接数量。基于访问大众性的评价的基本理念是多数人选择访问的网站就是最重要的网站。

---

2. 插入类排序

插入排序是指将无序序列中的各元素依次插入已经有序的线性表。常用的插入排序方法有简单插入排序（直接插入排序）和希尔排序。

（1）简单插入排序

简单插入排序法的基本思想是：把 n 个待排序的元素看作一个有序表和一个无序表，开始时有序表中只包含一个元素，无序表中包含 n-1 个元素，在排序过程中每次从无序表中取出第一个元素，把它的排序码依次与有序元素的排序码进行比较，并将它插入有序表中的适当位置，使之成为新的有序表。

简单插入排序法的效率与冒泡排序法相同，在最坏情况下，简单插入排序法需要比较 n(n-1)/2 次。

（2）希尔排序

希尔排序的基本思想是：先将整个待排元素序列分割成若干个子序列（由相隔某个"增量"元素组成的）分别进行直接插入排序，待整个序列中的元素基本有序（增量足够小）时，再对全体元素进行一次直接插入排序。因为直接插入排序在元素基本有序的情况下（接近最好情况）的效率是很高的。

增量序列一般取 $h_i=n/2^k$（k=1，2，…，[lbn]），其中 n 为待排序序列的长度。

希尔排序的效率与所选取的增量序列有关。在最坏情况下，希尔排序的时间复杂度

为 $O(n^{1.5})$。

3．选择类排序

常用的选择排序方法有简单选择排序和堆排序。

（1）简单选择排序

简单选择排序法的基本思想是：扫描整个线性表，从中选出最小的元素，将它交换到表的最前面；然后对剩下的子表采用同样的方法，直到子表空为止。

对于长度为 n 的序列，选择排序需要扫描 $n-1$ 遍，每一遍扫描均从剩下的子表中选出最小的元素，然后将该元素与子表中的第一个元素进行交换。在最坏情况下，简单选择排序法需要比较 $n(n-1)/2$ 次。

（2）堆排序

具有 n 个元素的序列（h_1，h_2，h_3，$\cdots$，h_n），当满足如下条件：

$$\begin{cases} h_i \geqslant h_{2i} \\ h_i \geqslant h_{2i+1} \end{cases} \qquad \begin{cases} h_i \leqslant h_{2i} \\ h_i \leqslant h_{2i+1} \end{cases}$$

其中 $i=1$，2，$\cdots$，$n/2$，则称此 n 个元素的序列 h_1，h_2，h_3，$\cdots$，h_n 为一个堆。

堆实质上是一棵完全二叉树结点的层次序列。当用完全二叉树表示堆时，树中所有非叶子结点值均不小于其左、右子树的根结点值。因此，堆顶元素必须为序列中的最大值。

在调整堆的过程中，总是将根结点值与左、右树的根结点值进行比较，若不满足堆的条件，则将左、右子树根结点值中的大者与根结点值进行交换。这个调整过程一直做到所有子树均为堆为止。

堆排序的方法适用于较大规模的线性表。在最坏情况下，堆排序法需要比较的次数为 $O(n\mathrm{lb}n)$。

【例 3.28】序列 {9　8　6　4　5　3　2　1} 是一个堆，请给出该序列所对应的完全二叉树的图示。

解：堆的图示如图 3-22 所示。

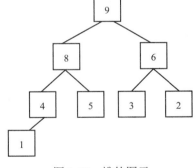

图 3-22　堆的图示

3.5　数　据　结　构

3.5.1　数据结构及其表示

数据是指所有能够输入计算机中并被计算机程序处理的符号的总称。数据元素是数据的基本单位，即数据集合中的个体。数据对象是性质相同的数据元素的集合，是数据的一个子集。数据结构是指相互之间存在一种或多种特定关系的数据元素的集合，即数据的组织形式。

一般情况下，在具有相同特征的数据元素集合中，各个数据元素之间存在某种关系，这种关系反映了该集合中的数据元素所固有的一种结构。在数据处理领域中，通常把数据元素之间这种固有的关系简单地用前后件关系来描述。例如，在描述"春夏秋冬"四季关系时，"春"是"夏"的前件（直接前驱），而"夏"是"春"的后件（直接后继）。

数据结构作为计算机的一门学科，主要研究和讨论 3 个问题，即数据的逻辑结构、数据的存储结构和数据的运算。

1. 数据的逻辑结构

数据的逻辑结构是对数据元素之间的逻辑关系的描述，不考虑数据在计算机中的存储方式。数据元素之间的逻辑关系就是前后件关系。

例如，在考虑家庭成员之间的辈分关系时，"父亲"是"女儿"和"儿子"的前件，而"女儿"和"儿子"是"父亲"的后件。

数据的逻辑结构分为线性结构和非线性结构。

1）线性结构。线性结构是数据元素之间构成一种顺序的线性关系，线性表、堆栈、队列等属于线性结构。

2）非线性结构。树、图等属于非线性结构。

线性结构与非线性结构都可以是空的数据结构。

2. 数据的存储结构

数据的存储结构又称为数据的物理结构，它是指数据的逻辑结构在计算机存储空间中的存放形式。

通常，各数据元素在计算机存储空间中的位置关系与它们之间的逻辑关系不一定是相同的。例如，一年中的四个季度，"第一季度"是"第二季度"的前件，"第二季度"是"第一季度"的后件。但是在进行数据处理时，在计算机的存储空间中，"第一季度"这个数据元素信息不一定存储在"第二季度"这个数据元素信息的前面。

一种数据的逻辑结构根据需要可以表示成多种存储结构，常用的存储结构有顺序、链接、索引等形式。不同的存储结构在数据处理时其效率是不同的，选择合适的存储结构很重要。

3. 数据结构的表示

（1）二元组表示法

数据的逻辑结构有两个要素：一是数据元素的集合，通常记为 D；二是 D 上的关系，它反映了 D 中各数据元素之间的前后件关系，通常记为 R。一个数据结构可以表示成 B=（D，R），其中，B 表示数据结构。

【例 3.29】　用数据结构的二元组表示法来描述一年中的 4 个季度。

解：B=（D，R）

　　　　D={第一季度，第二季度，第三季度，第四季度}

　　　　R={（第一季度，第二季度），（第二季度，第三季度），（第三季度，第四季度）}

【例 3.30】　用数据结构的二元组表示法来描述家庭成员关系。

解：B=（D，R）

　　　　D={父亲，儿子，女儿}

　　　　R={（父亲，儿子），（父亲，女儿）}

（2）图形表示法

在数据结构的图形表示中，对数据集合 D 中的每个数据元素用中间标有元素值的方框表示，一般称为数据结点，简称为结点。为了进一步表示各数据元素之间的前后件关系，对于关系 R 中的每个二元组，用一条有向线段从前件结点指向后件结点。

【例 3.31】　用数据结构的图形表示法来描述一年中的 4 个季度。

解：一年四季图形表示法如图 3-23 所示。

图 3-23　数据结构图形表示——一年四季

【例 3.32】　用数据结构的图形表示法来描述家庭成员关系。

解：家庭成员关系图形表示法如图 3-24 所示。

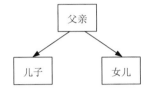

图 3-24　数据结构图形表示——家族成员关系

4. 数据结构的运算

在数据结构中，没有前件的结点称为根结点；没有后件的结点称为叶子结点，又称为叶结点、终端结点。

一个数据结构中的结点允许动态变化。根据需要或在处理过程中，可以在一个数据结构中增加一个新结点（称为插入运算），也可以删除数据结构中的某个结点（称为删除运算）。插入与删除是对数据结构的两种基本运算。除此之外，对数据结构的运算还有查找、分类、合并、分解、复制和修改等。

3.5.2　线性表与线性链表

1. 线性表的定义

线性表是 $n(n \geq 0)$ 个元素构成的有限序列 $(a_1, a_2, \cdots, a_n)$。表中的每个数据元素，除了第一个以外，有且只有一个前件；除了最后一个以外，有且只有一个后件。

线性表一般表示为 $(a_1, a_2, \cdots, a_n)$，其中，a_i $(i=1, 2, \cdots, n)$ 是数据对象的元素，通常也称为线性表中的一个结点。

下面是非空线性表的主要结构特征。

1）有且只有一个根结点 a_1，它无前件。

2）有且只有一个终端结点 a_n，它无后件。

3）除根结点与终端结点外，其他所有结点有且只有一个前件，也有且只有一个后件。线性表中结点的个数 n 称为线性表的长度。当 $n=0$ 时，线性表被称为空表。

2. 线性表的顺序存储结构

线性表的顺序存储结构是指用一组地址连续的存储单元依次存储线性表的数据元素的存储结构。

线性表的顺序存储结构具备如下两个基本特征。

1）线性表中的所有元素所占的存储空间是连续的。

2）线性表中各数据元素在存储空间中是按照逻辑顺序依次存放的。

假设线性表中的每个元素需要占用 k 个存储单元，并且第一个数据元素的存储地址为 $ADR(a_1)$，那么第 i 个数据元素 a_i 的存储地址为

$$ADR(a_i)=ADR(a_1)+(i-1)\times k$$

通过公式可知，只要确定了存储线性表的起始位置，线性表中的任何一个数据元素都可以随机存取，因此线性表的顺序存储结构是一种随机存取的存储结构。

通常，长度为 n 的线性表（a_1，a_2，…，a_n）在计算机中的顺序存储结构如图 3-25 所示。

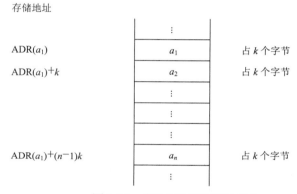

图 3-25　线性表的顺序存储结构

在程序设计语言中，通常定义一个一维数组来表示线性表的顺序存储空间。

在线性表的顺序存储结构下，可以对线性表进行各种处理。主要的运算操作有插入、删除、查找、排序、分解、合并、复制、逆转等。通常，在顺序表上进行插入和删除运算，平均时间复杂度是 $O(n)$。

【例 3.33】　顺序表的插入操作。已知线性表长度为 8，存储空间长度为 10，要求在第 7 个元素之前插入一个新元素 77。

解： 顺序表插入操作的实现过程如下。

1）考虑插入位置是否合理，同时考虑存储空间是否已满。

2）从最后一个元素开始向前到第 7 个位置，分别将它们向后移动一个位置。

3）将要插入的元素填入位置 7 处。

4）表长度加 1。

说明：如果为线性表开辟的存储空间满了，就不能再插入新元素了。若再插入新元素，则会造成"上溢"错误。

插入前状态：

11	21	31	41	51	61	71	81		

插入后状态：

11	21	31	41	51	61	77	71	81	

【例 3.34】　顺序表的删除操作。已知线性表长度为 8，存储空间长度为 10，要求将第 7 个元素删除。

解： 顺序表删除操作的实现过程如下。

1）考虑删除位置是否合理。

2）取出要删除的元素。

3）从删除位置开始到最后一个位置，分别将它们向前移动一个位置。

4）表长度减 1。

删除前状态：

11	21	31	41	51	61	71	81		

删除后状态：

11	21	31	41	51	61	81			

3. 线性顺序表的特点

线性顺序表的优点是便于数据的存取和查找；缺点是插入和删除运算需要移动大量的其他元素，效率较低。

4. 线性链表的定义和存储

线性表的链式存储结构称为线性链表。

在链式存储结构中，每个结点由两部分组成：一部分用于存放数据元素值，称为数据域；另一部分用于存放指针，称为指针域。其中，指针用于指向该结点的前一个结点或后一个结点（前件或后件）。

链表中的结点的逻辑次序和物理次序不一定相同。链表正是通过每个结点的链域（指针域）将线性表的 n 个结点按照其逻辑次序链接在一起。若链表的每个结点只有一个链域，则称这种链表为线性单链表。

显然，线性单链表中的每个结点的存储地址存放在其前驱结点 NEXT 域中。由于开始结点无前件，因此应设头指针 HEAD 指向开始结点；同时，由于终端结点无后件，因此终端结点的指针域为空，即 NULL。

在线性链表中，即使知道被访问结点的序号，也不能像在顺序表中那样直接按照序号 i 访问结点，而只能从链表的头指针出发，顺着链域 NEXT 逐个结点往下搜索，直至搜索到第 i 个结点为止。因此，链表不是随机存取结构。

【例 3.35】　已知线性链表的逻辑状态如图 3-26 所示，请给出线性链表的物理结构。

解：

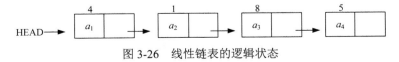

图 3-26　线性链表的逻辑状态

经过分析得出，线性链表的物理状态如图 3-27 所示。

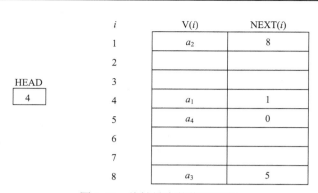

图 3-27　线性链表的物理状态

5. 线性链表和循环链表的基本运算

（1）线性单链表的基本运算

线性链表的运算主要有插入、删除、合并、分解、逆转、复制、排序和查找。

在线性链表的插入操作中，由于插入的新结点取自可利用栈，因此只要可利用栈不空，在线性链表插入时就总能取到存储插入元素的新结点，不会发生"上溢"的情况。同时，由于可利用栈是公用的，多个线性链表可以共享它，因此可以方便地实现存储空间的动态分配。另外，线性链表在插入过程中不发生数据元素移动的现象，只要改变有关结点的指针即可，从而提高了插入的效率。

在线性链表的删除操作中，从线性链表中删除一个元素后，不需要移动表中的数据元素，只要改变被删除元素所在结点的前一个结点的指针域即可。另外，由于可利用栈是用于收集计算机中所有的空闲结点的，因此当从线性链表中删除一个元素后，该元素的存储结点就变为空闲结点，应将该空闲结点送回到可利用栈。

（2）循环链表及其基本运算

从线性单链表可知，最后一个结点的指针域为 NULL，表示单链表已经结束。如果将单链表中的最后一个结点的指针域改为存放链表中的头结点或第一个结点的地址，就使得整个链表构成一个环，这就是循环链表。循环链表没有增加额外的存储空间。

在循环链表中，只要指出表中任何一个结点的位置，就可以从它出发访问到表中其他所有的结点，而线性单链表做不到这一点。

循环链表的插入与删除方法与线性单链表的插入与删除方法基本相同。

循环链表的示意图如图 3-28 所示。其中，一个非空的循环链表如图 3-28（a）所示，一个空的循环链表如图 3-28（b）所示。由于循环链表中设置了表头结点，因此在任何情况下，循环链表中都至少有一个结点存在。

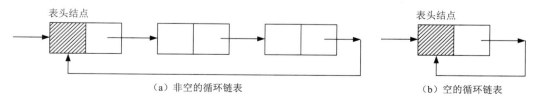

（a）非空的循环链表　　　　　　　　　　　　　（b）空的循环链表

图 3-28　循环链表的示意图

3.5.3　栈和队列

1. 什么是栈

栈是一种限定在一端进行插入和删除运算的特殊线性表。通常称允许插入、删除的一端为栈顶（stack top），称不允许插入、删除的另一端为栈底（stack bottom），栈底固定而栈顶浮动。当栈中元素个数为 0 时，称为空栈。插入一般称为进栈（push），删除一般称为退栈（pop）。栈具有记忆作用，在对栈进行插入与删除操作中，不需要改变栈底指针。

栈的修改是按照"后进先出"的原则进行的，因此栈被称为"先进后出"表或"后进先出"表。

栈在程序的运行中起着举足轻重的作用。最重要的是，栈保存了一个函数调用时所需要的维护信息，这常常被称为堆栈帧或活动记录。栈也常用在递归法中。在日常生活中，子弹夹也是一种栈的结构，最后压入的子弹总是最先被发出，而最先压入的子弹总是最后才被发出。

2. 栈的基本运算

栈的基本运算有 3 种：入栈、退栈和读栈顶元素。入栈、退栈操作示意图如图 3-29 所示。

（1）入栈运算

入栈运算是指在栈顶位置插入一个新元素。首先将栈顶指针加一，然后将元素插入栈顶指针指向的位置。当栈顶指针已经指向存储空间的最后一个位置时，说明栈空间已满，不可再进行入栈操作，这种情况称为栈"上溢"错误。

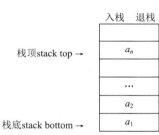

图 3-29　入栈、退栈操作示意图

（2）退栈运算

退栈运算是指取出栈顶元素并赋给一个指定的变量。首先将栈顶元素赋给一个指定的变量，然后将栈顶指针减一。当栈顶指针为 0 时，说明栈空，不可进行退栈操作，这种情况称为栈的"下溢"错误。

（3）读栈顶元素

读栈顶元素是指将栈顶元素赋给一个指定的变量。这个运算不删除栈顶元素，因此栈顶指针不会改变。当栈顶指针为 0 时，说明栈空，读不到栈顶元素。

3. 队列及其运算

队列是只允许在一端删除而在另一端插入的线性表。允许删除的一端称为队头，允许插入的另一端称为队尾。6 个元素的队列示意图如图 3-30 所示。

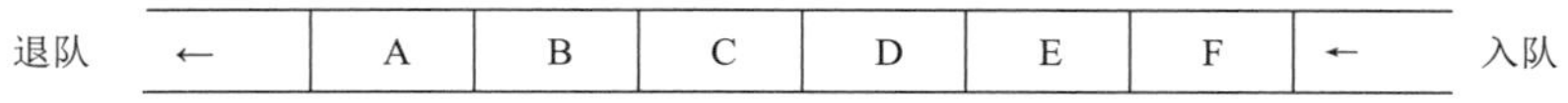

退队	←	A	B	C	D	E	F	←	入队

图 3-30　六个元素的队列示意图

队列的修改是按照"先进先出"的原则进行的，因此队列也称为"先进先出"的线性表或"后进后出"的线性表。

往队列的队尾插入一个元素称为入队运算，从队列的队头删除一个元素称为退队运算。

队列的物理存储可以用顺序存储结构，也可以用链式存储结构。在程序设计语言中，用一维数组作为队列的顺序存储空间。

4. 循环队列及其运算

在实际应用中，队列的顺序存储结构一般采用循环队列的形式。循环队列就是将队列存储空间的最后一个位置绕到第一个位置，形成逻辑上的环状空间。

在循环队列中，用队尾指针 rear 指向队列中的队尾元素，用队头指针 front 指向队头元素的前一个位置。因此，从队头指针 front 指向的后一个位置直到队尾指针 rear 指向的位置之间所有的元素均为队列中的元素。循环队列存储空间示意图如图 3-31 所示。

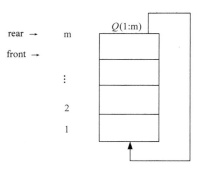

由于入队时队尾指针向前追赶队头指针，出队时队头指针向前追赶队尾指针，当队列空和队列满时队头指针和队尾指针均相等，因此无法通过 front=rear 来判断队列是"空"还是"满"。在实际使用循环队列时，为了能够区分队列满还是队列空，通常还需增加一个标志位 s，s 值的定义如下：当 s=0 时，表示

图 3-31　循环队列存储空间示意图

队列空；当 s=1 时，表示队列非空。

在循环队列中仍然可以进行入队与退队运算。

入队运算是指在循环队列的队尾加入一个新元素。首先将队尾指针进一（rear=rear+1），并当 rear=m+1 时置 rear=1；然后将新元素插入队尾指针指向的位置。当循环队列非空（s=1）且队尾指针等于队头指针时，说明循环队列已满，不能进行入队运算，这种情况称为"上溢"。

退队运算是指在循环队列的队头位置退出一个元素并赋给指定的变量。首先将队头指针进一（front=front+1），并当 front=m+1 时置 front=1；然后将队头指针指向的元素赋给指定的变量。当循环队列为空（s=0）时，不能进行退队运算，这种情况称为"下溢"。

5. 带链的栈与队列

栈和队列也是线性表，因此均可以采用链式存储结构。在实际应用中，带链的栈可以用来收集计算机存储空间中所有空闲的存储结点，这种带链的栈称为可利用栈。用链表存储队列元素称为链式队列。

3.5.4　树与二叉树

1.　树的基本概念

树是一种简单的非线性结构，凡是具有层次关系的数据都可以用树来描述。由于树可以很有效地分层存放数据，因此树结构的应用很广泛。例如，计算机文件组织存放的方式是一个典型的文件树，网络域名的组织方式是树结构，等等。

在树形结构中，每个结点只有一个前件，称为父结点；没有前件的结点只有一个，称为根结点；每个结点可以有多个后件，它们都称为该结点的子结点；没有后件的结点称为叶子结点。一个结点所拥有的后件个数称为该结点的度；树中所有结点的度的最大值称为树的度；树的最大层次称为树的深度。一般的树如图 3-32 所示，该树的度是 4，该树的深度也是 4。

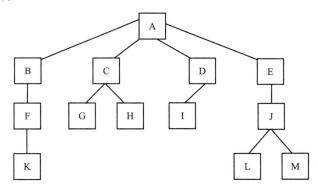

图 3-32　一般的树

树在计算机中通常用多重链表表示。

2.　树的遍历

（1）树的遍历

树的遍历是指沿着某条搜索路线依次对树中每个结点均做一次且仅做一次访问。

【例 3.36】　用户在计算机中查找特定内容的文件，却忘记了文件名和文件的具体位置，这时计算机是如何实现搜索操作的？

解：答案是使用树的遍历方法来访问文件树的每个结点。一个文件树的遍历，可以让程序访问目录和子目录下的所有文件，并将文件名或文件内容和用户的输入进行匹配，给出搜索结果。

（2）树的遍历算法

最常见的树的遍历算法为深度优先遍历（depth first traversal，DFT）算法和广度优先遍历（breadth first traversal，BFT）算法。

深度优先遍历（DFT）算法是先访问根结点，然后对它的第一个子结点进行访问，接着再对该结点的第一个子结点进行访问，若所有子结点都已经访问过了，则回到上一级结点（父结点），访问该结点的尚未访问的另一个子结点，若该结点的所有子结点都已经访问过了，则继续回到该结点的上一级结点（父结点），直到遍历所有结点。这个过程用递归语言描述会更加清晰，即先对根结点进行访问，然后对其第一个子结点进行DFT访问，接着再对位于同一层的第二个子结点进行DFT访问，直到该层的所有结点都已经被访问。DFT的实现使用了递归的方式，因此可以使用递归法来描述。

广度优先遍历（BFT）算法首先访问根结点，然后对根结点的第一个子结点进行访问，接着再对位于同一层的第二个子结点进行访问，直到这一层的所有子结点都已经被访问，这时再进入下一层结点，仍然按照前述方式逐个访问该层的所有结点。

树的遍历如图3-33所示，展示了两种遍历算法的结点访问顺序。

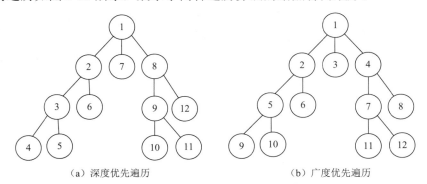

（a）深度优先遍历　　　　　　　　　　　　（b）广度优先遍历

图3-33　树的遍历

树的遍历在编程中非常重要。例如，标记语言可以将一个文档组织成树结构，结点元素包含数据和子结点元素，子结点元素又包含数据和它的子结点元素。当不同的情况都抽象为树结构以后，就可以使用树的遍历算法来尝试解决问题了。

3. 二叉树及其遍历

（1）二叉树的定义

二叉树是一种特殊的树，与树类似又不同于树，它是一种非常有用的非线性结构。

二叉树的递归定义是：二叉树或者是一棵空树，或者是一棵由一个根结点和两棵互不相交的根的左子树和根的右子树组成的非空树，根的左子树和根的右子树同样是一棵二叉树，二叉树中不存在度大于2的结点。

树和二叉树的主要区别是：树至少要有一个结点，并且树的每个结点可以有 $m(m>0)$ 个子结点；二叉树可以是空的，每个结点至多可以有两个子结点，并且必须要区分清楚根的左右子树。

（2）二叉树的基本性质

性质 3.1　在二叉树的第 k 层上，最多有 $2^{k-1}(k\geqslant 1)$ 个结点。

性质 3.2　深度为 m 的二叉树最多有 2^m-1 个结点。

性质 3.3　度为0的结点（叶子结点）总是比度为2的结点多一个。

【**例 3.37**】　假设二叉树中，度为0的结点有6个，度为1的结点有5个，则该树共有多少个结点？

解：根据性质3.3，度为0的结点（叶子结点）总是比度为2的结点多一个。因此，度为 2 的结点有 6-1=5，总的结点个数为 6+5+5=16。

（3）满二叉树和完全二叉树

满二叉树和完全二叉树是两种特殊形态的二叉树，分别如图 3-34 和图 3-35 所示。满二叉树是指除最后一层无任何子结点外，每一层上的所有结点都有两个子结点，深度为 m 的满二叉树有 2^m-1 个结点。完全二叉树是指除最后一层无任何子结点外，每层上的结点数均达到最大值，在最后一层上只缺少右边的若干结点。

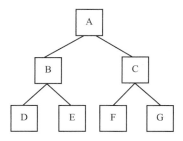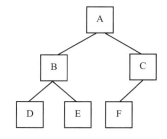

　　图 3-34　深度为 3 的满二叉树　　　　　　图 3-35　深度为 3 的完全二叉树

（4）二叉树的存储结构

二叉树可以采用顺序存储结构和链式存储结构。满二叉树和完全二叉树较为适合顺序存储结构，而一般的二叉树通常采用链式存储结构。

二叉树的顺序存储结构就是用一组连续的存储单元存放二叉树中的结点。一般是按照从上至下、从左到右的顺序存储二叉树结点。这样的结点在存储位置上的前驱后继关系并不一定就是它们在逻辑上的邻接关系，只有通过一些方法确定某一结点在逻辑上的前驱结点和后继结点，这种存储才有意义。因此，依据二叉树的性质，完全二叉树和满二叉树采用顺序存储较为合适，树中结点的序号可以唯一地反映出结点之间的逻辑关系，这样既可以最大可能地节省存储空间，又可以利用数组元素的下标值确定结点在二叉树中的位置及结点之间的关系。

对于一般的二叉树，若仍然按照从上至下和从左到右的顺序将树中的结点顺序存储在一维数组中，则数组元素下标之间的关系不能够反映二叉树中结点之间的逻辑关系，只有增添一些并不存在的空结点，使之成为一棵完全二叉树的形式，然后再用一维数组顺序存储。显然，这种需要增加许多空结点才能将一棵二叉树改造成为一棵完全二叉树的存储结构会造成空间的大量浪费，因此一般的二叉树不宜用顺序存储结构。

二叉树的链式存储结构是指用链表来表示一棵二叉树，常用二叉链表存储。链表中的每个结点由 3 个域组成，除了数据域外，还有两个指针域，分别用来给出该结点左孩子和右孩子所在的链结点的存储地址。二叉树结点的存储结构如图 3-36 所示。其中，data 域存放某结点的数据信息；lchild 域与 rchild 域分别存放指向左孩子的指针和指向右孩子的指针，当左孩子或右孩子不存在时，相应指针域值为空（用符号∧或 NULL 表示）。

lchild	data	rchild
L(i)	D(i)	R(i)

图 3-36　二叉树结点的存储结构

　　尽管在二叉链表中无法由结点直接找到其双亲，但是二叉链表结构灵活，操作方便，对于一般情况的二叉树甚至比顺序存储结构还节省空间。因此，二叉链表是最常用的二叉树存储方式。

　　二叉树的链式存储结构如图 3-37 所示，二叉树如图 3-37（a）所示，二叉链表的逻辑状态如图 3-37（b）所示，二叉链表的物理状态如图 3-37（c）所示。其中，BT 称为二叉链表的头指针。

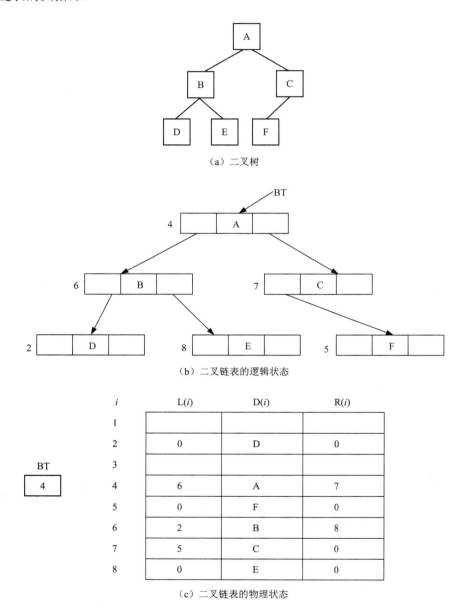

图 3-37　二叉树的链式存储结构

（5）二叉树的遍历

　　二叉树的遍历是指不重复地访问二叉树中的所有结点。在二叉树的遍历过程中，一般是先遍历左子树，然后再遍历右子树。

常用的遍历方式有前序遍历、中序遍历和后序遍历三种。若二叉树非空，则三种遍历会依次执行如下操作。

前序遍历：先访问根结点，然后遍历左子树，最后遍历右子树。

中序遍历：先遍历左子树，然后访问根结点，最后遍历右子树。

后序遍历：先遍历左子树，然后遍历右子树，最后访问根结点。

【例 3.38】　请根据图 3-38 给出该完全二叉树的前序遍历、中序遍历和后序遍历的结果。

　解：

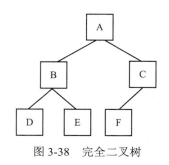

图 3-38　完全二叉树

前序遍历：ABDECF

中序遍历：DBEAFC

后序遍历：DEBFCA

3.5.5　图

1. 图的定义

图（graph）是一种比树状结构更复杂的非线性结构，可以表达数据对象之间的任意关系。在树状结构中，数据元素之间具有明显的层次关系，每层上的数据元素只能与上一层中的至多一个数据元素相关，但却可能与下一层的多个数据元素相关。在图状结构中，任意两个数据元素之间都可能相关，即数据元素之间的邻接关系可以是任意的。因此，图状结构被用于描述各种复杂的数据对象，如铁路交通图、通信网络结构、国家之间的外交关系、人与人之间的各种社会关系等。换句话说，图在数学、计算机科学、工程学等学科领域有着广泛的应用，特别是工程领域的问题都可以用图来表示，建立数学模型，进行问题求解。

图 G 是由两个集合 V(G) 和 E(G) 构成的，记作 G=(V(G)，E(G))，或者简记作 G=(V，E)。其中，V(G) 是顶点的非空有穷集合，E(G) 是边的有穷集合，边表示元素之间的关系。

通常图中用圆圈表示顶点，连接两个顶点的线段表示边。根据边的方向性，图又可分为有向图和无向图。无向图的顶点之间的连线称为边，边没有方向性。有向图的顶点之间的连线称为弧，弧有方向性。

若一条路径的始点和终点是同一个顶点，则该路径是回路或环；若路径中的顶点不重复出现，则该路径称为简单路径。若两个顶点之间存在一条路径，则称两个顶点之间有一条通路。在无向图中，任意两个顶点之间是连通的，称为连通图。G_1 和 G_2 是无向图，G_3 是有向图，如图 3-39 所示。

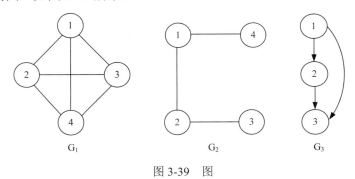

图 3-39　图

2. 图的存储

由于图的结构比较复杂，任意两个顶点之间都有可能存在联系，因此图的存储结构也有很多形式。无论采用什么形式的存储结构，都可以分为顺序存储和链式存储两种类型。存储结构的选择，应根据具体的应用及算法实现的难易程度来决定。

3. 图的遍历

当给定图 $G=(V，E)$ 后，一个最基本的问题就是对图中的任意顶点 v_0，从 v_0 出发访问图中的所有顶点且每个顶点只访问一次，这一过程称为图的遍历。图的遍历算法是求解图的连通性问题、拓扑排序及求关键路径等算法的基础。图的遍历方法通常分为深度优先搜索和广度优先搜索两种，这两种搜索方法均适用于无向图和有向图。

计算思维——数据结构

在线性结构中，数据元素之间是一种线性关系，每个元素都有唯一的前驱结点和后继结点（第一个元素没有前驱结点，最后一个元素没有后继结点）。在树状结构中，数据元素之间是一种层次关系，除根结点以外的每个结点都有唯一的"父结点"（根结点没有"父结点"）和 0 个或多个子结点。在图状结构中，数据元素之间的关系是任意的，图状结构中的任意两个数据元素之间都可能相关，这种相关性可以根据所表达的实际问题自由定义。在人们的生活和工作中，大量的问题都可以抽象成线性表、栈、队列、树和图的问题，研究数据结构为求解这些问题提供了理论基础。

小　　结

计算科学将理论与实验联系起来，为各学科的科学研究和问题求解提供了新手段和新方法。问题求解是计算科学的根本目的，人们既可以用计算机来求解数据处理、数值分析等问题，也可以求解化学、物理学、心理学等学科提出的问题。本章介绍了现实世界中的可计算问题的求解思路和方法。从计算学科的基本问题入手，通过可计算性、算法复杂度、并发控制、计算机智能等问题，明确了计算学科的根本问题是"什么能被有效地自动进行"。介绍了计算机求解问题概念模型，计算思维中的问题求解方式和方法。明确了算法是解决问题的方案，由于实际问题各不相同，因此制定的问题解决方案也将千差万别。然而，算法类问题求解过程是类似的，主要包括分析问题（确定计算机做什么）、建立模型（将原始问题转化为数学模型或模拟数学模型）、算法设计（描述解决问题的方法和途径）、编写程序（将算法翻译成计算机程序设计语言）和调试测试（通过各种数据修正程序中的错误）。本章详细地介绍了穷举法、回溯法、递推法、递归法、分治法、贪心法、动态规划法、查找算法和排序算法等常用的算法设计方法，给出了数据结构、数据的逻辑结构和存储结构的概念，详细地介绍了常见的数据结构——线性表、栈、队列、树结构和图结构。通过学习，要求学生了解选用合适的数据结构合理组织数据的方法，了解数据结构在计算机学科中的重要地位及在各个学科领域研究中的重要性。

习　题　3

1. 计算学科主要有哪些基本问题？计算学科的根本问题是什么？

2. 请说明计算机求解问题概念模型。

3. 请说明算法类问题求解过程。

4. 算法分析的两个主要方面是什么？

5. 在很多情况下递归是一种思考方式，可以为解决问题提供很好的模式。对于一个需要解决的问题，可以从哪两个方面考虑递归是否适用？

6. 请说明贪心算法的基本思想。

7. 搜索问题通常又称为查找或检索，它是指在一个给定的数据结构中查找某一个指定的元素。查找的效率将直接影响数据处理的效率。根据不同的数据结构应使用不同的查找方法。常用的查找方法有哪些？请详细说明。

8. 什么是数据结构？常用的数据结构有哪些？

9. 假设用户分别在 1 号、3 号、5 号工作日存入互联网金融（假设是某宝）三笔资金，每笔资金均为 10 000 元。5 号用户急需用钱，需要取出 8 000 元。若取出的是 1 号存入的资金，则某宝官方采取了数据结构中的什么策略？若取出的是 5 号存入的资金，则某宝官方采取了数据结构中的什么策略？哪种策略对某宝官方更有利？

第4章　计算机科学中的系统与设计

✑ 教学目的和要求

重点理解如何在计算机科学中应用系统科学方法，也就是说，系统科学提供了哪些方法，遵循哪些基本原则可以为计算机科学提供系统构建上的支持。

了解系统科学术语和系统设计原则；理解系统科学方法要解决的问题——化繁为简；理解系统设计的一般方法。

理解计算机硬件系统，包括硬件系统的最初构想——图灵测试与图灵机，降低系统架构的复杂度——冯·诺依曼机及其工作原理，系统内的层次划分——微型计算机系统，子系统——处理器、存储器、输入/输出和总线系统。

理解计算机软件系统，包括系统的演化——计算机语言及语言处理程序，系统的分层与协同控制——操作系统，系统工程化——软件系统的生命周期、测试、部署与运行，系统的结构性问题及系统的可靠性和安全性问题，任何信息都可以基于0/1进行计算。

理解计算机数据库系统，包括系统定义——数据库系统的结构，系统建模——数据模型，系统抽象到实现——关系运算到查询语句的实现，系统复杂度控制——维度，系统分析方法——数据挖掘。

理解计算机网络系统是开放的复杂巨系统，包括计算机网络、典型的网络结构、网络协议与 TCP/IP 网络模型、网络连接、因特网、网络搜索引擎、云计算及网络空间安全。

通过学习，要求掌握在计算机科学中运用系统科学解决问题的方法和典型应用：化繁为简抽象问题具体化——系统化科学理论——系统设计。

4.1　系统科学与系统科学方法

系统科学源于人们对传统数学、物理学和天文学的研究，诞生于 20 世纪 40 年代。建立在系统科学基础之上的系统科学方法给现代科学技术研究带来了革命性的变化，并在社会、经济和科学技术等领域得到了广泛的应用。

建立在系统科学基础上的系统科学方法是认识、控制、改造和创造复杂系统的有效手段，为系统形式化模型的构建提供了有效的中间过渡模式。现代计算机体系普遍采用的冯·诺依曼型计算机组织结构就是系统科学在计算机技术领域所取得的应用成果之一。随着计算技术的迅猛发展，计算机软硬件系统变得越来越复杂。因此，系统科学方法在计算科学中所起的作用也越来越大。

4.1.1　系统科学术语

系统科学方法是指用系统的观点来认识和处理问题的各种方法的总称，它是一般科学方法论的重要内容。系统是由相互作用和相互依赖的若干组成部分结合而成的具有特定功能的有机整体。

1. 子系统和开放的复杂巨系统

一个大的系统往往是复杂的，通常可以将系统划分为一系列较小的系统，这些较小的系统称为子系统。若组成系统的子系统种类很多并有层次结构，它们之间的关联关系又非常复杂，则称该系统为复杂巨系统；若这个系统又是开放的，则称其为开放的复杂巨系统。

系统科学中子系统的概念类似于计算机科学中的"模块"。

【例 4.1】　计算机程序设计中的模块化思想。

计算机模块化的依据是：如果一个问题由多个问题组合而成，那么这个组合问题的复杂程度将大于分别考虑这个问题时的复杂程度之和。这个结论使得人们乐于利用模块化方法将复杂的问题分解成许多容易解决的局部问题。然而，模块化方法并不等于无限制地分割软件，因为随着模块的增多，虽然开发单个模块的工作量减少了，但是设计模块之间接口所需的工作量却增加了，而且会出现意想不到的软件缺陷。因此，只有选择合适的模块数目才会使整个系统的开发成本最小。

系统科学中可以借助复杂网络来理解"开放的复杂巨系统"的概念。

【例 4.2】　计算机网络中蕴含的系统论思想。

计算机网络是计算机系统中一个有代表性的复杂系统，需要高度协调的工作才能保证系统的正常运行。因此，必须精确定义网络中数据交换的所有规则（网络协议）。然而，由这些规则组成的集合却相当庞大和复杂。为了解决复杂网络协议的设计问题，国际标准化组织（ISO）采用系统科学思想，定义了现在被广泛使用的开放系统互联模型（open system interconnection，OSI）。该模型将整个网络协议划分为 7 个层次，即物理层、数据链路层、网络层、运输层、会话层、表示层和应用层，从而有效地降低了网络协议的复杂性，促进了网络技术的发展。

2. 结构和结构分析

结构是指系统内各组成部分的元素与子系统之间相互联系、相互作用的框架。

结构分析的重要内容就是划分子系统，并研究各子系统的结构及各子系统之间的相互关系。

【例 4.3】　计算机科学中重要的系统结构化方法。

计算机科学中的结构化方法按照软件生命周期划分，可分为结构化分析（structured analysis，SA）、结构化设计（structure design，SD）和结构化实现（structure program，SP）。软件生命周期（software life cycle，SLC）是软件从产生直到报废或者停止使用的生命周期。结构化设计方法以结构化分析为基础，给出一组帮助设计人员在模块层次上区分设计质量的原理与技术。结构化设计方法通常与结构化分析方法衔接起来使用，以图形方式来表达系统的逻辑功能、数据在系统内部的逻辑流向和逻辑变换过程，得到软件的模块结构。计算机科学中的结构化程序设计思想被引入管理信息系统（management information system，MIS）开发领域，逐步发展成结构化系统分析与设计方法。

3. 层次和层次分析

层次是系统论的一个重要概念，是表征系统内部结构不同等级的范畴，也是结构分析的主要方式。

层次分析的主要内容有系统是否分层次、划分了哪些层次、各层次的内容、层次之间的关系及层次划分的原则等。

【例 4.4】　计算机语言与编译器的层次分析。

计算机程序表达的是让计算机代替人去求解问题的方法和步骤，那么如何表达，计算机才能理解人的意图呢？计算机语言一般可划分 3 个层次，即机器语言、汇编语言和高级语言，通过与编译器的协同工作，实现了一套用类似自然语言方式实现人机交互的层次解决方案。计算机语言以下层的计算机能够理解的机器语言为基础，进而设计了一套能够方便人记忆和书写的汇编语言作为第二层次，虽然用汇编语言编写程序比用机器语言编写程序方便，但是仍有许多不便之处，因而在第三层次重新定义了一套能力更强且更方便的计算机语言体系，即高级语言。这 3 个层次的计算机语言以编译器为纽带，用汇编语言编写的源程序（汇编程序）需要通过编译器转换成机器语言能够理解的目标程序，计算机才能执行。同样，从用高级语言编写的源程序到使用机器语言的目标程序的执行过程，也需要通过编译器实现，即首先将用高级语言编写的源程序翻译成汇编程序，然后再将汇编程序翻译成目标程序。

4. 环境、行为和功能

系统的环境是指一个系统之外的与它有关系的一切事物组成的集合。系统与系统外各元素乃至系统外环境之间是相互作用的。系统要发挥它应有的作用，按照预期达到应有的目标，其自身一定要适应环境的要求。

系统的行为是指系统相对于它的环境所表现出来的一切变化。行为属于系统自身的变化，同时又反映环境对系统的影响和作用。

系统的功能是指由系统行为所引起的有利于环境中某些事物乃至整个环境存在与发展的作用。

【例 4.5】　静态网页与动态网页。

系统行为是系统中的状态变量随时间变化的特性。在网页设计中，若采用静态 Web 程序，则可实现静态系统，网页上的信息可以根据程序的调用而更新，但是不能自动地实时更新；若采用动态 Web 程序，则可实现动态系统，即可以实时更新网页上的信息，无需人为干涉。

【例 4.6】　功能模块图。

软件开发中使用的结构化程序设计方法，通常以模块功能与处理过程设计为主，侧重于系统功能的实现，采用功能模块图辅助分析相应的功能，并按照功能进行模块的划分。某图书管理系统的功能如图 4-1 所示。画出功能模块图是软件工程过程中的一个重要环节，它将显示工程所要实现的各种功能，并分类，然后软件工程师根据功能模块图编写代码，具体实现这些功能。

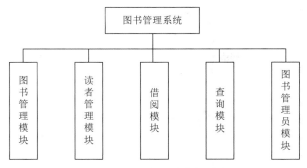

图 4-1　图书管理系统的功能

5. 状态、演化和过程

状态是指系统的那些可以观察和识别的形态特征，是系统科学的基本概念之一。状态一般可以用系统的定量特征（温度 T、体积 V 等）来表示。

演化是指系统的结构、状态、特征、行为和功能等随着时间的推移而发生的变化。系统的演化性是系统的基本特性。

过程是指系统的演化所经过的发展阶段，它由若干子过程组成。过程的最基本元素是动作，动作不能再分。

【例 4.7】　CPU 的状态控制。

计算机中央处理器（central processing unit，CPU）是计算机系统的重要部件，CPU 的运行状态直接影响系统运行的稳定性，因此 CPU 的运行状态必须能够被实时监测。表征 CPU 性能的定量特征有电压、温度、时钟频率等。当 CPU 温度超过极限时，监控系统会降低 CPU 的性能。

6. 系统同构

系统同构是指不同系统数学模型之间存在的数学同构，它是系统科学的理论依据。在数学中，同构有以下两个重要特征。

1）两个不同的代数系统，它们的元素基数相同，并能建立一一对应的关系。

2）两个代数系统运算的定义也对应相同。也就是说，一个代数系统中的两个元素经过某种运算后得到的结果与另一个代数系统对应的两个元素经过相应的运算后得到的结果元素互为对应；还可以说，一个代数系统中的元素被其对应代数系统的元素替换后，可得另一代数系统的运算表。

【例 4.8】　布尔运算与逻辑电路。

逻辑运算又称布尔运算。布尔用数学方法研究逻辑问题，他用等式表示判断，把推理看作等式的变换，成功地建立了逻辑演算。二进制布尔运算是对二进制数进行布尔运算的一种运算。二进制数的布尔运算有"与""或""非"和"异或"四种。20 世纪 30 年代，布尔代数（逻辑代数）在电路系统上获得应用，根据同构的特征可知，二进制的布尔代数与计算机数字逻辑电路同构，因此可以用数字逻辑电路来表示布尔代数，也可以用布尔代数来研究数字逻辑电路。随着电子技术与计算机的发展，出现了各种复杂的大系统，它们的变换规律也遵循布尔所揭示的规律。

此外，提到同构还应了解同态的概念。不同系统间的数学同态关系具有自返性和传递性，但不具有对称性。因此，数学同态一般用于模型的简化，不能用来划分等价类。

4.1.2　系统科学方法要解决的问题

系统科学方法针对的是复杂性问题，而复杂性又是相对于人固有能力的局限性而言的。在计算思维中，周以真将结构和层次等系统科学思想纳入计算思维本质的抽象之中，也是用于控制和降低计算机科学中系统设计的复杂性。系统科学方法用系统的观点来认识和处理问题，从全局把握待求解问题，运用层层细化"化复杂为简单"的科学方法，进而实现问题求解。

【例 4.9】　阿姆达尔定律。

对于计算机系统设计"化复杂为简单"的理解，首先要理解阿姆达尔定律的利用。阿姆达尔定律是计算机系统设计的重要定量原理之一，于 1967 年由 IBM360 系列机的主要设计者阿姆达尔首先提出。阿姆达尔定律是指系统中对某一部件采用更快执行方式所能获得的系统性能改进程度，取决于这种执行方式被使用的频率或所占总执行时间的比例。简单来说，当需要衡量复杂的由多个存储体构成的并行存储系统时，通过更快的处理器来获得加速是由慢的系统组件所决定的。木桶原理来源于阿姆达尔定律，如决定一支舰队航行速度快慢的，不是航行速度最快的那艘船，而是最慢的那艘船。

复杂性科学兴起于 20 世纪 80 年代，是系统科学发展的新阶段，也是当代科学发展的前沿领域之一。复杂性科学的发展，不仅引发了自然科学界的变革，而且日益渗透到哲学、人文社会科学领域。英国著名物理学家霍金称"21 世纪将是复杂性科学的世纪"。计算复杂性理论是理论计算机科学和数学的一个分支，它致力于将可计算问题根据它们本身的复杂性分类，以及将这些类别联系起来。一个可计算问题被认为是一个原则上可以用计算机解决的问题，即这个问题可以用一系列机械的数学步骤解决，如算法。复杂性是混沌性的局部与整体之间的非线性形式，由于局部与整体之间的这个非线性关系，使得人们不能通过局部来认识整体。在社会科学领域，相当数量的"复杂性"是指混乱、杂多、反复等意思。

根据信息论的观点，复杂度可以定义为系统表明自身方式数目的对数，或是系统可能状态数目的对数：$K=\log N$。式中，K 是复杂度，N 是不同的可能状态数目。一般来说，一个系统越复杂，它所携带的信息就越多。若两个系统各自有 M 个可能状态和 N 个可能状态，则组合系统的状态数目是两者之积 $M\times N$，其复杂度为 $K=\log(M\times N)$。克拉默在其经典著作《混沌与秩序——生物系统的复杂结构》（*Chaos and Order：the Complex Structure of Living Systems*）一书中给出了几个简单的例子，用于分析相应程序的复杂性。

【例 4.10】　考察如下 5 个序列，分析各序列的规律，比较各序列之间的复杂性。

① 每个 1 后再续写一个 1，1111111……

② 每两个 1 后面续写一个 0，即以 110 为基本单位循环写入，110110110110……

③ 每两个 1 后面续写一个 0，以 110 为基本单位循环，每逢第三次重写时，将 110 替换为 100，110110100110110100……

④ 无结构序列，10110101111011110111111……

⑤ 待考察序列，1111101101101101101100111110……

解：序列①是一个亚（准）复杂性系统；相对序列①而言，序列②稍具复杂性；即便是序列③更为复杂，仍可用很短的程序来描述；而对于序列④来说，若想编程，则必须将字符串全部列出。结论：一旦一个程序的大小与试图描述的系统相提并论时，则无法编程。或者说，当系统结构不能被描述或者描述它的最小算法与系统本身具有相同的信息比特数时，则称该系统为根本复杂系统。在达到根本复杂之前，人们仍可编写出能够执行的程序。接下来观察待考察序列⑤，虽然序列⑤看似无结构，但是仍可通过数据挖掘发现，其具备某些可描述的程序可以实现，111 110110110 110110100 重复 111 110110……。

计算思维——系统设计

遵循系统科学的基本原则，运用系统科学的方法，由繁入简解决问题，通过系统设计把一个困难的问题阐释成求解它的物理可实现系统。系统设计是根据系统分析的结果，运用系统科学的思想和方法，设计出能够最大限度满足所要求的目标或目的的新系统的过程。

4.2　硬　件　系　统

计算机硬件系统是计算机系统中由电子类、机械类和光电类元器件组成的各种计算机部件和设备的总称，是看得见、摸得着的组成计算机的物理实体，是计算机完成各项工作的物质基础。

计算机软硬件系统都是形式化的产物，因此人们希望在计算机软硬件系统开发的初期就全部使用形式化方法，但是对于现实世界中的很多复杂系统却很难甚至无法用数学方法来直接描述。为了最终实现形式化，就需要有一个中间过渡，其作用是先将系统的复杂性降下来，而系统科学做的正是这项工作。

从基本的功能理解现代计算机系统"化复杂为简单"，从硬件系统整体框架入手，自顶向下，层层细化的基本思维；从存储能力来看，现代计算机由纸带存储转变为单一内存又扩展为内存管理与磁盘管理相结合的存储体系；从输入/输出能力来看，最初只能通过扳动计算机庞大面板上的无数开关来向计算机输入信息，输出设备就是计算机面板上的无数信号灯，现代计算机由简单的键盘、显示器扩展为设备管理系统；从指令自动执行与计算能力来看，现代计算机由控制器和运算器层级细化为程序管理系统、作业管理系统和 CPU 管理系统。

4.2.1　图灵测试与图灵机

在计算学科诞生后，人们开始探索如何用机器来代替人类计算。在数学家库尔特·哥德尔的"不完备性定理"的影响下，图灵通过对人的计算过程的哲学分析，提出图灵机理论，对理想中的"自动计算"系统进行探索，并沿着自然语言形式化研究方向，提出对"人工智能"的理解——图灵测试。图灵从图灵机理论和图灵测试两个方面建立了计算机硬件系统和软件系统的初步模型。

1. 艾兰·图灵简介

英国数学家艾兰·图灵（Alan Mathison Turing，1912～1954年，图4-2）是世界公认的计算机科学奠基人，他的主要贡献有两个：一是建立图灵机模型，奠定了可计算理论的基础；二是提出图灵测试，阐述了机器智能的概念。为纪念图灵对计算机科学的贡

图4-2　艾兰·图灵

献，美国计算机学会（ACM）在1966年创立了"图灵奖"，每年颁发给在计算机科学领域的领先研究人员，号称计算机业界和学术界的诺贝尔奖。

图灵是举世罕见的天才数学家和计算机科学家。1931年，图灵考进了剑桥大学。剑桥大学的大数学家罗素和怀特海创立了"数理逻辑学"，这是一门非常抽象、讲究逻辑思维、令人煞费脑筋且望而生畏的学科，但是图灵一听就懂，而且立刻对该学科产生了兴趣。1935年，年仅23岁的图灵就被剑桥大学国王学院甄选为研究员，成为剑桥大学有史以来最年轻的研究员。同年，图灵又因其在"概率论"上的成就荣获"斯密思奖"。1936年，图灵来到美国的普林斯顿大学攻读数学博士学位，他的研究涉及逻辑学、代数和数论等领域，成绩卓著。在同一个城市，有个普林斯顿高等研究院，那里聚集着当时最优秀的数学家和物理学家，"世纪天才"冯·诺依曼教授当时正在该研究院主持数学研究，他看过图灵的论文后极为赞赏，极力邀请图灵毕业后到普林斯顿高等研究院工作，做他的研究助手。然而，图灵心系剑桥，执意要回到母校任教，这令冯·诺依曼教授惋惜不已。可以想象，如果两大"世纪天才"合作，那么数学、计算机科学将会获得怎样的发展？图灵先知先觉，在电子计算机还未问世之前，他居然就会想到"可计算性"的问题。物理学家阿基米德曾经宣称："给我足够长的杠杆和一个支点，我就能撬动地球。"与此类似的问题是，数学上的某些计算问题，是不是只要给数学家足够长的时间，就能够通过"有限次"的简单而机械的演算步骤而得到最终答案呢？这就是"可计算性"问题，也是一个必须在理论上作出解释的数学难题。经过深邃睿智的思索，图灵以人们意想不到的方式回答了这个既是数学范畴又是哲学范畴的艰深的问题。

1936年，图灵在伦敦权威性的数学杂志上发表了一篇具有划时代意义的重要论文《可计算数字及其在判断性问题中的应用》（*On Computable Numbers，with an Application to the Entscheidungsproblem*），提出"算法"和"计算机"两个核心概念。文章里，图灵独辟蹊径构造出一台完全属于想象中的"计算机"，数学家们把它称为"图灵机"，著名的"图灵机"的概念在数学与计算机科学中的巨大影响力至今毫无衰减。1949年，冯·诺依曼发表了论文《自动计算机的一般逻辑理论》（*Electronic Numerical Integrator and Computer*），客观公正地阐述了图灵在计算机理论上的重大贡献。图灵于1950年在英国《心》杂志上发表了论文《计算机器和智能》（*Computing Machinery and Intelligence*），他在文中提出了"机器能够思维吗？"这样一个问题，并给出了一个被后人称之为"图灵测试"的模仿游戏。明白了图灵的贡献，人们就不难理解冯·诺依曼为何对于"计算机之父"的桂冠坚辞不受。

2. 图灵测试的重要作用

"图灵测试"是人工智能哲学方面的第一个严肃议题。1950 年，图灵在论文中预言了创造具有真正智能机器的可能性。图灵意识到"智能"这一概念难以确切定义，于是提出了著名的"图灵测试"：如果一台机器能够与人类展开对话而不被辨别出其机器身份，那么称这台机器具有智能。（关于图灵测试的描述详见 3.1.3 节的计算机智能问题）这一简化使得图灵能够令人信服地说明"思考的机器"是可能的，体现了系统论中"化繁为简"的基本思路。

【例 4.11】　图灵在论文中给出的一个例子，请判断回答者是人还是机器？

问：请以美丽的福斯铁路桥（forth railway bridge，位于苏格兰，建成于 1890 年）为题，为我作一首十四行诗。

答：不要问我这道题，我从来没有写过诗。

问：34957 加 70764 等于多少？

答：（停顿约 30s 后）105721。

问：你会下国际象棋吗？

答：会下。

问：我的 K（王）在 K1 格上，没有其他棋子了。你的 K（王）在 K6 格上，还有一个 R（车）在 R1 格上，现在轮到你走了。

答：（停顿约 15s 后）R（车）移到 R8 格上，将军！

尽管图灵对"机器思维"的定义不够严谨，但是他关于"机器思维"定义的开创性工作对后人的研究具有重要意义。

从系统论观点来看，图灵测试的意义在于：通过对机器"智能"的抽象定义，使计算机系统成为人类智慧替代系统的研究有了可行的系统同构框架。为此，图灵测试被后人称为开启人工智能研究的重要里程碑。

从实践发展来看，"图灵测试"不要求接受测试的思维机器在内部构造上与人脑一样，它只是从功能的角度来判定机器是否能够思维，也就是从行为主义这个角度来对"机器思维"进行定义，在潜移默化中运用了系统分析方法中的功能模拟方法，并且从实践中总结出机器智能的精华——算法。算法作为机器思维的核心，奠定了它在计算思维理论中的重要地位。

计算思维——算法

从人工智能的发展可以看出，以算法研究为基础、以系统设计方法为手段的计算思维理论，将对现代科学进步起到强有力的推动作用，帮助人类更高效地解决复杂问题，理解人类行为及其他复杂巨系统。

3. 图灵机

"图灵机"是一个虚拟的"计算机"，完全忽略硬件状态，考虑的焦点是逻辑结构。图灵在他的文章里还进一步设计出被人们称为"万能图灵机"的模型，该模型可以模拟其他任何一台解决某个特定数学问题的"图灵机"的工作状态，他甚至还想象在带子上存储数据和程序，"万能图灵机"实际上就是现代通用计算机的最原始的模型。

图灵的主要设计思想是把人们在进位时或计算时的动作分解为较为简单的动作。设想一个人在一张纸上做计算，他需要一种储存计算结果的存储器，即一条无限长度的纸带，带子上划分成许多格子。如果格子里画条线，就代表"1"；若是空白的格子，则代表"0"。这个存储器还有读写功能，既可以从带子上读出信息，也可以往带子上写信息。计算机仅有的运算功能就是每把纸带子向前移动一格，就把"1"变成"0"，或者把"0"变成"1"，"0"和"1"代表在解决某个特定数学问题中的运算步骤，"图灵机"能够识别运算过程中的每一步，并且能够按部就班地执行一系列的运算，直到获得最终答案。

按照这样的系统设定，图灵提出的图灵机由三部分组成：一个控制器、一条可以无限延伸的带子和一个在带子上左右移动的读写头，如图 4-3 所示。

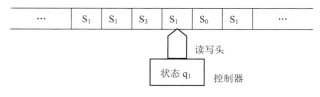

图 4-3   图灵机

图灵机的带子被划分为一系列均匀的方格，读写头可以沿着带子方向左右移动，并可以在每个方格上进行读写。

写在带子上的符号是一个有穷字母表 $\{S_0, S_1, S_2, S_3, \cdots, S_n\}$。通常，可以认为这个有穷字母表仅有 S_0 和 S_1 两个字符。其中，S_0 可以看作是 0，S_1 可以看作是 1，它们只是两个形式化的符号。机器的控制状态表为 $\{q_1, q_2, q_3, \cdots, q_w\}$。通常将一个图灵机的初始状态设为 q_1，同时确定一个具体的结束状态为 q_w。

一个给定机器的程序是机器内的五元组 $[q_i \, S_j \, S_k \, R（L 或 N）\, q_l]$ 形式的指令集，它定义了机器在一个特定状态下读入一个特定字符时所采取的动作。5 个元素的含义如下。

1）q_i 表示机器当前所处的状态。

2）S_j 表示机器从方格中读入的符号。

3）S_k 表示机器用来代替 S_j 写入方格中的符号。

4）R、L、H 分别表示向右移一格、向左移一格、不移动。

5）q_l 表示下一步机器的状态。

机器从给定带子上的某起始点出发，它的动作完全由其初始状态及机内五元组来决定。一个机器计算的结果是从机器停止时带子上的信息得到的。

【例 4.12】   利用图灵机实现任意两个大于 0 的整数的相加。设 b 表示空格，q_1 表示机器的初始状态，q_3 表示机器的结束状态。假设带子上的输入信息为 1111b111bb，读写头对准最左边第一个为 1 的方格，状态为初始状态 q_1。按照以下规则执行后，输出正确的计算结果。

解：计算规则如下。

$q_1 1 1 R q_1$

$q_1 b 1 R q_2$

$q_2 11Rq_2$

$q_2 bbLq_3$

$q_3 1bHq_3$

$q_3 bbHq_3$

计算过程如下。

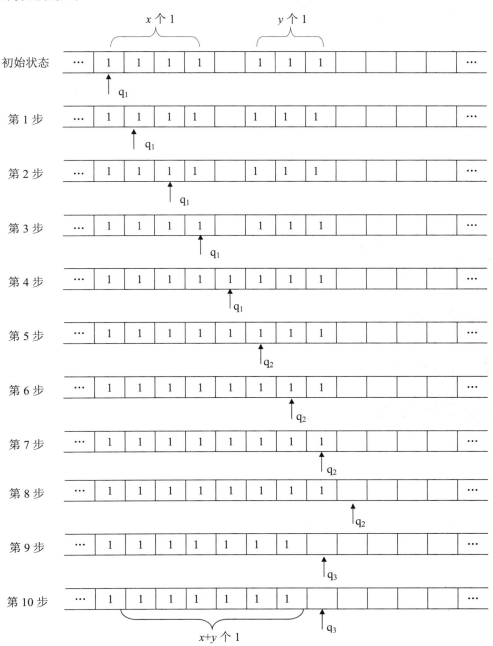

　　图灵机在一定程度上反映了人类最基本、最原始的计算能力,它的基本动作非常简单、机械、确定,因此可以用机器来实现。事实上,图灵是在理论上证明了通用计算机

存在的可能性，并用数学方法精确定义了计算模型，而现代计算机正是这种模型的具体实现。

4.2.2　冯·诺依曼机

"图灵机"与"冯·诺依曼机"齐名，已被永远载入计算机的发展史。图灵的文章从理论上证明了制造出通用计算机的可能性。美国的阿坦纳索夫在 1939 年研究制造了世界上第一台可计算的机器 ABC，其中采用了二进制，电路的开与合分别代表数字 0 与 1，运用电子管和电路执行逻辑运算等。而冯·诺依曼在 20 世纪 40 年代研制成功了功能更好、用途更为广泛的电子计算机，并且为计算机设计了编码程序，还实现了运用纸带存储与输入。至此，图灵在 1936 年发表的科学预见和构思得以完全实现。1945年 6 月，冯·诺依曼提出了在数字计算机内部的存储器中存放程序的概念（stored program concept），这是所有现代电子计算机的模板，被称为"冯·诺依曼结构"，按照这一结构建造的计算机称为存储程序计算机（stored program computer），又被称为通用计算机。

1. 冯·诺依曼简介

冯·诺依曼（Von Neumann，1903～1957 年，图 4-4），美籍匈牙利人。冯·诺依曼

1921 年至 1923 年间在苏黎世大学学习，1926 年以优异的成绩获得布达佩斯大学数学博士学位。1927～1929 年，冯·诺依曼相继在柏林大学和汉堡大学担任数学讲师。1930 年冯·诺依曼接受了普林斯顿大学客座教授的职位，1931 年成为该校终身教授，1933 年转到该校的高级研究院，并在那里工作了一生。冯·诺依曼是普林斯顿大学、宾夕法尼亚大学、哈佛大学、伊斯坦堡大学、马里兰大学、哥伦比亚大学和慕尼黑高等技术学院等校的荣誉博士，是美国国家科学院、秘鲁国立自然科学院和意大利国立科学院等的院士。1954 年他任美国原子能委员会委员，1951～1953年任美国数学学会主席。

图 4-4　冯·诺依曼

2. 冯·诺依曼结构

从 20 世纪初开始，物理学和电子学领域的科学家们就在争论"制造可以进行数值计算的机器应该采用什么样的结构"，人们被十进制这个人类习惯的计数方法所困扰。20 世纪 30 年代中期，冯·诺依曼大胆地提出"抛弃十进制，采用二进制作为数字计算机的数制基础"的观点。同时，他还提出预先编制计算程序，然后由计算机来按照人们事前制定的计算顺序来执行数值计算工作。世界上第一台电子数字积分计算机 ENIAC于 1946 年 2 月在美国宾夕法尼亚大学研制成功。在 ENIAC 的研制过程中，冯·诺依曼针对它存在的问题提出了一个全新的通用计算机方案。在这个方案中，冯·诺依曼提出了 3 个重要设计思想。

1）计算机由 5 个基本部分组成：运算器、控制器、存储器、输入设备和输出设备。

2）采用二进制形式表示计算机的指令和数据。

3）"存储程序"原理：计算机在执行程序前必须先将要执行的相关程序和数据放入内存储器中，计算机启动时，CPU 自动从存储器中取出指令，分析后执行指令，然后再取出下一条指令并执行，如此循环下去，直到程序结束指令时才停止执行。

3. 冯·诺依曼机的工作原理

冯·诺依曼机的主要思想是存储程序和程序控制。其工作原理是：程序由指令组成，并和数据一起存放在存储器中，计算机一经启动，就能按照程序指定的逻辑顺序从存储器中读取指令并逐条执行，自动完成指令规定的操作。

根据存储程序的原理，计算机解题的过程就是不断引用存储在计算机中的指令和数据的过程。只要事先存入不同的程序，计算机就可以实现不同的任务，解决不同的问题。

后来，根据冯·诺依曼机的工作原理，人们将计算机的工作过程归纳为输入、处理、输出和存储 4 个过程，在程序的指挥下，计算机根据需要决定执行哪一个步骤。

4. 冯·诺依曼机结构的局限性

早期的计算机是以数值计算为目的开发的，因此基本上是以冯·诺依曼理论为基础的冯·诺依曼机，其工作方式是顺序的。当计算机越来越广泛地应用于非数值计算领域，处理速度成为人们关心的首要问题时，冯·诺依曼机的局限性就逐渐显露出来了。

冯·诺依曼机结构的最大局限就是存储器和中央处理器之间的通路太狭窄，每次执行一条指令，并且所需的指令和数据都必须经过这条通路。由于这条狭窄通路的阻碍，单纯地扩大存储器容量和提高 CPU 速度的意义不大，因此人们将这种现象称为"冯·诺依曼瓶颈"。

冯·诺依曼机的本质是采取串行顺序处理的工作机制，即使有关数据已经准备好，也必须逐条执行指令序列，而提高计算机性能的根本方向之一是并行处理。因此，近年来人们在谋求突破传统冯·诺依曼瓶颈的束缚，这种努力被称为非冯·诺依曼化。

4.2.3　计算机工作原理

有了图灵理论和冯·诺依曼机结构作为系统理论体系的支撑，遵循化繁为简的科学方法，可以进一步转化复杂系统为可实现系统。计算机系统设计的第二层，考虑如何用相应的硬件来实现这一理论设想，利用计算机系统完成一项任务，考虑如何根据任务编写程序，然后将程序存储在计算机中，并能自动处理。

电子数字积分计算机 ENIAC 是第一台使用电子线路来执行算术和逻辑运算及存储信息的真正工作的计算机器，它的成功研制显示了电子线路的巨大优越性。但是，ENIAC 的结构在很大程度上是依照机电系统设计的，还存在线路结构等重大问题。在图灵等人工作的影响下，冯·诺依曼等完成关于"电子计算装置逻辑结构设计"的研究报告，具体介绍了制造电子计算机和程序设计的新思想，给出了由存储器、控制器、运算器、输入设备和输出设备等 5 个基本部分组成的冯·诺依曼机体系结构。

现代计算机大多遵循冯·诺依曼计算机体系结构，各部件之间的数据流、控制流和反馈流如图 4-5 所示。在图中，将控制流和反馈流使用一种符号描述出来。

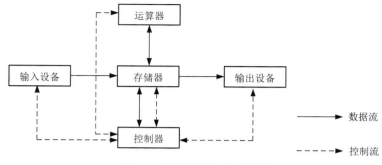

图 4-5　现代计算机体系结构

迄今为止，大多数计算机采用的仍然是冯·诺依曼计算机的体系结构，只是在其基础上做了一些改进。现代计算机硬件系统主要由运算器、控制器、存储器、输入及输出控制系统和各种输入及输出设备等功能部件组成。每个功能部件各尽其责、协调工作。硬件是指制造完成后基本不能改变的部件，包括核心的微处理器、存储设备、输入设备和输出设备。其中，核心的微处理器又称为中央处理单元，由运算器和控制器组成。

1）运算器：算术逻辑部件（arithmetical and logical unit，ALU）又称运算器，它由很多逻辑电路组成，实现算术运算、关系运算和逻辑运算。

2）控制器（control unit，CU）：由时序电路和逻辑电路组成，是整个计算机的指挥中心，负责对指令进行分析，并根据指令的要求向各部件发出控制信号，使计算机的各部件协调一致地工作。

3）存储器（memory）：用来存放程序和参与运算的各种数据。它分成很多存储单元，并按一定的方式进行排列。每个存储单元都有编号，称为存储地址。使用时，可以从存储器中取出信息，不破坏原有的内容，这种操作称为存储器的读操作；也可以把信息写入存储器，原来的内容被覆盖，这种操作称为存储器的写操作。

4）输入设备：负责将程序和数据输入计算机中。

5）输出设备：负责将程序、数据、处理结果和各种文档从计算机中输出。

中央处理器和主存储器构成了计算机主体，称为主机；主存储器一般安装在主机板上，外存储器一般安装在主机板外，如硬盘就是一种常用的外存储器。把输入及输出设备（I/O 设备）和外存储器称为外部设备，简称外设。外设与主机之间通过 I/O 接口实现信息交换。也可以说，计算机硬件是由主机和外设组成的。

4.2.4　微型计算机的系统层次

微型计算机简称微机，它是以微处理器为基础，配以内存储器及输入输出（I/O）接口电路和相应的辅助电路而构成的裸机。微型计算机系统从全局到局部存在 3 个层次：微型计算机系统、微型计算机、微处理器。单纯的微处理器和单纯的微型计算机都不能独立工作，只有微型计算机系统才是完整的信息处理系统，才具有实用意义。

1. 微处理器

微处理器不仅是微型计算机的核心部件，也是各种数字化智能设备的关键部件。无论是智能洗衣机、移动电话等家电产品，还是汽车引擎控制，以及数控机床、导弹精确制导等，都要嵌入各类不同的微处理器。

微处理器（micro processor，MP）是由一片或几片大规模集成电路组成的具有运算和控制功能的中央处理单元。微处理器与传统的中央处理器相比，具有体积小、重量轻和容易模块化等优点。

2. 微型计算机

微型计算机（micro computer，MC）是以微处理器为核心，配以内存储器及输入/输出（I/O）接口电路和相应的辅助电路而构成的裸机。

微型计算机的特点是体积小、灵活性大、价格便宜、使用方便。把微型计算机集成在一个芯片上，即构成单片微型计算机。

3. 微型计算机系统

微型计算机系统（micro computer system，MCS）是以微型计算机为核心，再配备输入/输出设备、辅助电路、电源及指挥微型计算机工作的系统软件构成的一个完整的计算机系统。个人计算机、工业控制计算机和网络计算机都属于微型计算机系统。

微型计算机的主机系统通常被封装在主机箱内，主要包括主板、微处理器、存储器系统、输入及输出接口等部分。

主板又称为系统主板，是位于主机箱内的一块大型多层印制电路板，其上有 CPU 插槽、内存槽、高速缓存、控制芯片组、总线扩展（ISA、PCI、AGP）槽、外设接口（键盘口、鼠标口、COM 口、LPT 口、GAME 口）、CMOS 和 BIOS 控制芯片等部件。典型主板的物理结构如图 4-6 所示。

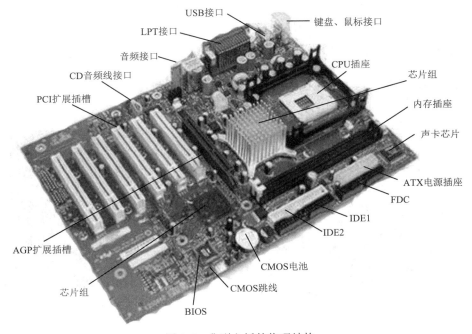

图 4-6　典型主板的物理结构

主板的主要功能是：提供安装 CPU、内存条和各种功能卡的插槽；提供常用外部设备的通用接口。

芯片组是主板的灵魂，其作用是在 BIOS 和操作系统的控制下，按照统一的技术标准和规范为计算机中的 CPU、内存、显卡等部件建立可靠的安装、运行环境，为各种接口的外部设备提供可靠的连接。BIOS 的全称是 ROM-BIOS，意思是只读存储器基本输入/输出系统，主要负责对基本 I/O 系统进行控制和管理，用户可以利用 BIOS 对微机的系统参数进行设置。CMOS 是用电池供电的可读写的 RAM 芯片，用来保存当前系统的硬件配置和用户对某些参数的设定。

4.2.5 子系统

按照功能划分，可以将计算机硬件系统划分为 4 个子系统，即处理器子系统、存储器子系统和输入/输出子系统，以及由这 3 种类型的总线组成的总线子系统。

1. 处理器子系统

处理器子系统是计算机系统的核心，其主要功能是解释计算机指令及处理计算机软件中的数据。中央处理器是计算机进行运算和控制的核心部件，由运算器和控制器组成。CPU 负责系统的算术运算和逻辑运算等核心工作，并将运算结果分送内存或其他部件，以控制计算机的整体运作。CPU 的主要工作过程是：CPU 从存储器或高速缓冲存储器中取出指令，放入指令寄存器，对指令译码，并执行指令。

CPU 的主要性能指标有时钟频率和字长。CPU 的标准工作频率就是人们常说的"主频"，以兆赫兹（MHz）为单位计算，CPU 的主频表示 CPU 内数字脉冲信号振荡的速度，与 CPU 的实际运算能力没有直接关系。外频是 CPU 的基准频率，单位也是 MHz，代表 CPU 与主板之间同步运行的速度。倍频是指 CPU 主频与外频之间的相对比例关系。在外频相同的情况下，若倍频越高，则 CPU 的频率也越高。CPU 的主频、外频和倍频之间的关系为

$$主频=外频×倍频$$

CPU 的主要生产厂商有英特尔（Intel）公司和美国超威半导体（AMD）公司，如图 4-7 所示。

CPU 插槽

Intel 公司 CPU   AMD 公司 CPU

图 4-7　CPU 与 CPU 插槽

Intel 公司的 CPU 在 PC 市场占有主导地位，从 2005 年至今其产品是酷睿（Core）系列微处理器。作为 Intel 公司的竞争对手，AMD 公司通过技术革新，从提出"双核"概念一直到将 CPU 与 GPU 整合为 APU，不断锐意创新。图形处理器（graphic processing unit，GPU）相当于图像处理的专用 CPU，正因为它专，所以它强，在处理图像时它的工作效率远高于 CPU。但是因为 CPU 是通用的数据处理器，数据处理和数值计算是它的强项，它能够完成的任务是 GPU 无法完成的，所以不能用 GPU 来代替 CPU。在 GPU 方面领先的是英伟达（NVIDIA）和 AMD 两家厂商。加速处理器（accelerated processing unit，APU）是 AMD "融聚未来"理念的产品，它第一次将中央处理器和独显核心做在一个芯片上，使它同时具有高性能处理器和最新独立显卡的处理性能，支持 DX11 游戏和最新应用的"加速运算"，大幅提升了计算机运行效率，实现了 CPU 与 GPU 的真正融合。

2. 存储器子系统

存储器子系统是计算机中存放程序和数据的各种存储设备、控制部件及管理信息调度的设备和算法的总称，如图 4-8 所示。

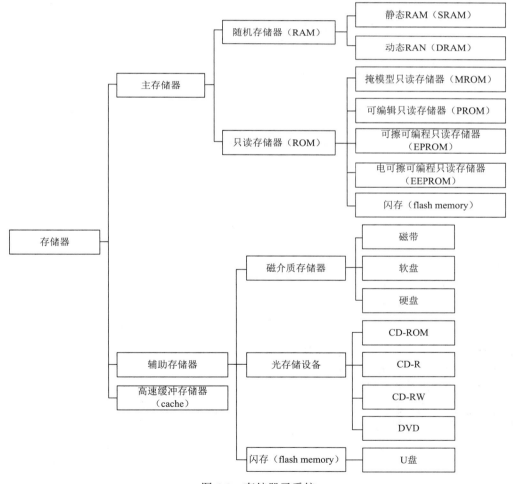

图 4-8 存储器子系统

存储器分为两大类：一类称为主存储器（主存）或内存储器（内存），另一类称为辅助存储器（辅存）或外存储器（外存）。

主存又可分为随机访问存储器（random access memory，RAM）和只读存储器（read only memory，ROM）。前者可以随时读写信息，关机后信息消失；后者存储系统固有的程序和数据，一般作为引导系统的一部分，信息只能读不能写，关机后信息不消失。外存上的信息虽然可以长久保存，但是这些信息必须在读入主存后才能被控制器和运算器运用。

存储器子系统实现计算机系统记忆功能的方法是保存程序代码和数据的物理载体。计算机技术的发展使存储器的地位不断得到提升，同时对存储器技术也提出了更高的要求。人们希望通过硬件、软件或软硬件结合的方式，将不同类型的存储器组合在一起，从而获得更高的性价比，这就是存储系统。

常见的微型计算机存储系统有以下两类。

1）由主存储器和高速缓冲存储器（cache）构成的存储系统。

2）由主存储器和磁盘存储器构成的虚拟存储系统。

前者主要是提高存储器的速度，后者主要是增加存储器的存储容量。

高速缓冲存储器是 CPU 与内存之间设置的一级或二级高速小容量存储器。设置高速缓冲存储器的目的是解决快速的 CPU 与慢速的 RAM 之间的速度不匹配问题。在计算机工作时，系统先将数据由外存读入 RAM 中，再将一部分即将执行的程序由 RAM 读入 cache 中，然后 CPU 直接从 cache 中读取指令或数据进行操作。

用来存储信息的设备称为计算机的存储设备，如内存、硬盘、光盘、U 盘等。存储设备是按照字节组织存放数据的。存储单元具有存储数据和读写数据的功能，一般由一个或几个字节组成一个存储单元，分别称为字节存储单元或字存储单元。每个存储单元有一个地址。存储器的存储容量一般用 B（字节）、KB（千字节）、MB（兆字节）、GB（吉字节）、TB（太字节）等单位来表示。

3. 输入/输出子系统

输入/输出子系统是完成信息输入和输出过程的子系统，包括多种类型的输入设备、输出设备，以及这些设备与处理器、存储器进行通信连接的接口电路。输入/输出子系统的主要功能是控制外设与内存、外设与处理器之间进行数据交换，完成对各种形式的信息进行的输入和输出控制，是计算机系统中重要的软硬件结合的子系统。

外围设备种类繁多，有机械式和电动式的，也有电子式和其他形式的，其输入信号可以是数字式的电压，也可以是模拟式的电压和电流。因此，输入设备的输入信号必须经过必要的处理，以 CPU 能够接收的数字形式送入系统进行处理，这就是输入过程。输出信息也要经过必要的处理，以人能够识别或者外围设备能够接收的形式输出，这就是输出过程。

输入/输出设备的工作速度比 CPU 和存储器的速度慢很多，因此必须设计相应的接口使输入/输出设备与 CPU 及存储器能够协同工作。微型计算机接口如图 4-9 所示。

接口是指不同设备为实现与其他系统或设备连接

图 4-9　微型计算机接口

和通信而具有的对接部分,接口示意图如图 4-10 所示。微型计算机接口的作用是使主机系统能够与外部设备、网络及其他的用户系统进行有效连接,以便进行数据和信息交换。例如,鼠标采用串行方式与主机交换信息,扫描仪采用并行方式与主机交换信息。

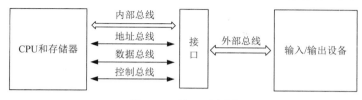

图 4-10　接口示意图

4. 总线子系统

总线是连接多个计算机部件的一组共享的信息传输线,是多个部件共享的传输介质,一个部件发出的信号可以被连接到总线上的其他所有部件接收。总线是 CPU、内存、输入设备和输出设备传递信息的公用通道,主机的各个部件通过总线相连接,外部设备通过相应的接口电路再与总线相连接,从而形成计算机硬件系统。总线结构的发展是与CPU 的发展相关联的,其目的是为了让数据传输率与 CPU 的速度相匹配。

按照总线传送信息的类别,总线可分为地址总线(address bus,AB)、数据总线(data bus,DB)和控制总线(control bus,CB),分别用来传输数据、数据地址和控制信号。其中,数据总线用来传输各功能部件之间的数据信息;地址总线用来指出数据总线上的数据在主存单元或 I/O 端口的地址;控制总线用来控制对数据总线、地址总线的访问与使用。

按照总线连接部件的不同性质,总线分为内部总线与外部总线。内部总线用于连接计算机主机系统内部的主要功能部件,如 CPU 与北桥之间的总线结构。外部总线用于计算机系统的主机与外部设备之间的互连,如 PCI 总线、ISA 总线等。

现代微型计算机总线结构示意图如图 4-11 所示。

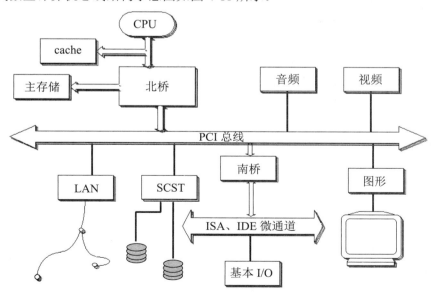

图 4-11　现代微型计算机总线结构示意图

总线接口是一种总线插槽，供用户插入各种功能卡，实现外部设备或用户电路与系统总线的连接。

扩展插槽是主板上用于固定扩展卡并将其连接到系统总线上的插槽，主要有 CPU 插槽、内存插槽、ISA 插槽、PCI 插槽、AGP 插槽、Wi-Fi 插槽，以及便携式计算机专用的 PCMCIA 插槽等，参见图 4-6 典型主板的物理结构。

【例 4.13】　USB 总线。

通用串行总线（universal serial bus，USB）是一个外部总线标准，用于规范计算机与外部设备的连接和通信。USB 接口支持设备的"即插即用"和"热插拔"功能，是一种通用串行总线接口，最多可以支持 127 个外设。目前，可以通过 USB 接口连接的设备有扫描仪、打印机、鼠标、键盘、移动硬盘、数码相机、音箱和显示器。

4.3　软　件　系　统

在计算机中，软件系统的状态往往要比硬件系统的状态多若干数量级。另外，由于软件系统中的实体扩展不像硬件系统那样可以重复添加相同元素，使计算机中软件的复杂度呈非线性增长。因此，找到控制和降低软件复杂性的方法，也就找到了控制和降低计算机系统复杂性的最根本方法。

【例 4.14】　布鲁克斯对软件系统复杂性的论述。

1999 年图灵奖获得者布鲁克斯（Frederick P.Books）在其著作《人月神话》（*The Mythical Man-month*）中论述了软件的复杂性，揭示了软件固有的困难。布鲁克斯认为，没有两个软件部分是相同的（至少在语句级别上），如果有相同的，人们就会把它们合并成一个可供调用的子函数。因此，复杂是软件的根本属性。在大型软件开发中，为了保持各子系统之间的一致性，软件必须随接口的不同、时间的推移而变化，这些变化不能被抽象，从而也增加了软件的复杂性。要顺利地完成软件系统的开发，关键在于能否控制和降低该软件系统的复杂性。

布鲁克斯认为，对于一个软件系统的开发来说，最困难的是对其概念结构（概念模型）的规格、设计和测试，而不是对概念结构的实现及对这种实现的测试。软件概念结构的特点决定了这种结构的设计在很多情况下很难采用形式化的方法，而采用非形式化的系统化方法（结构化方法、面向对象方法等）却可以有效地控制和降低概念结构设计的复杂性。

系统化方法早已融入"软件工程"等课程内容，使用系统化方法可以帮助人们提升有限的能力，使其能够控制和降低软件开发的复杂性。

在系统科学中，一个系统就是指一个集合，或者说，是指一个事物的集合。从集合的角度来看，要降低一个集合的复杂度，就要想办法使它有序；而要使一个集合有序，最好的办法就是对它按照等价类进行划分，即抽象和层次划分。

4.3.1　指令、程序和软件

计算机的自动处理过程就是执行预先编制好的计算程序的过程。计算程序是指令的有序集合。因此，执行计算程序的过程实际上就是逐条执行指令的过程。

1．指令和程序

（1）指令和指令系统

指令是能够被计算机识别并执行的二进制代码，它规定了计算机能够完成的某种操作。例如，"加""减""乘""除""存数"和"取数"等都是一个基本操作，分别可以用一条指令来实现。一台计算机所能执行的所有指令的集合称为该计算机的指令系统，不同类型计算机的指令系统不同。

某种类型计算机的指令系统中的指令具有规定的编码格式。通常，一条指令由操作码和地址码两部分组成。其中，操作码规定了该指令进行的操作种类，如加、减、存数和取数等；地址码给出了操作数、结果及下一条指令的地址。指令格式如图 4-12 所示。

操作码	地址码

图 4-12　指令格式

（2）指令的功能

数据传送类指令的功能是将数据在存储器之间、寄存器之间及存储器与寄存器之间进行传送。

数据处理类指令的功能是对数据进行运算和变换。例如，"加""减""乘""除"等算术运算指令；"与""或""非"等逻辑运算指令；"大于""等于""小于"等比较运算指令等。

控制转移类指令的功能是控制程序中指令的执行顺序，如无条件转移指令、条件转移指令和子程序调用指令等。

输入/输出类指令的功能是实现外部设备与主机之间的传输等操作。

其他类指令主要包括停机、空操作和等待等操作指令。

指令系统的功能是否强大，指令的种类是否丰富，这些决定了计算机的能力。

（3）程序

为了把一个处理任务提交给计算机自动运算或处理，首先要根据计算机的指令要求将任务分解成一系列简单有序的操作步骤。其中，每一个操作步骤都能用一条计算机指令表示，从而形成一个有序的操作步骤序列，这就是程序。准确地讲，它是机器语言程序。

程序就是为完成一个处理任务而设计的一系列指令的有序集合。

2．软件

计算机软件是指计算机系统中的程序及其文档。程序是计算任务的处理对象和处理规则的描述；文档是为了便于了解程序所需的阐明性资料。程序必须装入计算机内部才能工作，文档一般是给用户参考的，不一定装入计算机。

软件有两种属性：其一是静态属性，软件是由程序、数据及相关文档组成的，可以存储，也可供人们阅读和交流；其二是动态属性，软件是可运行的，蕴涵着一定的操作内容和步骤，由计算机执行而产生特定的结果或动态效应。软件是用户与硬件之间的接口界面。用户主要通过软件与计算机进行交流。为了方便用户，并使计算机系统具有较高的总体效用，在设计计算机系统时必须考虑软件与硬件的结合，以及用户的要求和软件的要求。

（1）软件的分类

软件内容丰富，种类繁多，根据软件的用途可分为系统软件和应用软件。软件系统如图 4-13 所示。

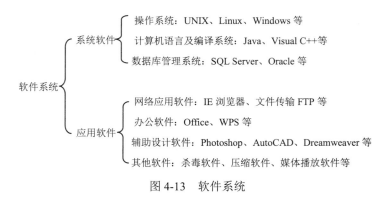

图 4-13　软件系统

（2）系统软件

系统软件最靠近硬件，是计算机系统必备的软件。系统软件是指控制和协调计算机及外部设备且支持应用软件开发和运行的软件，是无需用户干预的各种程序的集合。系统软件的主要功能是调度、监控和维护计算机系统；负责管理计算机系统中各种独立的硬件，使硬件可以协调工作。系统软件主要包括操作系统、各种语言及处理程序、系统支持和服务程序、数据库管理系统。

1）操作系统（operating system，OS）是最下层的软件，它控制所有计算机运行的程序并管理整个计算机的资源。操作系统是计算机裸机与应用程序及用户之间的桥梁。没有它，用户无法使用某种软件或程序。图 4-14 所示描述了硬件、操作系统、应用软件、用户之间的关系。

用户
应用软件
操作系统
硬件

图 4-14　硬件、操作系统、应用软件、用户之间的关系

2）各种语言及处理程序。程序设计语言的发展经历了机器语言、汇编语言、高级语言、非过程化语言和智能语言 5 个阶段。

计算机解决问题的一般过程是：用户使用计算机语言编写程序并输入计算机中，然后由计算机将其翻译成机器语言，在计算机上运行后输出结果。

除了机器语言外，其他用软件语言编写的程序都不能直接在计算机上执行，都需要对它们进行适当的处理。语言处理系统的作用是把用软件语言编写的各种程序处理成可以在计算机上执行的程序，或最终的计算结果，或其他中间形式。任何一种语言处理系统通常都包含有一个翻译程序，它把一种语言的程序翻译成等价的另一种语言的程序。

3）服务程序。服务程序能够提供一些常用的服务性功能，它们为用户开发程序和

使用计算机提供了方便，如计算机上经常使用的诊断程序、调试程序、编辑程序等均属此类程序。

4）数据库管理系统。数据库管理系统是一种操纵和管理数据库的大型软件，用于建立、使用和维护数据库。它对数据库进行统一的管理和控制，以保证数据库的安全性和完整性。

（3）应用软件

应用软件是为解决计算机各类应用问题而编制的软件系统，具有较强的实用性。应用软件是在系统软件的支持下开发的，分为应用软件包和用户程序。

应用软件包是为了实现某种特殊功能或计算的独立软件系统，如办公软件、图形图像处理软件、多媒体软件、网页制作软件、翻译软件、压缩软件、系统优化软件等。

用户程序是用户为了解决特定的具体问题而二次开发的软件。用户程序是在系统软件和应用软件包的支持下开发而成的，如客户关系管理系统、人事管理系统、财务管理系统等。

通常，应用软件以软件包的形式出售，或者以压缩包的形式放在网络中供用户免费下载。应用软件中不仅包含程序，还包含技术文档和用户使用手册。

3．计算机工作的过程

程序与数据一样存储，按照程序编排的顺序一步一步地取出指令，自动地完成指令规定的操作，这是计算机最基本的工作原理。

依据存储程序原理，程序存储在内存中。计算机执行程序，就是从内存中读出一条指令到 CPU 内执行，执行完后，再从内存中读出下一条指令到 CPU 内执行。

下面介绍计算机工作的过程（执行程序的过程）。

1）取出指令。按照程序计数器中的地址从内存储器中取出指令并送往指令寄存器。

2）分析指令。由指令译码器对存放在指令寄存器中的指令进行分析，分析指令的操作性质，对操作码进行译码，将指令操作码转换成相应的控制电位信号。

3）执行指令。由操作控制线路发出完成该操作所需要的一系列控制信息，去完成该指令操作码所要求的操作。

4）形成下一条指令地址。一条指令执行完成，程序计数器加一或者将转移地址码送入程序计数器，然后再返回 1）继续进行。

【例 4.15】　请描述计算机完成 5+2 的工作过程。

解：假设已知计算机中操作指令的编码：取数 0100，加法 0101，存数 1010，打印 1000，停机 1111。计算程序见表 4-1。

表 4-1　计算程序

计算步骤	解题命令	指令	
		操作码	操作数
1	从存储器中取出5送到运算器的0寄存器	取数	5
2	从存储器中取出2送到运算器的1寄存器	取数	2
3	在运算器中将0号和1号寄存器中的数据相加，得到和7	加法	5，2

续表

计算步骤	解题命令	指令	
		操作码	操作数
4	将结果7存入存储器中	存数	7
5	从输出设备将结果7打印出来	打印	7
6	停机	停机	

假设本题的原始数据 $5=(0101)_2$、$2=(0010)_2$ 及计算结果 $7=(0111)_2$ 分别存放在 1~3 号存储单元中，如果使用二进制表示，就是地址码为 0001~0011 的存储单元。

假设表 4-1 中的 6 条指令分别存放在第 5~10（0101~1010）号存储单元中，并且每条指令的内容由操作码和地址码组成。

其中，地址码包含存储单元地址（用 D_i 表示）及运算器中寄存器编号（用 R_i 表示）。

计算 5+2 使用二进制表示的计算程序见表 4-2，该计算程序能够被计算机存储、识别和执行。根据上述对数据和指令在存储器中存放地址的假定，可以得到存储器布局如图 4-15 所示。

表 4-2　使用二进制表示的计算程序

指令地址	指令		使用符号表示的操作
	操作码	地址码	
0101	0100	0001	$R_0 \leftarrow (D_1)$
0110	0100	0010	$R_1 \leftarrow (D_2)$
0111	0101	0001	$R_0 \leftarrow (R_0)+(R_1)$
1000	1010	0011	$D_3 \leftarrow (R_0)$
1001	1000	0011	输出设备 $\leftarrow (D_3)$
1010	1111		停机

下面给出计算机利用程序完成 5+2 的工作过程。

存储单元地址	存储单元内容	指令解释
0001	0000 0101	5
0010	0000 0010	2
0011		计算结果
0100		
0101	0100 0001	取数指令
0110	0100 0010	取数指令
0111	0101 0001	加法指令
1000	1010 0011	存数指令
1001	1000 0011	打印指令
1010	1111	停机
1011	$\vdots$	

图 4-15　存储器布局

1）根据给定的题目编写计算程序，并将计算程序及数据分配在存储器中的存放地址。

2）用输入设备将计算程序和原始数据输入存储器的指定地址的存储单元中。

3）从计算程序的首地址（0101）启动计算机工作，在控制器的操纵下完成如下操作。

从地址码为 0101 的存储单元中取出第一条指令（01000001）送入控制器中，控制器识别该指令的操作码是 0100，确认它为取数指令。

控制器根据第一条指令中给出的地址码（0001）发出读命令，从地址为 0001（D_1）的存储单元中取出数据 00000101 送入运算器的 R_0 寄存器中。

第一条指令执行完毕后，控制器自动形成下一条指令在存储器中的存放地址，按此地址从存储器中取出第二条指令，在控制器中分析该条指令要执行的操作，并发出执行该操作所需要的控制信号，直到完成所规定的操作。依此类推，直至该计算程序中的全部指令执行完毕。

4.3.2　不同层级计算机语言及语言处理程序

1. 计算机语言

为了使计算机能够进行各种工作，就需要有一套用来编写计算机程序的数字、字符和语法规则，由这些数字、字符和语法规则组成计算机的各种指令或各种语句，就是计算机能够接受的语言。计算机语言是指用于人与计算机之间通信的语言，是人与计算机之间传递信息的媒介。计算机语言是一套专门用于人机交互且计算机能够自动识别与执行的规约/语法集合。"源程序"是用计算机语言编写的程序，"编译程序"是将源程序翻译成机器语言程序的程序，是促进计算机功能不断扩展的重要推动力。

计算机解决问题的一般过程是：首先用户使用计算机语言编写程序并将其输入计算机中，然后由计算机将其翻译成机器语言在计算机上运行，最后输出结果。

【例 4.16】　程序表达的是让计算机求解问题的方法和步骤。怎样表达，计算机才能理解且更易于人掌握呢？

解：计算机采用 3 个层级计算机语言及语言处理程序：

1）语言与编译。

2）协议与编码/解码。

3）操作系统级指令（API）程序。

语言处理系统将复杂系统"化繁为简"，将细节信息屏蔽掉，进而为用户提供更方便地使用计算机系统的能力。它以下层机器语言为基础，重新定义一套能力更强且编写更为方便的新语言，即汇编语言和高级语言；再提供一个已经用下层机器语言编写并可执行的编译程序，依据绑定信息的协议和标准，进行相应的编码和解码，完成人机交互过程。

2. 计算机语言的分类

计算机语言的种类非常多。总的来说，计算机语言可分为机器语言、汇编语言和高级语言三大类。机器语言、汇编语言和高级语言的层次关系如图 4-16 所示。

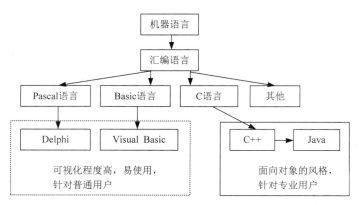

图 4-16　机器语言、汇编语言和高级语言的层次关系

（1）机器语言

机器语言是指一台计算机全部的指令集合。计算机使用的是由"0"和"1"组成的二进制数，这种计算机能够认识的语言就是机器语言。每台计算机的指令系统往往各不相同。因此，在一台计算机上执行的程序要想在另一台计算机上执行，必须另外编写程序。由于使用的是针对特定型号计算机的语言，机器语言的运算效率是所有计算机语言中最高的。

（2）汇编语言

汇编语言的实质与机器语言相同，都是直接对硬件进行操作，只不过操作指令采用了英文缩写的标识符，更易于识别和记忆。例如，用"ADD"代表加法，用"MOV"代表数据传递等。如果用户很容易读懂并理解程序在干什么，纠错及维护就变得方便了，这种程序设计语言称为汇编语言。然而计算机并不认识这些符号，需要有一个专门的翻译程序将这些符号翻译成二进制数的机器语言，这种翻译程序被称为汇编程序。

汇编语言依赖于计算机硬件，虽然移植性不好，但是效率非常高。针对计算机特定硬件而编制的汇编语言程序能够准确地发挥计算机硬件的功能和特长，程序精炼且质量高。因此，汇编语言至今仍是强有力的软件开发工具。

（3）高级语言

高级语言的发展经历了从早期的机器语言到结构化程序设计语言，从面向过程化的程序语言到面向非过程化的程序语言的过程。高级语言的发展目标是面向应用，也就是说，只需要告诉程序要干什么，程序就能自动生成算法并自动进行处理，这就是非过程化的程序语言。

高级语言是大多数编程者的选择。与汇编语言相比，高级语言简化了程序中的指令，它将许多相关的机器指令合成为单条指令，并且去掉了与具体操作有关但与完成工作无关的细节。例如，使用堆栈、寄存器等。高级语言包括了多种编程语言，如 Python 语言、Visual C++语言、Java 语言、Delphi 语言等，这些编程语言的语法、命令格式都各不相同。

3. 人机交互层面的计算机语言分层处理

（1）汇编语言与编译器

所有程序只有转化成机器语言程序，计算机才能执行。然而，用机器语言编写程序不易于记忆、不便于编写且容易出差错。因此，人们设计了一套用助记符编写程序的规范/标准，并将其称为汇编语言。

用汇编语言编写的程序被称为汇编语言源程序。在编写汇编语言源程序的同时，还开发了一个翻译程序，该翻译程序被称为汇编程序。汇编程序实现了将"符号程序"自动转换成"机器语言程序"的功能。因此，汇编程序就是一个编译器，即"助记符"和"指令"是一一对应的，这种对应关系被表达为一些转换规则，而汇编程序仅需将源程序一行行地读取出来，与转换规则进行简单的匹配，便可将一行行源程序翻译成与其对应的机器语言程序，汇编过程如图 4-17 所示。用汇编语言编写程序显然比用机器语言编写程序方便得多。很多新型硬件的设计者在设计了新的指令系统后，都要提供一套类似的汇编语言，同时还提供一个"汇编程序"，让人们既能用该语言书写程序，又能用"汇编程序"将其转换成机器语言程序，从而被新型硬件识别和执行。因此，汇编语言被称为"面向机器的语言"。

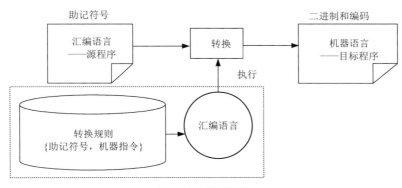

图 4-17　汇编过程

（2）高级语言与编译器

虽然用汇编语言编写程序比用机器语言编写程序方便，但是仍有许多不便之处，如用指令方式书写程序不方便。

【例 4.17】　使用汇编语言编写实现"7+10=17"的加法程序。

解：　MOV　　AX,0007

　　　　MOV　　BX,0010

　　　　MOV　　CX,AX

　　　　ADD　　CX,BX

在使用汇编语言编写程序时，不仅书写不便，还要理解硬件的结构和操作的细节，尤其是在科学计算、工程设计及数据处理等领域常常要进行大量的、复杂的运算。如果算法相对较为复杂，涉及三角函数、开方、对数、指数等运算，那么对于这些运算的处理用汇编语言编写程序就相当困难了。怎样解决这个难题呢？能否像写数学公式"result=7+10"一样编写程序且不需考虑硬件的细节和指令系统呢？这就需要使用高级语言。

人们设计了一套类似自然语言处理的形式，以语句和函数为单位书写程序的规范/标准，被称为高级语言。用高级语言编写的程序被称为高级语言源程序，高级语言编译过程如图 4-18 所示。

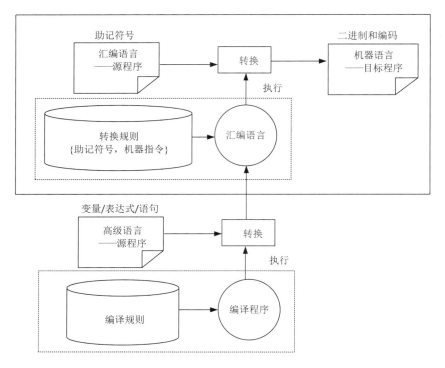

图 4-18　高级语言编译过程

语句是程序中一条具有相对独立性的功能表达单位，如 result=7+10。程序就是由一行行语句构成的。函数是将若干可重复使用的语句或算法组织成一个相对独立的程序，该程序可以被任何程序以其名称来调用执行。例如，求正弦函数的值，只需编制一个独立的程序命名为"sin(x)"，其他程序可以通过调用"sin"名称直接使用该程序，如"y=sin(7)"。高级语言源程序也需要先翻译成机器语言才能被执行，完成这种翻译工作的程序被称为编译器或编译程序。

【例 4.18】　使用高级语言编写实现"7+10=17"的加法程序。

解：result=7+10

也可用函数 add(7，10)

高级语言编译程序不同于汇编语言编译程序，因而不具有将汇编语言编译为机器语言时的一一对应性。高级语言具有如下特性：

① 机器无关性，即人们在用高级语言编写程序时不需知晓和理解硬件的内部结构。

② 高级语言一条语句的功能往往相当于十几条甚至几十条汇编语言的指令，因此编写高级语言程序相对简单，但是翻译工作相当复杂。

（3）可视化构造编程语言

用高级语言编写程序确实很方便，但还是要一条语句一条语句地书写程序，这种编程效率难以应对大规模复杂程序的开发。就像建高楼一样，如果都是一块砖一块砖地堆砌，那么一年能够建成几栋楼呢？现在通常采用的框架结构使用基本的建筑构件通过组

装完成楼房的建设，软件程序开发能否借鉴这一思想呢？可视化构造语言示例如图 4-19
所示，给出了一种构件化开发方法的示意。

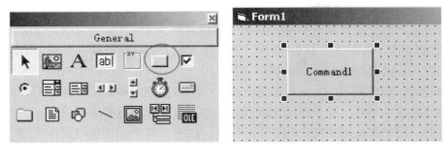

图 4-19　可视化构造语言示例

将从前由一条条语句编写完成的功能聚合成为具有较大功能的命令，这被称为"语言积木块"，如图 4-19 左图中的"按钮""文本框""标签"。如图 4-19 右图是应用了"按钮"后的编程界面，它们的背后是一组能够实现该积木块功能的复杂程序。将功能分成两部分：一部分是应用程序员必须关心的部分，如文本框的长度和文本框输入的内容等；另一部分是应用程序员不需关心的部分，如文本框在界面上的显示、运行、接收一个个字母符号的输入及其过程控制细节。这种以可视化操作方式进行编程的语言又称为可视化构造编程语言。当有了这些"语言积木块"后，开发程序便是利用这些"语言积木块"组合，应用程序员可以像搭积木一样，拖拽这些"语言积木块"构造复杂的应用程序，提高了程序编写效率和可移植性。

可移植性是指在某一个计算机系统上编写的程序移植到其他不同计算机系统上去运行的难易程度。可移植性是面向对象程序设计的主要特征。

机器语言和汇编语言由于直接使用机器硬件资源，在程序设计过程中可以充分考虑具体机器的结构，因此其程序执行效率高，该程序设计称为结构化程序设计。

结构化程序设计和面向对象程序设计促进了程序的系统化。

4. 结构化分析和设计方法

（1）结构化分析方法

结构化分析方法（SA 方法）是结构化程序设计理论在软件需求分析阶段的运用。SA 方法是面向数据流进行需求分析的方法，采用自顶向下、逐层分解的方法建立系统的处理流程，以数据流图和数据字典为主要工具，建立系统的逻辑模型。

下面是结构化分析方法的一般步骤。

1）通过用户调查，以软件需求为线索，获得当前系统的具体模型。

2）去掉具体模型中的非本质因素，抽象出当前系统的逻辑模型。

3）根据计算机的特点，分析当前系统与目标系统的差别，建立目标系统的逻辑模型。

4）完善目标系统并补充细节，写出目标系统的软件需求规格说明。

5）评审直到确认完全符合用户对软件的需求。

结构化分析方法的基本思想是"分解"和"抽象"。分解是指对于一个复杂的系统，为了将复杂性降低到可以掌握的程度，可以把大问题分解成若干小问题，然后分别解决。

抽象是指分解可以分层进行，即先考虑问题最本质的属性，暂时把细节省略，以后再逐层添加细节，直至涉及最详细的内容。

（2）结构化分析常用工具

数据流图与数据字典结合构成了系统的逻辑模型。

1）数据流图。数据流图即 DFD 图，它以图形的方式描绘数据在系统中流动和处理的过程，它只反映系统必须完成的逻辑功能。

根据层级，数据流图分为顶层数据流图、中层数据流图和底层数据流图。顶层数据流图说明了系统的边界，即系统的输入和输出数据流，顶层数据流图只有一张。中层数据流图是对父层数据流图中某个加工进行细化，而它的某个加工也可以再次细化，中间层次的多少，一般视系统的复杂程度而定。底层数据流图是指其加工不能再分解的数据流图，其加工称为基本加工。

数据流图由四种基本成分构成：数据流、数据处理、数据存储和数据实体。数据流图的组成符号如图 4-20 所示。

图 4-20　数据流图的组成符号

数据流：是数据在系统内传播的路径，由一组成分固定的数据组成。例如，订票单由旅客姓名、年龄、单位、身份证号、日期、目的地等数据项组成。由于数据流是流动中的数据，因此必须有流向，除了与数据存储之间的数据流不用命名外，数据流应当用名词或名词短语命名。

数据处理（加工）：需要接收一定的数据输入，对其进行处理，并产生输出。

数据存储（文件）：表示信息的静态存储，可以代表文件、文件的一部分、数据库的元素等。

数据实体：是数据源（终点），代表系统之外的实体，可以是人、物或其他软件系统。

【例 4.19】　某企业销售管理系统的功能如下，画出顶层数据流图和 1 层数据流图。

①　接受顾客的订单，检验订单，若库存有货，则进行供货处理，即修改库存，给仓库开具备货单，并且将订单留底；若库存量不足，则将缺货订单登入缺货记录。

②　根据缺货记录进行缺货统计，将缺货通知单发给采购部门，以便采购。

③　根据采购部门发来的进货通知单处理进货，即修改库存，并从缺货记录中取出缺货订单，进行供货处理。

④　根据留底的订单进行销售统计，打印统计表给经理。

解：顶层数据流图如图 4-21 所示。

1 层数据流图如图 4-22 所示。

2）数据字典。数据字典是结构化分析方法的核心。数据字典是对数据流图中的数据元素加以定义，是对所有与系统相关的数据元素的一个有组织的列表，使得用户和系统分析员对于输入、输出、存储成分和中间计算结果有共同的理解。

图 4-21　某企业销售管理系统的顶层数据流图

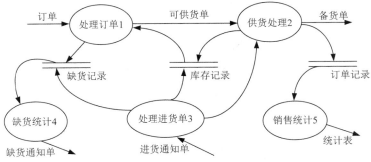

图 4-22　某企业销售管理系统的 1 层数据流图

数据字典的作用是对数据流图（DFD）中出现的被命名的数据元素的确切解释。

通俗地说，数据字典包含的信息有名称、别名、何处使用、如何使用、内容描述、补充信息等。

准确地说，数据字典中主要有数据流、文件、数据项、加工四种类型的条目。

3）判定树。使用判定树进行描述时，应当先从问题定义的文字描述中分清哪些是判定的条件，哪些是判定的结论，根据描述材料中的连接词找出判定条件之间的从属关系、并列关系、选择关系，根据它们构造判定树。

【例 4.20】　请使用判定树计算乘客行李费。航空行李托运费规定：重量不超过 30kg 的行李可以免费托运。当行李重量超过 30kg 时，对超运部分，头等舱国内乘客收费 4 元/kg；其他舱位国内乘客收费 6 元/kg；外国乘客的收费为国内乘客的两倍；残疾乘客的收费为普通乘客的 1/2。

解：使用判定树完成乘客行李费的算法如图 4-23 所示。

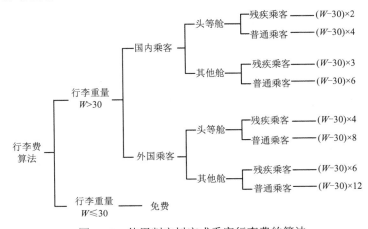

图 4-23　使用判定树完成乘客行李费的算法

4）判定表。当数据流图中的加工需要依赖多个逻辑条件的取值时，使用判定表较为适宜。

【例 4.21】　请使用判定表完成乘客行李费的算法。航空行李托运费的规定：重量不超过 30kg 的行李可以免费托运。当重量超过 30kg 时，对超运部分，头等舱国内乘客收费 4 元/kg；其他舱位国内乘客收费 6 元/kg；外国乘客的收费为国内乘客的两倍；残疾乘客的收费为普通乘客的 1/2。

解：使用判定表完成乘客行李费的算法如图 4-24 所示。

	Rules								
	1	2	3	4	5	6	7	8	9
国内乘客		T	T	T	T	F	F	F	F
头等舱		T	F	T	F	T	F	T	F
残疾乘客		F	F	T	T	F	F	T	T
行李重量 $W \leqslant 30$	T	F	F	F	F	F	F	F	F
免费	√								
$(W-30) \times 2$				√					
$(W-30) \times 3$					√				
$(W-30) \times 4$		√						√	
$(W-30) \times 6$			√						√
$(W-30) \times 8$						√			
$(W-30) \times 12$							√		

图 4-24　使用判定表完成乘客行李费的算法

（3）结构化设计方法

结构化设计方法（SD 方法）是将结构化分析阶段形成的系统逻辑模型转换成一个具体的物理方案，分为总体设计（系统设计）和详细设计（模块设计）两个阶段。软件设计规格说明是软件设计阶段的最终成果，包括总体设计阶段的软件结构描述和详细设计阶段的软件元素的细节。

总体设计的主要步骤：设想可能的方案；选择合适的方案；选择最佳方案；功能分解；软件结构设计；数据库设计；制定测试计划；编制文档；审查与复审。

详细设计的任务是具体考虑每个模块内部采用什么算法、模块的输入输出及该模块的功能。

1）结构图。软件结构图是软件系统的模块层次结构，反映了整个系统的功能实现，往往用网状结构或树状结构的图形来表示。某网上书店内部管理系统结构图如图 4-25 所示。

结构图主要包括四种成分：模块、调用、模块间信息传递和辅助符号。结构图的主要形态特征是深度（模块的层数）、宽度（一层中最大的模块个数）、扇出（一个模块直接调用下属模块的个数）和扇入（一个模块直接调用上属模块的个数）。

2）由数据流图导出结构图。数据流图表达了问题中的数据流和加工之间的关系，每个加工对应一个处理模块。由数据流图导出结构图的关键就是找出中心加工。中心加工有变换型和事务型两种存在形式。

变换型的中心加工称为主加工。变换型数据处理问题的工作过程大致分为三步，即取得数据、变换数据和输出数据。变换型系统结构图由输入、中心变换和输出三部分组成。

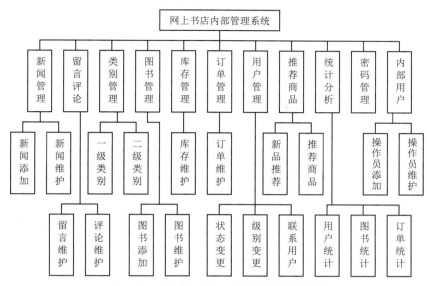

图 4-25　某网上书店内部管理系统结构图

事务型的中心加工称为事务处理中心。事务处理中心把数据流图分离成若干活动路径，每条活动路径不能作为输入或输出，只能进一步处理。

变换分析是将变换型数据流图映射成软件系统结构图；事务分析是将事务型数据流图映射成软件系统结构图。变换分析和事务分析可以应用于同一个数据流图的不同部分。当数据流图具有明显的事务特性时，建议采用事务分析，其他情况则采用变换分析。

3）模块独立性评价。模块的独立程度是评价软件设计好坏的重要度量标准。衡量软件的模块独立性使用耦合性和内聚性两个定性的度量标准。其中，耦合性用来度量模块之间的相互联系程度；内聚性是度量一个模块内部之间的紧密程度。

耦合性与内聚性作为衡量模块独立性的两个定性度量标准，耦合与内聚是相互关联的。在程序结构中，若各模块的内聚性越强，则耦合性就越弱。一般情况下，较为优秀的软件设计应当尽量做到高内聚、低耦合，即减弱模块之间的耦合性和提高模块内部的聚合性，有利于提高模块的独立性。

5. 面向对象分析与设计方法

目前，面向对象方法是主流软件开发方法之一。从计算机的角度来看，对象就是一个包含数据及与这些数据有关的操作的集合。面向对象技术就是运用对象、类、继承、封装、消息、结构与连接等面向对象的基本概念对问题进行分析、求解的系统开发技术。

（1）面向对象的基本概念

1）对象：面向对象的程序设计中涉及的对象是系统中用来描述客观事物的一个实体，是构成系统的一个基本单位，它由一组表示其静态特征的属性和它可执行的一组操作组成。

2）类和实例：类是具有共同属性、共同操作性质的对象的集合。类是对象的抽象，它描述了属于该对象类型的所有对象的性质，而一个对象则是其对应类的一个实例。例如，茶花、玫瑰等是具体的花，抽象之后得到"花类"。

3）方法：方法是允许作用于某个对象上的各种操作。

4）消息：消息是对象之间进行通信的方式，是用来请求对象执行某一处理或者回答某一要求的信息。

5）继承：继承是面向对象的一个重要特征。继承是使用已有的类的定义作为基础建立新类的定义技术。广义地说，继承是指子类能够直接获得父类已有的性质和特征而不必重复定义。例如，"公马"可以继承"马"的性质和特征，并且"公马"还有自己特有的性质和特征。

6）封装：封装是一种信息隐蔽技术，其目的是将对象的使用者与对象的设计者分开。用户只能看见对象封装界面的信息而不必知道实现的细节。封装不仅将相关信息结合在一起，同时还简化了接口。

7）多态性：不同的对象在接收相同的消息后可能导致完全不同的行动，该现象称为多态性。多态性机制不仅增加了面向对象软件系统的灵活性，而且提高了软件的可重用性和可扩充性。

（2）面向对象技术的优点

面向对象技术的优点主要体现在以下3个方面。

1）可重用性好。软件重用是指在不同的软件开发过程中重复地使用相同或相似软件元素的过程，是提高软件生产效率的最主要的方法。面向对象的软件开发技术有两种方法可以重复使用一个对象类：①创建该类的实例，从而直接使用它；②从它派生出一个满足当前需要的新类。

2）可维护性好。面向对象技术特有的继承机制，使得对所开发软件的修改和扩充较为容易实现，通常只需从已有的类派生出一些新类，而无需修改软件原有成分。面向对象技术的多态性机制，使得当扩充软件功能时，对原有代码的修改进一步减少，需要增加的新代码也较少。

3）表示方法的一致性。面向对象方法在系统的整个开发过程中都采用一致的表示方法，这不仅加强了分析、设计和实现之间的内在一致性，而且改善了用户、分析员和程序员之间的信息交流。

4.3.3　操作系统对设备的分层控制

1．操作系统

操作系统（operating system，OS）是控制和管理计算机的硬件和软件资源，以合理有效的方法组织多个用户共享多种资源的程序集合。在计算机系统中，操作系统位于计算机硬件和用户之间，一方面它向用户提供接口，方便用户使用计算机；另一方面它能够管理计算机的硬件和软件资源。其他所有软件必须依赖操作系统的支持，获取操作系统提供的服务。

（1）操作系统的基本功能

操作系统的基本功能包括中央处理器的控制与管理、存储器的分配与管理、外部设备的控制与管理、文件的控制与管理和作业的控制与管理5个方面。

（2）操作系统的分类

按照操作系统的功能进行分类，操作系统可分为批处理操作系统、分时操作系统、实时操作系统、单用户操作系统、多用户操作系统、网络操作系统和分布式操作系统等。

2．进程

进程是计算机中的程序关于某数据集合上的一次运行活动。一个程序可以包含多个进程。与进程联系在一起的行为的当前状态称为进程状态，这个状态包含正在执行的程序的当前位置（程序计数器的值）、CPU 中其他寄存器的值及相关的存储单元。简单来说，进程状态就是计算机在特定时刻的"快照"，在程序执行期间的不同时刻，人们将观察到不同的进程状态。在现代操作系统中，需要将程序与执行该程序的行为区别开来。程序是一组有序的静态指令。进程是程序的一次执行过程，是系统进行资源分配和调度的独立单位，其属性会随着时间的推进而改变。

（1）竞争控制

操作系统的一个重要任务是将计算机的各种资源合理地分配给系统中的各个进程。例如，文件管理程序分配文件的访问权和新建立文件需要的磁盘空间；内存管理程序分配内存空间；调度程序在进程表中为进程分配空间；分配程序为进程分配时间片。这种任务分配方式乍看很简单，而实际上，对于没有设计好的操作系统而言，几个小错误就可以让系统崩溃。计算机不会自己思考，它仅仅是遵循指令办事。因此，为了构建一个可靠的操作系统，必须开发能够应对各种突发情况的算法，而不管这些突发情况出现的概率有多小。

（2）临界资源

操作系统对计算机资源竞争控制的最重要的任务就是管理对临界资源的访问。临界资源是指计算机系统中在同一个时刻只能由一个进程使用的资源，如硬件资源中的打印机和软件资源中的变量、表格、队列等。对临界资源的使用采用互斥的方式，即必须一个进程使用完之后另一个进程才能使用。

（3）死锁

操作系统在资源分配中可能发生死锁问题。死锁是多个进程因竞争资源而造成的一种僵局，若无外力干预，则这些进程都将永远不能继续运行。

【例 4.22】　日常生活中常见的死锁问题。

假设一个进程可能已有对打印机的访问权，同时它还在等待访问 CD 播放机；而同时，另一个进程已经获得 CD 播放机的访问权，却在等待访问打印机。那么这两个进程就会陷入死锁，无限期地等待对方已获取的资源。现实生活中的交通堵塞也是死锁的一个实例，在交通堵塞的情况下，所有的车都必须停下来。

死锁的发生归根到底源于对资源的竞争。因为大家都想得到某种资源，但是又不能很容易地得到所有资源，所以在争夺的僵局中导致任何人都无法继续前进。

死锁的出现是一种巧合，但是只要出现了死锁就会影响整个操作系统的运行。只有满足以下全部条件时，才会出现死锁。

1）互斥条件。存在对不可共享资源的竞争。

2）请求和保持条件。一个进程接受了某些资源后，稍后还将请求其他资源。

3）不剥夺条件。进程已获得的资源，在其使用完之前，不被外力剥夺。

4）环路等待条件。进程推进顺序不当，出现占有资源又相互等待其他进程已获得资源的现象。

确定死锁必要条件的意义在于只要保证其中任意一个条件不成立，就可以避免死锁。

通过下述措施可以预防死锁的发生。例如，一次性将资源全部分配，或者当请求的资源得不到满足时释放已分配的资源，或者对资源的申请必须按照一定的顺序进行。

将不可共享的资源转变为可共享的资源也是解决死锁问题的方法之一。

【例 4.23】 假定出问题的资源是打印机，各种进程都请求使用它。如何解决打印机的死锁问题？

解： 每当一个进程请求使用打印机时，操作系统都会批准这个请求，但是操作系统不是把这个进程连接到打印机的设备驱动程序上，而是将其连接到一个虚构的设备驱动程序上，该驱动程序将要打印的信息存放在海量存储器中，而不把它们发送到打印机上。于是，每个进程都认为它访问了打印机，因此能够正常工作。当打印机可用时，操作系统可以把数据从海量存储器中传送到打印机上。这样，操作系统通过建立多个虚构的打印机，把不可共享的资源似乎变成了可以共享的资源。这种保存数据供以后在合适的时候输出的技术称为假脱机技术，它广泛应用于各种规模的计算机。

相对人们的期望值来说，现代操作系统发生死锁的频率还是较高的。解决死锁的办法也很简单，即重新启动系统或者停止部分进程。至于由重新启动系统或者停止部分进程造成的不良后果，则由用户自己承担。

死锁状态的分析、预防和解决方案是对系统稳定性和系统安全性的一种控制方案。

3. 分时与并行控制

在同一时刻内存中会有多个进程存在，而 CPU 只有一个。CPU 的调度策略尤其是并行调度策略和分布式调度策略一直是计算机学科研究的热点，网格计算、云计算、分布式计算等都与这些策略有关。操作系统并行调度是指一个作业被一台机器的操作系统拆分成若干个可分布与并行执行的小作业，通过局域网或互联网传送到不同的机器，由不同机器的操作系统控制其 CPU 执行，实现网络上多台计算机并行完成一个作业。

（1）分时调度策略

操作系统可以支持多用户同时使用计算机，即一个 CPU 执行多个进程。怎样使所有进程及其相关的用户都感觉到其独占 CPU 呢？人们提出了分时调度策略，即把 CPU 的被占时间划分成若干时间段，每一段的间隔特别小，CPU 按照时间段轮流执行每个进程，从而使得每个进程都感觉其在独占 CPU，从而有效地解决了单一资源的共享使用问题。

（2）多处理机调度策略

分时调度策略解决了多任务共享使用单一资源的问题。如果任务很大，计算量很大，就需要多个 CPU 协同解决问题。多处理机调度策略是将一个大计算量的任务先划分成若干个由单一 CPU 解决的小任务，当这些小任务被相应的 CPU 执行完后，再将其结果合并处理形成最终的结果返回给用户。

多处理机调度策略是采用分布式或并行方式调度策略来求解大型计算任务的相关问题。例如，典型的"线程"可以看作描述小任务的一个程序，多线程技术可以控制多个计算机协同进行问题求解。

计算思维——协作

在解决并发、并行、同步、死锁、事件、服务等问题时，需要实现多个自主计算主体之间的有效配合和时序控制。协作是指在目标实施过程中，系统与系统之间、模块与模块之间、个体与个体之间通过信息联系实现协调与配合。

---

4. 操作系统中的计算思维

操作系统在解决计算机自身问题时处处体现了精妙的计算思维。

【例4.24】　CPU调度算法中的计算思维。

CPU管理调度的进程/线程数量众多。在调度过程中，如何协调进程/线程顺利地推进并保证不产生死锁，这是提高整个系统的效率必须解决的一个重要问题。在多CPU环境下又该如何发挥多CPU的优势呢？操作系统课程中的"多道程序设计"技术为此提供了很好的调度策略。

在日常生活中，也会遇到需要安排好工作流程并尽量提高工作效率的问题。例如，朋友到家里来做客，主人准备做两个菜招待朋友，此时如何用最短的时间把菜准备好呢？首先，把每个菜的制作流程进行抽象，假设做每个菜分别需要3个步骤：泡洗、刀切、烹煮。另外，米饭单独使用电饭锅烹制。通过抽象，两个菜的制作过程可以按照计算机执行指令的流水线作业方法完成。第一个菜泡洗完后刀切的同时可以泡洗第二个菜，第一个菜切完后进行烹煮的同时可以切第二个菜，在做菜的同时可以并行处理电饭锅做饭。整个过程井然有序，用最短的时间完成了所有任务。CPU调度算法对于医院的挂号、列车调度、餐厅下单管理等都有非常好的借鉴作用。操作系统中的计算思维帮助用户解决了大量的实际问题。

【例4.25】　存储空间管理中的计算思维。

操作系统的另一个重要任务是对存储空间的管理。计算机中的主要存储空间包括寄存器、缓存、主存、外存，其访问时间和存储容量依次递增。在CPU访问过程中，最需要被访问的内容尽量保存在能够最快被访问到的位置。由于价格原因，速度快的存储器往往存储空间有限，操作系统中使用的缓冲和虚拟存储的机制很好地解决了存储空间和存取速度的冲突问题。例如，虚拟内存的引入实现了内存的高速存取与外存的大容量存储的完美结合。

这种思维可以用来解决实际问题。例如，使用有限的脑容量有效处理和记忆信息。假设将大脑记忆区抽象为内存，虽然空间有限，但是可以快速访问家庭地址、账号密码等最重要的信息，其他不重要的或暂时不用的信息可以使用手机、计算机、网络等外部工具进行存储。通过记忆获得信息的手段或许比记忆信息本身更能解决好脑容量和信息量的冲突问题。

计算思维使得人类处理信息的方式发生了重大改变。换句话说，虽然人不一定能够"学富五车"，但是却依然可以从容地应对大量不断增长的信息。

4.3.4　软件系统的生命周期

软件产品从提出、实现、使用维护到停止使用退役的过程称为软件生命周期。软件生命周期包括软件定义、软件开发和软件维护 3 个时期。

1. 软件生命周期的 8 个阶段

通常把软件生命周期划分为 8 个阶段：问题定义、可行性研究、需求分析、系统设计、详细设计、编码、测试和运行维护。对于每个阶段，都明确规定了该阶段的任务、实施方法、实施步骤和完成标志，其中特别规定了每个阶段需要产生的文档。软件生命周期的 3 个时期和 8 个阶段如图 4-26 所示。

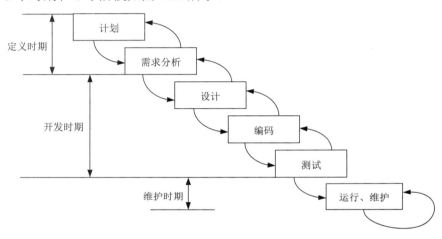

图 4-26　软件生命周期的 3 个时期和 8 个阶段

1）问题定义的目的是确定问题的性质、工程目标及规模。

2）可行性研究是用最小的代价在尽可能短的时间内确定问题是否能够解决，包括经济可行性、技术可行性、法律可行性、开发方案的选择等方面的研究。

3）需求分析是指用户对目标软件系统在功能、行为、性能、设计约束等方面的期望。需求分析的任务是发现需求、求精、建模和定义需求的过程。

4）系统设计的任务是建立软件系统的总体结构，子系统划分，并提出软件结构图。

5）详细设计的任务是确定软件结构图中每个模块的内部过程和结构。

6）编码阶段的任务是按照选定软件的程序语言，将模块的过程性描述翻译成程序。

7）测试阶段的工作包括两个方面：①检查文档是否符合要求；②测试程序是否有逻辑错误和功能错误。

8）运行维护的实质是对软件不断查错、纠错和改错。软件维护包括程序代码维护和文档维护两个方面。

2. 主要的软件生命周期模型

（1）瀑布模型/改进的瀑布模型

瀑布模型要求软件开发严格按照需求→分析→设计→编码→测试的阶段顺序进行，

每个阶段都可以定义明确的产出物和验证准则。瀑布模型在每个阶段完成后都可以组织相关的评审和验证，只有在评审通过后才能进入下一个阶段。

　　瀑布模型虽然存在很多有待解决的问题，但它仍然是最基本的和最有效的可供选择的一种软件开发生命周期模型。瀑布模型如图 4-27 所示。

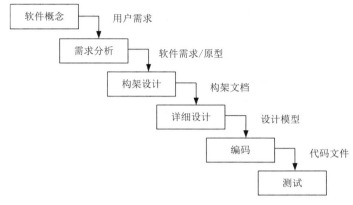

图 4-27　瀑布模型

【例 4.26】　瀑布模型的优点和缺点。

　　瀑布模型的优点是可以保证整个软件产品有较高的质量，保证缺陷能够提前被发现和解决。此外，采用瀑布模型可以保证系统在整体上的充分把握，使系统具备良好的扩展性和可维护性。瀑布模型的缺点是对于前期需求不明确、不确定性因素多的项目，很难利用瀑布模型。另外，对于中小型项目，需求设计和开发人员往往在该项目开始后就全部投入项目，而不是分阶段投入。因此采用瀑布模型会导致该项目人力资源冗余闲置的情况，这也是采用瀑布模型进行系统开发必须要考虑的问题。

　　（2）螺旋模型

　　螺旋模型遵从瀑布模型"需求→架构→设计→开发→测试"的路线。螺旋模型最大的价值在于整个开发过程是迭代的和风险驱动的，即将瀑布模型的多个阶段转化到多个迭代过程中以减少项目的风险。螺旋模型的每次迭代都包含 6 个步骤：①确定目标、替代方案和约束；②识别和解决项目的风险；③评估技术方案和替代解决方案；④验证本次迭代的交付物和迭代产出的正确性；⑤计划下一次迭代；⑥提交下一次迭代的步骤和方案。螺旋模型如图 4-28 所示。

【例 4.27】　螺旋模型适用于哪一类项目的问题求解？

　　螺旋模型随着项目成本投入不断增加，风险逐渐减小，有利于项目的管理和跟踪，在每次迭代结束后都需要对产出物进行评估和验证，适用于被发现无法继续进行下去必须及早终止的项目。螺旋模型强调风险分析，在需求不明确的情况下，更适合大型复杂软件系统的开发，以及大型的昂贵系统级的软件应用。螺旋模型对于每次迭代都需要制定清晰的目标，分析相关的关键风险和计划中可以验证和测试的交付物，这并不是一件容易的事情。因此，除非软件开发人员具有丰富的风险评估经验和这方面的专门知识，否则将出现真正的风险：当项目实际上正在走向灾难时，开发人员可能还认为一切正常。

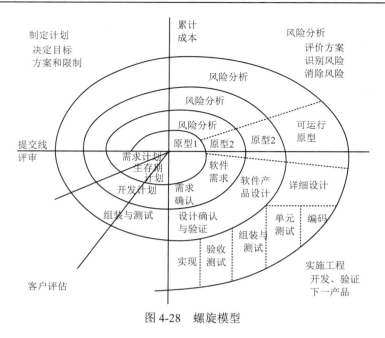

图 4-28　螺旋模型

（3）增量和迭代模型

统一软件过程（rational unified process，RUP）是一个面向对象且基于网络的程序开发方法论。增量和迭代模型是 RUP 中常采用的软件开发生命周期模型。RUP 迭代的目的在于逐步求精而不仅仅是完成瀑布模型某一阶段的工作。增量和迭代两者有区别，但又经常一起使用。因此这里有必要先解释增量和迭代的概念。

假设现在要开发 A、B、C、D 四个大的业务功能，开发每个功能都需要两周的时间。可以采用增量方法将四个功能分为两次增量来完成，第一次增量完成 A、B 功能，第二次增量完成 C、D 功能；而对于迭代开发而言则是分两次迭代来开发，第一次迭代完成 A、B、C、D 四个基本业务功能，但是不含复杂的业务逻辑，而第二次迭代再逐渐细化补充完整相关的业务逻辑。在第一个月过去后采用增量开始的时候，A 和 B 全部开发完成，而 C 和 D 还一点都没有动；采用迭代开发的时候，A、B、C、D 四个基本功能都已经完成。

迭代不是并行，在每次迭代过程中仍然要遵循"需求→设计→开发"的瀑布过程。迭代周期的长度跟项目的周期和规模有很大关系。小型项目可以一周迭代一次，而对于大型项目则可以 2～4 周迭代一次。

如果项目没有一个很好的架构师，很难规划出每次迭代的内容和要达到的目标，以及验证相关的交付和产出。因此，迭代模型虽然能够很好地满足给用户的交付、满足用户需求的变化，但却是一个很难真正用好的模型。

【例 4.28】　螺旋模型与 RUP 的区别。

螺旋模型的每次迭代只包含了瀑布模型的某一个或某两个阶段。例如，第二次迭代的重点是需求，第三次迭代的重点是总体设计和后续设计开发计划等。这与 RUP 提倡的迭代模型是有区别的。RUP 强调每次迭代都包含了需求、设计与开发、测试等各个过程，而且每次迭代完成后都是一个可以交付的原型。

（4）原型法

原型一般都不是单独采用的一种生命周期模型，往往会结合瀑布模型及增量和迭代模型等方法一起使用。因此，可以将螺旋模型理解为"瀑布+迭代+原型+风险"的一种生命周期模型。对于迭代开发来讲，每个迭代周期的产出都可以看作下一个阶段要精化的原型。而对于瀑布模型开发来讲，在需求阶段也可以进行界面建模和操作建模，形成初步原型后与用户做进一步的需求沟通和确认。

【例 4.29】　通常哪类系统会采用原型法作为开发模型。

当用户没有使用信息系统的经验、系统分析员也没有足够的用户需求挖掘和分析经验时，更需要一个启发式的需求调研和分析过程，而原型正是这种很好的启发式的方法，可以快速地挖掘用户需求并与用户达成需求理解上的一致。否则，即便是双方都签字认可的需求，往往也不是用户真正想要的东西。

（5）快速和敏捷开发

敏捷的目的是减少繁重的和不必要的工作的输出，提高效率。一般将快速和敏捷开发方法作为方法论，但事实上可以将其作为一种软件开发生命周期模型。敏捷开发不必对这个系统进行过分的建模，只要基于现有的需求进行建模即可，待日后需求有变更时再重构这个系统，尽可能地保持模型的简单化。

在敏捷开发中，软件项目在构建初期被切分成多个子项目，各个子项目的成果都经过测试，具备可视、可集成和可运行使用的特征。换言之，就是把一个大项目分为多个相互联系的可独立运行的小项目，并分别完成，在此过程中软件一直处于可使用状态。

【例 4.30】　敏捷过程如何驾驭变化，保持客户的竞争优势。

敏捷注重市场快速反应能力，优先要做的是通过尽早地、持续地交付有价值的软件来使客户满意。即使到了开发的后期，也欢迎改变需求。在整个项目开发期间，业务人员和开发人员必须天天都在一起工作，及时讨论项目开发过程中出现的各种问题及其解决方案。业务人员要有足够的权限和能力提供建构中的系统的相关信息，及时、中肯地作出和需求相关的决策并决定它们的优先级。开发团队每隔一段时间要在"如何才能更有效地工作"方面进行反省，然后对自己的行为相应地进行调整。敏捷注重人员的沟通，忽略了文档的重要性，倘若项目人员流动太大，又给项目文档的维护带来不少难度，特别是当项目存在新手较多的情况时，会使项目开发工作陷入瓶颈。

4.3.5　软件系统的测试、部署与运行

系统的实现不仅包括模型的建立和程序的编写工作，还包括系统的测试、部署和运行等工作。一般而言，软件系统的产生与交付需要涉及开发环境、测试环境和应用环境，围绕这 3 个环境展开的工作分别是软件开发、软件测试和软件应用。

1. 软件调试与软件测试

在对程序进行成功测试之后，将进行程序调试（排错）。程序调试的任务是诊断和修正程序中的错误。

软件测试是指在精心控制的环境下执行程序，目的是发现程序中的错误，给出程序可靠性的鉴定。成功的测试是指发现程序中至今尚未发现的错误的测试。

（1）软件调试与软件测试的关系

软件测试与软件调试在目的、技术和方法等方面存在很大的区别，主要表现如下。

1）软件测试是找出软件已经存在的错误；调试是定位错误，通过修改程序来修正错误。

2）测试从已知条件开始，使用预先定义的程序，并且有预知的结果；调试一般是从不可知的内部条件开始，除统计性调试外，其结果不可预见。

3）测试是有计划的，需要进行测试设计；调试是不受时间约束的。

4）测试经常是由独立的测试组在不了解软件设计的条件下完成的；调试必须由详细了解软件设计的开发人员完成。

5）测试发现错误后，可以进行调试并修正错误；调试后的程序还需进行回归测试，以检验调试的效果，同时也可以防止在调试过程中引进新的错误。

（2）软件调试方法

常用的几种调试方法有强行排错法、回溯法、演绎法、归纳法和对分查找法。

1）强行排错法。强行排错法的过程可以概括为设置断点、程序暂停、观察程序状态、继续运行程序。强行排错法涉及的调试技术主要是设置断点和监视表达式。

2）回溯法。回溯法适用于小规模程序的排错，即一旦发现错误，先分析错误征兆，确定最先发现"症状"的位置。然后从发现"症状"的地方开始，沿着程序的控制流程逆向跟踪源程序代码，直至找到错误根源或者确定出错的位置。

3）演绎法。演绎法是从一般原理或前提出发，经过排除和精化的过程推导出结论。

4）归纳法。归纳法是一种从特殊推断出一般的系统化思考方法。它的基本思想是从一些线索着手，通过分析寻找潜在的原因，从而找出错误。

5）对分查找法。对分查找法的基本思想是：若已知每个变量在程序中若干个关键点的正确值，则可以使用定值语句（赋值语句、输入语句等）在程序中的某一点附近给这些变量赋正确值，然后运行程序并检查程序的输出。

（3）软件测试方法

软件测试的准则：所有测试都应追溯到用户需求；严格执行测试计划，排除测试的随意性；注意测试中的群集现象；程序员应当避免检查自己的程序；穷举测试是不可能的；妥善保存测试计划、测试用例、出错统计和最终分析报告，为维护提供方便。

软件测试方法多种多样。从是否需要执行被测软件的角度，软件测试方法可分为静态测试与动态测试。

1）静态测试与动态测试。静态测试一般是指人工评审软件文档或程序，借以发现其中的错误。静态测试包括代码检查、静态结构分析、代码质量度量等。动态测试通常是指上机测试，这种方法是使程序有控制地运行，并从多角度观察程序运行时的行为，借以发现其中的错误。测试是否能够发现错误取决于测试实例的设计。动态测试的设计测试实例方法一般有两类：白盒测试方法和黑盒测试方法。

2）白盒测试方法与测试用例设计。白盒测试也称结构测试或逻辑驱动测试。白盒测试是根据软件的内部工作过程检查软件内部的逻辑结构，以确认每种内部操作是否符合设计要求。白盒测试方法是根据程序的内部逻辑来设计测试用例的。它涉及程序设计风格、控制方法、源语句、数据库设计和编码细节等。白盒测试方法主要包括语句覆盖、路径覆盖和条件覆盖。语句覆盖：选择足够的测试用例，保证程序中每条语句至少执行一次。路径覆盖：执行足够的测试用例，使程序中所有可能的路径至少经历一次。条件覆盖：设计的测试用例确保程序中的每个判定条件的每个取值至少经历一次。

3）黑盒测试方法与测试用例设计。黑盒测试是对软件已经实现的功能是否满足需求进行测试和验证。黑盒测试方法根据程序的功能说明来设计测试用例。黑盒测试方法包括等价类划分法、边界值分析法和错误推测法。等价类划分法是将程序所有可能的输入数据划分成若干个等价类，然后从每个等价类中选取具有代表性的数据作为测试用例。边界值分析法是对程序输入或输出的边界值进行测试的一种黑盒测试方法。错误推测法的基本思想是列出程序中可能出现的错误或容易发生错误的特殊情况，根据它们选择测试方案。

（4）软件测试的实施

软件测试过程主要包括单元测试、集成测试和系统测试。

1）单元测试。单元测试是对软件设计的最小单位（模块或程序单元）进行正确性检验的测试。单元测试的目的是发现各模块或程序单元内部可能存在的各种错误。

2）集成测试。集成测试是测试和组装软件的过程。集成测试的内容包括软件单元的接口测试、全局数据结构测试、边界条件和非法输入测试等。

3）系统测试。系统测试的目的是在真实系统工作环境下检验软件能否与系统正确连接，发现软件与系统需求不一致之处。系统测试的具体实施一般包括功能测试、性能测试、操作测试、配置测试、外部接口测试、安全性测试等。

2. 软件应用

软件应用包括系统的部署和运行，是一项复杂的系统工程，需要人、硬件、软件等方面的有机配合，其过程往往需要用正确的方法论指导和控制。

【例 4.31】　以库存管理系统为例，分析系统部署和运行需要处理的具体问题。

在企业中构建系统需要考虑企业本身条件及管理需求，建立系统基础环境，铺设网线、搭建硬件平台、搭建软件平台。基础环境建立后，将软件系统安装/部署到企业的运行环境中；在客户机或应用服务器上安装系统的客户端或服务器端；建立数据库、表、视图等；对系统进行测试。应用软件系统安装部署完成后，设置系统用户及用户权限，将企业中的所有编码数据、系统运行之前的初始数据、参照/标准数据、过程描述数据等输入系统。当数据准备完成后，尝试利用系统来解决问题，验证系统的输出并及时进行调整，若系统通过了试运行，则可宣布系统正式投入使用，待日后系统出现问题时再进行维护和完善，确保系统的正常运行。

基本流程是：环境建设（硬件/软件/网络）→应用软件系统安装及部署→系统配置（用户/权限/客户化）→基础数据准备及系统初始化→系统试运行（用户+业务流程）→系统运行（用户+业务流程）。

4.3.6　系统结构性问题

系统结构是构成系统的各要素之间相互联系、相互作用的方式和秩序，或者说，它是系统联系的全体集合。联系就是系统各要素之间相互作用、相互依赖的关系，是要素构成系统的媒介。软件系统虽然不可见，但是它与建筑系统、汽车动力系统一样，也会存在性能问题、灵活性与适应性问题，以及开发效率、运行效率和维护效率等问题。

1. 软件体系结构

软件体系结构（software architecture）是具有一定形式的结构化元素（组件构件）的集合，通常包括处理组件、数据组件和连接组件。其中，处理组件负责对数据进行加工；数据组件是被加工的信息；连接组件把体系结构的不同部分组合连接起来，使之成为一个整体。

软件体系结构是为软件系统提供一个结构、行为和属性的高级抽象，它从一个较高的层次考虑组成系统的构件、构件之间的连接及由构件与构件交互形成的拓扑结构。

软件体系结构超越计算过程中的算法设计和数据结构设计层，处理算法与数据结构之上关于整体系统结构设计和描述方面的一些问题。软件体系结构由构成系统的元素、这些元素的相互连接和相互作用模式的及这些模式的约束组成。简单而言，体系结构=构件（组件）+连接件+约束（architecture = components + connectors + constraints）。

architecture 与 structure 的差异：两者都可译为结构，但前者是对系统的抽象，刻画系统是什么，因此包含了构件和连接件，通常称为系统结构或体系结构；后者是指构件之间的结构关系，即由连接件构成的框架结构，又称为结构框架。两者有时混用。

随着软件系统的规模和复杂性不断增加，系统全局结构的设计和规划变得比算法的选择及数据结构的设计更重要。全局结构包括：构成元素（构件）的合理划分；构件之间的连接、装配、组合和调用关系；各类构件的组织控制方式、通信同步方式、数据存取协议；各类构件的物理分布、规模和性能、设计方案的选择等。为系统设计一个合适的体系结构是系统取得长远成功的关键因素。路由器结构、CS 结构与 BS 结构都是典型的软件体系结构。

2. 路由器结构

路由器是连接因特网中各局域网、广域网的设备，它会根据信道的情况自动选择和设定路由，以最佳路径按照前后顺序发送信号。路由器是互联网络的枢纽，是网络中的"交通警察"。路由器具有以下功能。

1）表示与存储。存储一系列的路径选择规则，即什么条件选择什么路径。

2）执行。按照请求者给出的条件查找规则，根据找到的规则确定相应的路径（提供者），实现两者的连接。

3）转换。转换是指格式的转换。不同提供者有不同的信息格式，请求者有统一的格式，与不同提供者连接时，由路由器进行相应格式的转换。

【例 4.32】 以"一个电子商务系统期望与一个物流系统实现自动连接"为例，说明路由器结构的系统结构性问题。电子商务系统与物流系统程序调用图如图 4-29 所示。

图 4-29 中给出了两个系统之间的调用关系示意。电子商务系统请求调用物流系统的服务，实现了一个请求者和一个提供者之间的直接连接。该结构在不改变请求者和提供者的前提下，不能再实现请求者和其他提供者之间更多的连接。满足一个电子商务系

统与已知的多个物流提供者实现自动连接服务请求的一种解决方案即是路由器结构。电子商务系统的请求者（程序）调用路由器，并将其期望连接的物流提供者告诉路由器，路由器依据物流提供者标识来选择要调用的目标提供者（程序），不同的提供者返回不同的服务结果。带有路由器的结构连接图如图 4-30 所示。

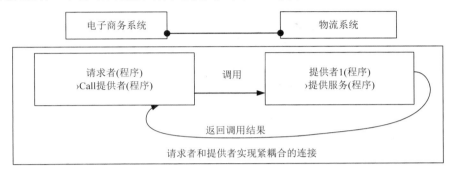

图 4-29　电子商务系统与物流系统程序调用图

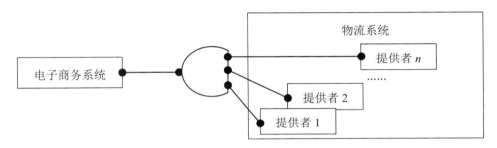

图 4-30　带有路由器的结构连接图

然而，随着需求的进一步扩大，无论是已知的多个电子商务系统的任何一个期望与已知的多个物流系统的任何一个实现自动连接，还是一个电子商务系统期望与当前未知但将来已知的多个物流系统实现自动连接，都需要新的软件结构，如代理结构、Web Service 结构等。（读者可以参阅相关书籍学习和掌握软件结构及其应用）

【例 4.33】　网络代理的自动多连接结构。

代理服务器（proxy server）是在内部网和 Internet 之间的一台主机设备，其功能是代理网络用户取得网络信息。当内部网的用户需要 Internet 上的某一服务时，代理服务器会先将数据取回来，再通知用户。对内部网的所有用户来说，只要有一个代理服务器，就可以同时上网。

3. client/ server 与 browser/server 结构

client/server 与 browser/server 结构是系统结构性问题的另一个示例。现代软件系统都是建立在计算机网络之上的软件系统，构建计算机网络上的软件系统通常采用两种结构：客户机/服务器（client/server，C/S）结构和浏览器/服务器（browser/server，B/S）结构。

客户机/服务器结构将程序分为两部分：①装载在分布在不同地点的客户机上的程序被称为客户机程序；②装载在集中管理的服务器上的程序被称为服务器程序。通常情况下，与数据存取相关的程序被装载在服务器上，业务人员工作使用的程序被装载在客户机上。分布在不同地点的客户机程序访问同一个服务器程序，可以实现数据的集中管理与共享使用。客户机/服务器结构图如图 4-31 所示。

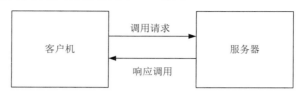

图 4-31　客户机/服务器结构图

浏览器/服务器结构将客户机/服务器的客户机程序转移至服务器端，从而使分布在不同地点的客户机不需要装载任何与业务相关的程序，而只需一个通用的 Internet 浏览器即可。浏览器/服务器结构图如图 4-32 所示。

图 4-32　浏览器/服务器结构图

【例 4.34】　client/server 与 browser/server 的优点和缺点。

客户机/服务器结构的主要优点是客户机用户界面更友好，更方便，服务器端负荷较轻，开发成本相对较低，对技术要求较低；其主要缺点是维护成本高、更新和升级不方便，因为每个客户机都要安装客户端软件，有多少个客户机就需要安装多少次客户端软件。相对而言，浏览器/服务器结构的主要优点是升级维护方便、成本低，更新维护时只需更新一次服务器端程序，而不需要去维护客户机；其缺点是应用服务器运行负荷较重，对计算和处理能力要求高，用户界面也不够方便和友好，开发成本相对较高，对技术要求较高，不过这些缺点正随着技术的发展逐步得到克服。

4.3.7　系统的可靠性和安全性问题

系统的设计与实现除了要考虑系统的结构性与性能外，还需要考虑系统的可靠性和安全性问题。可靠性是产品在规定的条件下和规定的时间内完成规定功能的能力，它的概率度量称为可靠度。安全性是指使伤害或损害的危险限制在可以接受的水平内。

1. 软件可靠性、软件安全性及其关系

软件可靠性是指软件系统在规定的时间内及规定的环境条件下完成规定功能的能力。软件可靠性是软件系统的固有特性之一，表明了一个软件系统按照用户的要求和设计的目标执行其功能的正确程度。软件可靠性与软件缺陷有关，也与系统输入和系统使用有关。理论上说，可靠的软件系统应当是正确、完整、一致和健壮的。但是实际上任何软件都不可能达到百分之百正确，也无法精确度量。一般情况下，只能通过对软件系统进行测试来度量其可靠性。

软件安全性是指软件系统遭受伤害或损害的危险程度。一个成功的软件安全性工程活动有两个基础：危险分析过程和软件综合过程。在大多数情况下，系统安全工程师实施危险分析过程，而软件开发和测试团队实施软件综合过程。危险分析过程识别和消除导致危险的具体软件原因。软件综合过程则减少导致系统危险的软件原因，这是由实现安全关键功能的软件设计架构的规程和严格性水平实现的。

当电子门禁系统突然断电时，应当保持关闭还是打开？如果需求是关闭，那么门里有人被锁住且长时间无人发现就很不安全了，这个时候只有"不可靠性"才能救命。因此可以说，安全性很"不讲道理"，它是跳出系统需求边界找麻烦的过程，靠一个个事故慢慢筑起了系统安全的基石。因此，可靠性与安全性都不是绝对的，它们是共存于同一个系统具有相对意义的两个特性，而且两者都是确保系统完善的不可或缺要素。软件的可靠性与安全性的关系如下。

1）软件存在错误，偏离需求，后果不严重，软件不可靠但安全。

2）软件存在错误，偏离需求，后果很严重，软件不可靠不安全。

3）软件不存在错误，未偏离需求，后果很严重，软件可靠但不安全。

2. 故障树和可靠性方框图

故障树分析法（fault tree analysis，FTA）又称为事故树分析法，是安全系统工程中最重要的分析方法。事故树分析法是从一个可能的事故开始，自上而下一层层地寻找顶事件的直接原因和间接原因事件，直至找到顶事件的基本原因事件，并用逻辑图把这些事件之间的逻辑关系表达出来。

故障树也称为故障图，它是用事件符号、逻辑门符号和转移符号描述系统中各种事件之间的因果关系。逻辑门的输入事件是输出事件的"因"，逻辑门的输出事件是输入事件的"果"。事件是指可能引起故障的现象或故障本身。逻辑门是用于刻画事件之间的逻辑关系的符号。转移符号是指在故障树中运用最多的两个门："与"门和"或"门。故障树分析图如图 4-33 所示，带圆圈的数字表征可能发生的事件，顶端的输出为对系

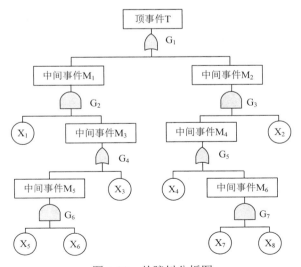

图 4-33　故障树分析图

统是否会发生故障的判断。每个中间结点的输入为下一层结点的事件，其输出为对该结点是否会发生故障的判断，而判断结论又作为其上一层结点的事件参与故障分析。

　　可靠性方框图（reliability block diagrams，RBD）是一种简单地表示所有可能的功能结构及故障单元对系统功能影响的图形方法，通常用于表示系统的可靠性结构。可靠性框图通常由表示系统的基本组成单元的方框组成。可靠性方框图通常有一个起点和一个终点，其中至少要有一条从起点到终点的路径是通的，而且只有在这条路径没有通过一个故障的单元时，系统才是正常的可靠性方框图如图4-34所示，λ是子系统的失效率。

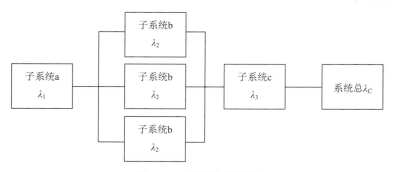

图 4-34　可靠性方框图

　　常见的系统可靠性数学模型有以下两种。

　　1）串联系统。假设一个系统由 n 个子系统组成，当且仅当所有子系统都能正常工作时，系统才能正常工作，这种系统称为串联系统。若系统的各个子系统的可靠性分别用 R_1，R_2，R_3，$\cdots$，R_n 表示，系统的可靠性用 R 表示，则系统的可靠性为

$$R=R_1 \times R_2 \times R_3 \times \cdots \times R_n$$

　　若系统的各个子系统的失效率分别用 λ_1，λ_2，λ_3，$\cdots$，λ_n 来表示，则系统的失效率 λ_C 为

$$\lambda_C = \lambda_1 + \lambda_2 + \lambda_3 + \cdots + \lambda_n$$

　　系统的平均故障间隔时间为

$$\text{MTBF} = 1/\lambda_C$$

　　2）并联系统。假设一个系统由 n 个子系统组成，只要有一个子系统能够正常工作，系统就能正常工作，这种系统称为并联系统。若系统的各个子系统的可靠性分别用 R_1，R_2，R_3，$\cdots$，R_n 表示，系统的可靠性用 R 表示，则系统的可靠性为

$$R=1-(1-R_1) \times (1-R_2) \times (1-R_3) \times \cdots \times (1-R_n)$$

　　若系统的各个子系统的失效率均为 λ，则系统的失效率 λ_C 为

$$\lambda_C = 1/((1/\lambda)*(1/1+1/2+\cdots+1/n))$$

　　系统的平均故障间隔时间为

$$\text{MTBF} = 1/\lambda_C$$

　　故障树和可靠性方框图最基本的区别在于：可靠性方框图工作在"成功的空间"，系统看上去是成功的集合；故障树工作在"故障的空间"，系统看上去是故障的集合。传统上故障树已经习惯使用固定概率，也就是说，组成树的每个事件都有一个固定发生的概率。然而，对于成功的可靠度公式来说，可靠性方框图可以包括以时间而变化的分布。

计算思维——可靠性、安全性和重用性

计算思维的系统设计关注可靠架构和可信系统的构建,度量性的指标有可靠性、安全性和重用性等。重用是重复使用的意思,恰当的重复使用可以改善系统的可维护性。

4.4　数据库系统

在计算机系统中,为了控制复杂性,计算机系统设计通常采用"自顶向下"的方法,即首先在高层对系统进行说明,然后将设计不断分解为较小的块,直到每个块小到能够直接实现为止,最后将这些块相互连接起来组成整个系统。计算机系统设计过程的基础是"抽象的层次"概念。"抽象"是指由具体事物中发现其本质性特征和方法的过程。通过抽象,可以有效地抓住问题的本质。

4.4.1　数据库系统的基本术语

数据管理技术的发展过程经历了人工管理阶段、文件系统阶段和数据库系统阶段。

数据库技术发展的新方向体现在以下 3 个方面:其一,数据库是全面基于互联网应用的新型数据库;其二,数据库与学科技术的结合将会建立一系列新型数据库,如分布式数据库、并行数据库、知识库、多媒体数据库等。将多媒体技术和可视化技术引入多媒体数据库是数据库技术发展的热点和难点。其三,数据仓库和电子商务将成为数据库技术发展的另一个方向。

1.　数据

数据(data)是描述事物的符号记录,是数据库中存储的基本对象。

2.　数据库

数据库(database,DB)是长期储存在计算机内的有组织的可共享的大量数据集合。数据库中的数据按照一定的数据模型组织、描述和储存,可被各种用户共享,冗余度较小,数据独立性较高,易于扩展。

3.　数据库管理系统

(1)数据库管理系统的定义

数据库管理系统(database management system,DBMS)是一种系统软件,负责数据库中的数据组织、数据操纵、数据维护、数据控制与保护及数据服务等。

(2)数据语言

为实现数据库管理系统的功能,数据库管理系统提供了相应的数据语言。

1)数据定义语言(data definition language,DDL)负责数据的模式定义与数据的物理存取构建。例如,对数据库、表、字段和索引进行定义、创建和修改。DDL 所描述的库结构仅给出了数据库的框架，数据库的框架信息被存放在数据字典（data dictionary）中。

2）数据操纵语言（data manipulation language，DML）负责数据的操纵，包括查询、增加、删除、修改等操作。

3）数据控制语言（data control language，DCL）负责数据的完整性、安全性的定义与检查，以及并发控制、故障恢复等功能。

上述数据语言按其使用方式可分为交互式命令语言和宿主型语言两种结构形式。

（3）数据库管理系统的技术特点

1）采用复杂的数据模型表示数据结构，数据冗余小，易于扩充，实现了数据共享。

2）数据和程序具有较高的独立性，数据库的独立性包括物理独立性和逻辑独立性。

3）数据库系统为用户提供了方便的用户接口。

4）数据库系统提供了 4 个方面的数据控制功能，分别是数据的并发控制、数据库恢复、数据的完整性和数据的安全性。数据库中各个应用程序所使用的数据由数据库系统统一规定，按照一定的数据模型组织和建立，由系统统一管理和集中控制。

4．数据库系统

数据库系统（database system，DBS）由数据库、数据库管理系统、数据库管理员、硬件平台和软件平台五部分构成。

数据库管理员负责创建、监控和维护整个数据库，使数据能够被任何有权使用的人有效使用。

硬件平台包括计算机和网络。

软件平台包括操作系统、数据库系统开发工具和接口软件等。

5．数据库应用系统

数据库应用系统（database application system，DBAS）由数据库、应用软件和应用界面组成，具体包括数据库、数据库管理系统、数据库管理员，硬件平台、应用软件及应用界面。

4.4.2　数据库系统的结构

数据库系统内部的抽象体系结构是"三级模式和两级映射"。其中，三级模式分别是概念级模式、内部级模式与外部级模式；两级映射分别是概念级到内部级的映射及外部级到概念级的映射。三级模式和两级映射构成数据库系统内部的抽象体系结构，如图 4-35 所示。

1．数据库系统的三级模式

概念模式也称为逻辑模式，是对数据库系统中全局数据逻辑结构的描述，是全体用户的公共数据视图。它不涉及具体的硬件环境与平台，也与具体的软件环境无关，可用 DBMS 中的数据定义语言（DDL）进行描述。

外模式也称为子模式，它是数据库用户（包括应用程序员和最终用户）能够看见和使用的局部数据的逻辑结构和特征的描述，它是由概念模式推导而来的，是数据库用户的数据视图，是与某一应用有关的数据的逻辑表示。一个概念模式可以有若干个外模式。

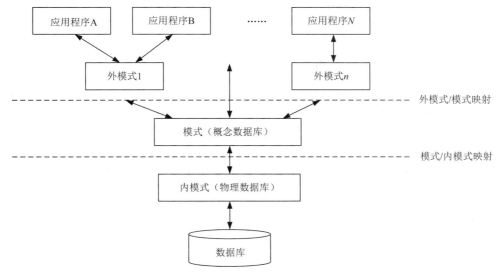

图 4-35　数据库系统的内部结构

内模式也称为物理模式，它给出了数据库物理存储结构与物理存取方法。例如，数据存储的文件结构、索引、集簇及散列等存取方式与存取路径。内模式的物理性主要体现在操作系统及文件级上，它还未深入到设备级（磁盘及磁盘操作）。

模式的 3 个级别（层次）反映了模式的 3 种不同环境及其不同的要求。其中，内模式处于最里层，它反映了数据在计算机物理结构中的实际存储形式；概念模式处于中间层，它反映了设计者的数据全局逻辑要求；外模式处于最外层，它反映了用户对数据的要求。

2. **数据库系统的两级映射**

数据库系统的三级模式是对数据库的 3 个级别（层次）的抽象，它把数据的具体组织管理留给 DBMS，使用户能够逻辑地、抽象地处理数据而不必关心数据在计算机中的具体表示方式与存储方式。同时，它通过两级映射建立了三级模式之间的联系与转换，使得概念模式与外模式即使不具备物理存在，也能通过映射而获得其实体。此外，两级映射也保证了数据库系统中数据的独立性，即数据的物理组织改变与逻辑概念级改变相互独立，使用时只需调整映射方式而不必改变用户模式。

概念模式到内模式的映射给出了概念模式中数据的全局逻辑结构到数据的物理存储结构之间的对应关系。

外模式到概念模式的映射：概念模式是一个全局模式，而外模式是用户的局部模式。一个概念模式中可以定义多个外模式，而每个外模式是概念模式的一个基本视图。数据库系统的内部结构如图 4-35 所示。

4.4.3　数据模型

在数据库中用数据模型这个工具来抽象、表示和处理现实世界中的数据和信息。数据模型是现实世界的反映，是对客观事物及其联系的数据描述，反映实体内部和实体之间的联系。

数据模型是对现实世界的模拟，模拟关系如图 4-36 所示。

数据模型在使用中一般分为两个阶段：①把现实世界中的客观对象抽象为概念模型；②把概念模型转换为某一个 DBMS 支持的数据模型。

数据模型描述三部分内容：数据结构、数据操作与数据约束。

在数据库中，人们通常按照数据结构的类型来命名数据模型。例如，层次结构、网状结构和关系结构的数据模型分别命名为层次模型、网状模型和关系模型。

图 4-36　数据模型对现实世界的模拟

数据模型按照应用层次可分成 3 种类型：概念模型、逻辑模型和物理模型。

1．概念模型

概念模型是面向现实世界的数据模型。广泛使用的概念模型是实体联系模型（E-R 模型），该模型将现实世界的要求转化成实体、联系、属性等几个基本概念，以及它们之间的两种基本连接关系，并且可以用图直观地表示出来。

概念模型中涉及的基本概念如下。

1）实体。实体是客观存在并且能够相互区别的事物。

2）属性。属性是实体所具有的某一特性，一个实体可以具有若干个属性。

3）域。属性的取值范围称为该属性的域。

4）码。码是唯一标识实体的属性集。

5）实体型。具有相同属性的实体必然具有共同的特征和性质。

6）实体集。具有共同属性的实体组成的集合。

7）联系。在现实世界中事物之间的相互关联称为联系，在概念世界中联系反映了实体集之间的一定关系。联系分为实体内部的联系和实体之间的联系。

两个实体集之间的联系分为三类：一对一联系（1∶1）、一对多联系（1∶n）和多对多联系（m∶n）。

1）一对一联系（1∶1）。若对于实体集 A 中的每个实体，实体集 B 中至多有一个实体与之联系，反之亦然，则称实体集 A 与实体集 B 具有一对一联系。

2）一对多联系（1∶n）。若对于实体集 A 中的每个实体，实体集 B 中有 n 个实体与之联系，反之，对于实体集 B 中的每个实体，实体集 A 中至多有一个实体与之联系，则

称实体集 *A* 与实体集 *B* 具有一对多联系。

3）多对多联系（*m : n*）。若对于实体集 *A* 中的每个实体，实体集 *B* 中有 *n* 个实体与之联系，反之，对于实体集 *B* 中的每个实体，实体集 *A* 中有 *m* 个实体与之联系，则称实体集 *A* 与实体集 *B* 具有多对多联系。

概念模型是对真实世界中问题域内的事物的描述，而不是对软件设计的描述。表示概念模型最常用的是"实体-关系"图。

E-R 图主要是由实体、属性和关系 3 个要素构成的。E-R 图的图形元素如图 4-37 所示。

实体　　　　　　　　实体的属性　　　　　　　实体间的联系　　　　连接各元素

图 4-37　E-R 图的图形元素

【例 4.35】　已知学生实体的属性包括学号、姓名、性别、专业和年级，课程实体的属性包括课程号、课程名、开课年级和学时数。请使用 E-R 图描述两个实体及其关系。

解：学生实体与课程实体的关系如图 4-38 所示。

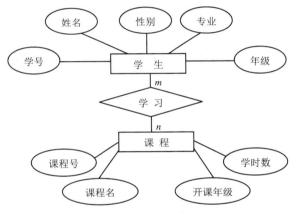

图 4-38　学生实体与课程实体的 E-R 图

2. 逻辑模型

逻辑模型是从数据组织方式的角度来描述信息。数据库领域中使用的逻辑模型有层次模型、网状模型和关系模型。

（1）层次模型

层次模型的基本结构是树状结构，这种结构在现实世界中普遍存在，如家族结构等。

【例 4.36】　已知学校分别管理学院、研究所和机关 3 个主要部门。其中，学院通过教研室来管理老师，通过班级来管理学生；研究所通过研究室来管理科研人员；机关单位以科室的形式管理行政人员。请用逻辑模型描述学校管理系统。

解：学校管理系统的层次模型如图 4-39 所示。

层次模型满足两个条件：有且只有一个无双亲结点，该结点称为根结点；除根结点以外的其他结点有且仅有一个双亲结点。

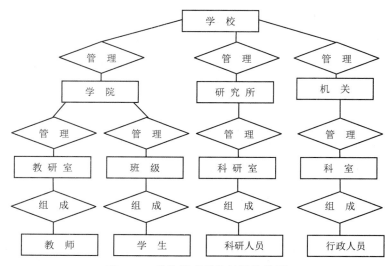

图 4-39　学校管理系统的层次模型

层次模型支持的操作主要有查询、插入、删除和更新。

层次模型的主要优点：数据模型简单，对具有一对多的层次关系的描述自然、直观、易于理解；提供了良好的完整性支持。

层次模型的主要缺点：多对多联系表示不自然；对插入和删除操作的限制较多；查询子女结点必须通过双亲结点。

（2）网状模型

网状模型是一种更具普遍性的结构。从图论的角度讲，网状模型是一个不加任何条件限制的无向图。网状模型是以记录为结点的网状结构。

网状模型支持的操作主要有查询、插入、删除和更新。

网状模型的主要优点：能够方便地描述复杂的数据关系，存取效率较高。

网状模型的主要缺点：结构比较复杂，不利于用户掌握与使用。

网状模型优于层次模型之处是性能良好、存取效率高，但是网状模型结构复杂，不利于用户操纵。

【例 4.37】　已知某公司通过生产部门和销售部门分别对产品的生产和销售进行管理，请用逻辑模型描述公司管理系统。

解：公司管理系统的网状模型如图 4-40 所示。

网状模型满足 3 个条件：允许一个以上的结点无双亲；一个结点可以有一个以上的双亲；允许两个结点之间有一种以上的联系。

（3）关系模型

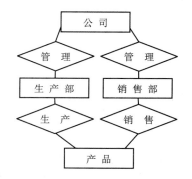

图 4-40　公司管理系统的网状模型

关系模型是数据库领域中最重要的数据模型。关系模型是建立在数学理论基础之上的，用表格数据来表示实体本身及其相互之间联系的数据模型。

关系模型采用二维表来表示，简称"表"，每个二维表称为一个关系。关系中的每行称为一个元组，相当于记录；关系中的每列称为一个属性，相当于数据项。学生基本情况表见表 4-3，由元组和属性组成。

表 4-3　学生基本情况表

学号	姓名	性别	专业	出生日期	党员否	籍贯
2013020301	张三三	男	计算机	05/22/95	否	北京
2013070102	李思思	女	会计	11/21/94	否	黑龙江
2013090303	王鸣鸣	女	工商管理	08/07/95	是	福建
…	…	…	…	…	…	…

一个关系的属性名表称为关系模式，即二维表的表框架，相当于记录型。若某一个关系的关系名为 R，其属性分别为 A_1，A_2，A_3，…，A_n，则该关系模式记为

$$R（A_1，A_2，A_3，…，A_n）$$

例如，学生基本信息表（学号，姓名，性别，籍贯，……）。

关系一般满足 7 个性质：元组个数有限性、元组的唯一性、元组的次序无关性、元组分量的原子性、属性名唯一性、属性的次序无关性和分量值域的统一性。

关系模型的数据操作一般有查询、插入、删除和修改。

关系模型的主要优点：数据结构简单清晰，用户易懂易用；实体和各类联系都用关系来表示；对数据的检索结果也是关系；具有较高的数据独立性；可以直接处理多对多的联系；简化了程序员的工作和数据库开发建立的工作。

关系模型的主要缺点：存取路径对用户透明导致查询效率往往不如非关系数据模型；增加了开发数据库管理系统的难度。

3. 物理模型

物理模型提供了系统初始设计所需要的基础元素及相关元素之间的关系。物理模型用于存储结构和访问机制的更高层描述，它描述了数据如何在计算机中存储，如何表达记录结构、记录顺序和访问路径等信息。使用物理数据模型可以在系统层实现数据库。数据库的物理设计阶段必须在此基础上进行详细的后台设计，包括数据库存储过程、操作、触发、视图和索引表等。

计算思维——记忆

数据处理是对信息的表示、存储和检索，是计算思维的记忆特质。记忆处在问题求解的最底层，关注数据类型、数据结构、数据组织、检索与索引、局部性与缓存等。

4.4.4　数据集合运算与关系运算

关系模型中的关系操作通常用关系代数和关系演算来表示，两者在数学上是等价的。对关系数据库进行查询时，需要找到用户感兴趣的数据，这就需要对关系进行一定的关系运算。关系的基本运算有两类：传统的集合运算和专门的关系运算。

1. 集合运算

并：两个相同结构关系的并是由属于这两个关系的全部元组组成的集合。

差：两个相同结构关系的差是由属于前一个关系的元组而不属于后一个关系的元组组成的集合。

交：两个相同结构关系的交是由属于这两个关系所共有的元组组成的集合。

笛卡儿积：若两个关系 R 和 S 分别具有 m 目和 n 目，则它们的笛卡儿积 $R×S$ 是一个（$m+n$）目的元组，元组个数是 $m×n$。

【例4.38】　已知两个关系 R 和 S，请给出笛卡儿积 $R×S$ 的操作结果。

R
A
m
n

S	
B	C
2	4

解：

$T=R×S$

A	B	C
m	2	4
n	2	4

【例4.39】　已知两个关系 R 和 S，请给出并、交、差的操作结果。

R		
A	B	C
m	2	4
x	y	z
n	5	3

S		
A	B	C
x	y	z
n	2	4

解：

$T=R∪S$

A	B	C
m	2	4
x	y	z
n	5	3
n	2	4

$T=R∩S$

A	B	C
x	y	z

$T=R-S$

A	B	C
m	2	4
n	5	3

2. 关系运算

选择：从关系中找出满足给定条件的元组的操作。

投影：从关系模式中指定若干个属性组成新的关系。

连接：关系的横向结合，将两个关系模式拼接成一个更宽的关系模式。

自然连接：在连接运算中，按照字段值对应相等为条件进行的连接操作称为等值连接。自然连接是去掉重复属性的等值连接。

选择运算和投影运算的操作对象只能是一个表，相当于对一个二维表进行切割。连接运算则需要把两个表作为操作对象。

【例4.40】　已知关系 R 和 S，请描述连接运算 $R⋈S$ 和自然连接运算 $R⋈S$ 的结果。
[2]=[1]

R

学 号	姓 名	性 别	专 业	籍 贯
2013020301	张三三	男	计算机	北京
2013070102	李思思	女	会计	黑龙江
2013020212	连接	男	艺术	黑龙江
2013090303	王呜呜	女	工商管理	福建

S

姓 名	总 分	名 次
张三三	616	2
李思思	628	1
王呜呜	598	3

解：连接运算条件是[2]=[1]，[2]表示关系 R 中的第二个属性，[1]表示关系 S 中的第一个属性。连接运算 $R \underset{[2]=[1]}{\bowtie} S$ 的结果见表 4-4。

表 4-4　连接运算结果

学号	姓名	性别	专业	籍贯	姓名	总分	名次
2013020301	张三三	男	计算机	北京	张三三	616	2
2013070102	李思思	女	会计	黑龙江	李思思	628	1
2013090303	王呜呜	女	工商管理	福建	王呜呜	598	3

自然连接运算 $R \bowtie S$ 的结果见表 4-5。

表 4-5　自然连接运算结果

学号	姓名	性别	专业	籍贯	总分	名次
2013020301	张三三	男	计算机	北京	616	2
2013070102	李思思	女	会计	黑龙江	628	1
2013090303	王呜呜	女	工商管理	福建	598	3

4.4.5　数据的查询

前面已经介绍了关系数据库及关系运算的相关内容，接下来需要将抽象的概念在系统中加以实现。为此，数据库研究者依据关系模型设计了一种结构化的数据库语言 SQL（structural query language），让用户可以用更简洁、更方便的语言来表达需求。

数据库语言包括数据定义语言 DDL、数据操作语言 DML 和数据控制语言 DCL。数据定义语言用于定义表的结构；数据操作语言用于数据表中数据的操纵；数据控制语言用于控制表中的数据可以被哪些用户使用。

下面以示例形式简要介绍数据库的操作语句——查询，以便简要了解数据库语言。

选用便于理解的学生管理系统，该系统只是数据库系统的一个样本数据库的实例，包括个实体：学生、课程、选课。数据模型如下。

学生表（学号，姓名，性别，籍贯，所在专业，所属学院编号，……）

选课表（学号，课程号，成绩，……）

课程表（课程号，课程名，学分，……）

1. 数据表"查询"的基本格式——投影

SELECT 字段名1，字段名2，… FROM 表名

此语句相当于关系运算的投影操作。其含义是：从"表名"所表征的表中检索满足要求的"字段名"所表征的若干列数据。

【例 4.41】 查询学生表中所有学生的姓名及其所在学院编号的信息。

SELECT 姓名，所属学院编号 FROM 学生表

2. 数据表的条件查询——选择

SELECT 字段名1，字段名2，… FROM 表名 WHERE 条件

词语句中的 WHERE 子句相当于关系运算的选择操作。其含义是：从例 4.41 中，筛选满足 WHERE 子句条件的若干行数据。WHERE 子句是可选项，SELECT 语句可以没有 WHERE 子句。

【例 4.42】 查询学生表中姓名为"王一"的学生的所有信息。

SELECT * FROM 学生表 WHERE 姓名='王一'

本例中，"*"表示所有字段都显示，等价于把所有字段都写出来，即"学号，姓名，性别，籍贯，所在专业，所属学院编号，……"

【例 4.43】 查询学生表中，学院编号为"0317"的所有女学生的姓名和所在专业。

SELECT 姓名，所在专业 FROM 学生表;

WHERE 所属学院编号='0317' and 性别='女'

本例中，"and"是逻辑"与"运算符。逻辑运算 and、or、not 分别是逻辑"与"运算、逻辑"或"运算和逻辑"非"运算的运算符。逻辑"与"的真值表见表 4-6，逻辑"或"的真值表见表 4-7，逻辑"非"的真值表见表 4-8。当一行代码不能写完整时，可用";"进行分行书写。

表 4-6　逻辑"与"的真值表

A	B	A and B
1	1	1
1	0	0
0	1	0
0	0	0

表 4-7　逻辑"或"的真值表

A	B	A or B
1	1	1
1	0	1
0	1	1
0	0	0

表 4-8　逻辑"非"的真值表

A	not A
1	0
0	1

3. 数据表之间的连接——连接

SELECT 字段名1，字段名2，… FROM 表名1，表名2，…

此语句相当于关系运算的连接操作。其含义是：按照自然连接条件，连接"表名1，表名2，…"所表征的若干张数据表。

【例 4.44】 查询"王一"选修过的所有课程的名称和成绩。

SELECT 学生表.姓名，选课表.成绩，课程表.课程名;

FROM　学生表，选课表，课程表；
WHERE　选课表.课程号=课程表.课程号；
AND　学生表.学号=选课表.学号；
AND　学生表.姓名= '王一'

本例中，"学生表.姓名"表示"学生表"中"姓名"的属性值。"选课表.课程号=课程表.课程号"表示"选课表"和"课程表"以"课程号"字段为等值连接属性进行连接；"学生表.学号=选课表.学号"表示"学生表"和"选课表"以"学号"字段为等值连接属性进行连接。AND 运算符连接的"学生表.姓名= '王一'"子句是条件筛选语句。

4. SELECT 语句的其他查询子句

ORDER BY　子句，用于查询后的排序。
GROUP BY　子句，用于分组查询。
此外，还有 5 种常用的聚集函数，可用于 SELECT 子句中，进行统计查询。
1）MIN( )——求最小值函数。
2）MAX( )——求最大值函数。
3）COUNT( )——计数函数。
4）SUM( )——求和函数。
5）AVG( )——求平均值函数。
读者可以查阅数据库系统相关教材，更全面、更深入地学习数据库语言 SQL 及查询语句 SELECT 的相关内容。

4.4.6　数据的维度

关系模型采用二维表来表示。当数据的复杂性随着问题规模的增大而变得更为复杂、向多维化发展的时候，可以选择新方法来解决多维度的数据处理问题，如采用数据方体和数据降维等方法对多维数据进行分析。

1. 数据维度

数据分析大多采用汇总、对比、趋势预测和交叉 4 类方法，尤其是交叉分析法使用率颇高。交叉分析是指对数据在不同维度进行交叉展现、进行多角度结合分析的方法，它弥补了单一维度进行分析无法发现的一些问题。可以说，数据分析的维度弥补了众多分析方法的独立性，让各种方法通过不同属性的比较、细分，使得分析结果更有意义。

维是人们观察事物的角度，同样的数据从不同的维进行观察可能会得到不同的结果，同时也使人们更加全面和清楚地认识事物的本质。维度是指观察数据的某个侧面，如时间维度、地域维度、商品维度等。度量是多维度交叉所形成的"交叉格"，即对数据关于多维度的一个计算值，其格式可记为<（维度 1，维度 2，维度 3，…），度量>，度量的不同颗粒度被称为度量的不同"概念层次"。

2. 数据方体

数据方体是二维表格的多维扩展，是一类多维矩阵，让用户从多个角度探索和分析数据集，通常是一次同时考虑 3 个维度。可以把三维的数据立方体看作一组类似的互相叠加起来的二维表格。但是数据立方体不局限于 3 个维度。例如，微软的 SQL server analysis services 工具允许处理多维度数据集。

在实际中，常常用很多个维度来构建数据立方体，但倾向于一次只看 3 个维度。数据立方体之所以有价值，是因为能够在一个或多个维度上给立方体作索引。

常见的数据方体分析操作主要有钻取、切片、切块、旋转。

钻取：钻取是改变维度的层次，变换分析的粒度。钻取包括上钻（上卷）和下钻。其中，上钻是在某一维上将低层次的细节数据概括到高层次的汇总数据的过程，减少了分析的维数；下钻则正相反，它是将高层次的汇总数据进行细化再深入到低层次细节数据的过程，增加了分析的维数。

切片和切块：在多维分析中，若在某一维度上限定了一个值，则称为对原有分析的一个切片；若对多个维度进行限定，每个维度限定为一组取值范围，则称为对原有分析的一个切块。

旋转：在多维分析中，维度是按照某一顺序进行显示的，若变换维度的顺序和方向，或者交换两个维度的位置，则称为旋转。

【例 4.45】　一个典型的商品销售数据库。

商品销售数据库记录了商品销售的详细情况，可以从以下方面来对销售数据进行分析：从产品的角度，可以按照产品的类别、品牌、型号来查看产品的销售情况；从客户的角度，可以按照客户的类别、地区等来查看产品的购买情况；从销售代表的角度，可以按照销售代表的部门、级别等来查看产品销售业绩；从时间的角度，可以按照年度、季度、月份等来观察产品销售的变动情况。其中，产品、客户、销售代表、时间分别是 4 个不同的维度，每个维度都从不同方面体现了销售数据的特征，而每个维度又可按粒度的不同划分成多个层次，称为维度成员。多维分析中的另一个重要概念是数据指标，简称指标，指标代表了数据中的可度量的属性。在上述销售数据中有两个重要指标：销售数量和销售金额，其格式可记为<（产品，客户，销售代表），销售量>，每个交叉格为一个小方体，表征某一销售代表向某一客户销售的某一产品的销售量。数据方体示例如图 4-41 所示。

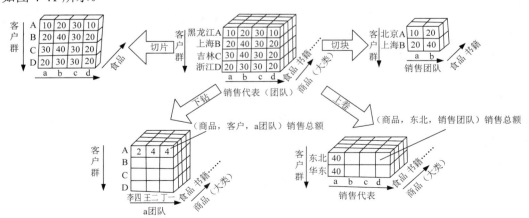

图 4-41　数据方体示例

3．数据降维

针对此数据库的数据降维，从 3 个维度仍不足以描述完整的数据维度。例如，还可以从时间的角度，按照年度、季度、月份等来观察产品销售的变动情况；也可从销售渠道的角度，按照线上销售和实体店销售等来观察销售的比例情况等。当数据维度过于庞大时，数据分析就陷入了复杂巨系统困境，为此应当采用适当降低数据维度的方法，对数据进行可分析、可归约、可投影等变换处理。

理论上降低数据维度是可行的。例如，某些大数据集中的图像部分像素总是白的，因此可以去掉这些特征；相邻像素之间是高度相关的，如果变为一个像素，那么相差也并不大。

降维的方法主要有投影法和流形学习法。

（1）投影法

投影法（projection）是通过某种线性投影将高维空间的数据映射到低维空间中。在大多数的实际问题中，训练样例不是均匀分散在所有维度，许多特征是固定的，同时还有一些特征是强相关的。因此，所有训练样例实际上都可以投影在高维空间中的低维子空间中。

【例 4.46】　三维空间向二维空间投影。

三维空间可视化图如图 4-42 所示，可以看到三维空间中的训练样例的数据点分布在同一个二维平面，因此能够将所有样例都投影在二维平面，所得到的二维空间投影如图 4-43 所示。对于更高维的空间可以投影到低维的子空间中。

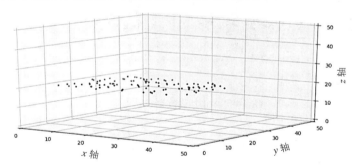

图 4-42　三维空间可视化图

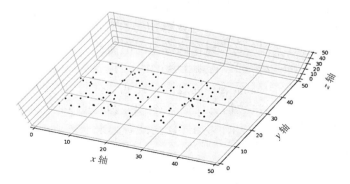

图 4-43　二维空间投影

　　然而，投影并不总是最好的降维方法，在许多情况下，空间可以扭转。例如，著名的瑞士卷（Swiss roll）数据三维空间可视化图如图 4-44 所示。

　　如果简单地使用投影降维（将三维空间压缩成二维空间），那么会变成瑞士卷数据二维投影图，如图 4-45（a）所示，不同类别的样例都混在了一起，而预想的是如图 4-45（b）所示。

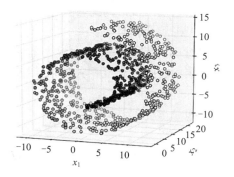

图 4-44　瑞士卷数据三维空间可视化图

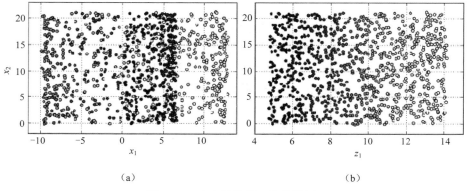

（a）　　　　　　　　　　　　　　（b）

图 4-45　瑞士卷数据二维投影图

（2）流形学习法

　　流形学习法（manifold learning）是基于流行数据进行建模的降维算法。假设数据是均匀采样于一个高维欧氏空间中的低维流形，流形学习就是从高维采样数据中恢复低维流形结构，即找到高维空间中的低维流形，并求出相应的嵌入映射，以实现维数约简或数据可视化。它是从观测到的现象中去寻找事物的本质，找到产生数据的内在规律。

　　瑞士卷是二维流形的示例，它可以在高维空间中弯曲。一般地说，一个 d 维流形可以在 n 维空间中弯曲（其中 $d<n$）。在瑞士卷的情况下，$d=2$，$n=3$。

　　流形假设通常隐含着另一个假设：通过流形在低维空间中的表达，任务（分类或回归）应当变得简单。流形学习法数据三维空间及二维空间示例如图 4-46 所示。Swiss roll 分为两类，如图 4-46（a）、（b）所示，在 3D 空间看起来很复杂，但是通过流形假设到 2D 空间就能变得简单。

　　但是这个假设并不总是能够成立。例如，图 4-46（c）、（d）中，决策线为 $x=5$，2D 的决策线明显比 3D 的决策线要复杂。虽然在训练模型之前先降维能够加快训练速度，但是效果可能会有增有减，这取决于数据的形式。

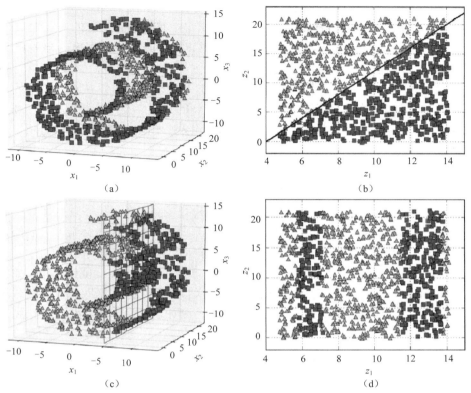

图 4-46　流形学习法数据三维空间及二维空间示例

　　数据降维也广泛应用于数据可视化。然而，由于数据在降低维度的过程中肯定会损失一些信息，因此只有在原维度训练速度太慢时才使用降维。

4.4.7　数据的挖掘

　　为了给决策者提供一个统一的全局视角，在许多领域建立了数据仓库，但是大量的数据往往使人们无法辨别隐藏在其中的能够对决策提供支持的信息，而传统的查询工具无法满足挖掘这些信息的需求。因此，需要一种新的数据分析技术处理大量数据，并从中抽取有价值的潜在知识，数据挖掘技术由此应运而生。

　　数据挖掘是一种决策支持过程，主要基于人工智能、机器学习、模式识别、统计学、数据库、可视化技术等高度自动化地进行企业数据分析，作出归纳性推理，从中挖掘出潜在模式，帮助决策者调整市场策略，减少风险，作出正确的决策。

　　许多人把数据挖掘视为"数据库中的知识发现"，而另一些人却只是把数据挖掘视为数据库中知识发现过程的一个基本步骤。知识发现过程由以下步骤组成。

　　1）数据清理。消除噪声或不一致数据。

　　2）数据集成。多种数据源组合在一起。

　　3）数据选择。从数据库中提取并分析与任务相关的数据。

　　4）数据转换。数据转换或者统一为适合数据挖掘的数据存储形式，如汇总或聚集操作。

5）数据挖掘。它是知识挖掘的基本步骤，使用智能方法提取数据模式或规律知识。

6）模式评估。根据一定的评估标准从挖掘结果中筛选出有意义的模式知识。

7）知识表示。使用可视化技术和知识表示技术向用户提供挖掘出的相关知识。

数据模式可以从不同类型的数据库中挖掘。例如，关系数据库，数据仓库，以及事务的、对象-关系的和面向对象的数据库。有趣的数据模式也可以从其他类型的信息存储中提取，包括空间的、时序的、文本的、多媒体的数据库及遗产数据库和万维网。

数据挖掘功能包括发现概念/类描述、关联、分类、预测、聚类、趋势分析、偏差分析和类似性分析。

"尿布与啤酒"的故事是数据挖掘的经典例子。在一家超市里有一个有趣的现象：尿布和啤酒赫然地摆在一起出售，这个看似奇怪的举措却使尿布和啤酒的销量双双增加了。沃尔玛利用数据挖掘方法对销售数据进行分析和挖掘，意外地发现跟尿布一起购买最多的商品是啤酒。造成这一现象的原因是：在美国，一些年轻的父亲下班后经常要到超市去买婴儿尿布，而他们中有30%～40%的人同时也为自己买一些啤酒。

这个例子说明，数据关联是数据库中存在的一类重要的可被发现的知识。如果两个或多个变量的取值之间存在某种规律性，则称为关联。从关系数据库中提取关联规则是数据挖掘的主要方法之一。挖掘关联是通过搜索系统中的所有事务，并从中找到出现条件概率较高的模式。关联分析广泛用于"购物篮"问题分析或事务数据分析。

在关联分析中，数据库的主要任务是挖掘关联规则。一般而言，关联规则的挖掘可分为两步来进行。

1）找出事务中所有频繁项集。这些项集出现的频率至少与预定义的最小出现频率一样。项的集合称为项集。每个事务是项集的集合，即一个事务可能由若干项集组成。频繁项集是出现频率大于或等于最小支持度阈值与事务总数的乘积的项集。

2）由频繁项集产生强关联规则。这些规则必须满足最小支持度和最小置信度。强关联规则是同时满足最小支持度阈值和最小置信度阈值的规则。

支持度反映了规则的实用性，是衡量兴趣度的指标，是以关联规则为代表的事务占所有事务的百分比。

置信度反映了规则的有效性和确定性，可以验证关联规则的准确性和可靠性。若置信度为100%，则意味在数据分析时，该规则总是正确的和值得信赖的。

在数据挖掘中，数据关联分析是数据库系统的重要研究内容；而在关联分析中，要找到频繁项集，产生强关联规则。因此，如何找到关联规则的频繁项集就成了下一个步骤的关键性问题。寻找频繁项集的最有影响力的一个算法是 Apriori 算法，其主要思想是逐层迭代搜索。

一旦找到频繁项集，就可采用如下步骤产生强关联规则。

1）对于每个频繁项集 l，产生其非空子集 s。

2）对于每个频繁项集的非空子集，若其置信度都小于最小置信度阈值，则输出规则 $s \Rightarrow (1-s)$。

4.5　网 络 系 统

4.5.1　计算机网络的概念

随着计算机应用技术的迅速发展，计算机的应用已经逐渐渗透到各类技术领域和整个社会的各个行业。信息社会化的趋势和资源共享的要求推动了计算机应用技术向着群体化方向发展，实现了计算机技术和通信技术的融合。计算机网络就是现代通信技术与计算机技术紧密结合的产物。

目前，计算机网络的应用已经远远超过计算机的应用，并且使用户真正理解了"计算机就是网络"这一概念的含义。

1. 什么是计算机网络

计算机网络是利用通信线路和通信设备，把分布在不同地理位置的具有独立处理功能的若干台计算机按照一定的控制机制和连接方式互相连接在一起，并在网络软件的支持下实现资源共享的计算机系统。

这里所定义的计算机网络包含四部分内容。

1）通信线路和通信设备。

① 通信线路是网络连接介质，包括同轴电缆、双绞线、光缆、铜缆、微波和卫星等。

② 通信设备是网络连接设备，包括网关、网桥、集线器、交换机、路由器、调制解调器等。

2）具有独立处理功能的计算机，包括各种类型计算机、工作站、服务器、数据处理终端设备。

3）一定的控制机制和连接方式是指各层网络协议和各类网络拓扑结构。

4）网络软件是指各类网络系统软件和各类网络应用软件。

2. 计算机网络的产生

计算机网络真正工作始于 20 世纪 60 年代后期，并且只是以传输数字信息为目的。1967 年，美国国防部设立了国防高级研究计划署（DARPA），开始资助计算机网络的研究，并于 1969 年建成了连接美国西海岸的四所大学和研究所的小规模分组交换网——ARPA 网。到 1972 年，该网发展为具有 34 个接口报文处理机（IMP）的网络。该网络当时使用的计算机是 PDP-11 小型计算机，使用的通信线路有专用线、无线、卫星等。另外，在该网络中首次使用了分组交换和协议分层的概念。1983 年，在 ARPA 网上开发了安装在 UNIX BSD 版上的 TCP/IP 协议，从而使得该网络的应用和规模得到了进一步扩展。由于使用了用于国际互联的 TCP/IP 协议，ARPA 网也由过去的单一网络发展成为连接多种不同网络的世界上最大的互联网——因特网。

3. 计算机网络的发展

随着计算机技术和通信技术的不断发展，计算机网络经历了从简单到复杂、从单机到多机的发展过程，大致分为以下 4 个阶段。

（1）第一代计算机网络

第一代计算机网络是面向终端的计算机网络。20 世纪 60 年代，随着集成电路技术的发展，为了实现资源共享和提高计算机的工作效率，出现了面向终端的计算机通信网。在这种方式中，主机是网络的中心和控制者，终端可分布在不同地理位置的各处并与主机相连，用户通过本地终端使用远程主机。这种方式在早期使用的是单机系统，后来为减少主机负载出现了多机联机系统。

（2）第二代计算机网络

第二代计算机网络是计算机通信网络。在面向终端的计算机网络中，只能在终端和主机之间进行通信，子网之间无法通信。从 20 世纪 60 年代中期开始，出现了多个主机互联的系统，可以实现计算机与计算机之间的通信。它由通信子网和用户资源子网（第一代计算机网络）构成，用户通过终端不仅可以共享主机上的软硬件资源，还可以共享子网中其他主机上的软硬件资源。到了 20 世纪 70 年代初，4 个结点的分组交换网——美国国防部高级研究计划署网络（ARPAnet）的研制成功标志着计算机通信网络的诞生。

（3）第三代计算机网络

第三代计算机网络是 Internet，这是网络互联阶段。到了 20 世纪 70 年代，随着微型计算机的出现，局域网诞生了，并以以太网为主进行了推广使用。这与早期诞生的广域网一样，广域网是因远距离的主机之间需要信息交流而诞生的。而随着微型计算机的功能越来越强，造价不断下降，使用它的领域不断扩大，近距离的用户（一栋楼、一个办公室等）需要信息交流和资源共享，局域网由此诞生。1974 年，IBM 公司研制了 IBM 公司内部的计算机网络体系结构，随后，其他公司也相继推出本公司的网络体系结构，但是这些不同的公司开发的网络体系结构只能连接本公司的设备。为了使不同体系结构的网络之间可以相互交换信息，国际标准化组织（International Standards Organization，ISO）于 1977 年成立专门机构并制定了世界范围内网络互联的标准，称为开放系统基本参考模型（open system interconnection / reference model，OSI/RM）。它标志着第三代计算机网络的诞生。OSI/RM 已被国际社会广泛认可和执行，它对推动计算机网络理论与技术的发展、对统一网络体系结构和网络协议起到了积极的作用。今天的 Internet 就是 ARPAnet 逐步演变而来的。ARPAnet 使用的 TCP/IP 协议一直沿用到今天。Internet 自产生以来就飞速发展，是目前全球规模最大、覆盖面最广的国际互联网。

（4）第四代计算机网络

第四代计算机网络是千兆位网络。千兆位网络也称宽带综合业务数字网（B-ISDN），它的传输速率可达 1Gb/s（b/s 是网络传输速率的单位，即每秒传输的比特数）。这标志着网络真正步入多媒体通信时代，使计算机网络逐步向信息高速公路的方向发展。目前万兆位网络也处于发展之中，并且也已经在许多行业得到了应用。

4. 计算机网络的功能

计算机网络的主要功能如下。

（1）资源共享

计算机网络允许网络上的用户可以共享网络上各种不同类型的硬件设备，也可以共享网络上各种不同的软件。网络软硬件资源共享不但可以节约不必要的开支，降低使用成本，同时还可以保证数据的完整性和一致性。

（2）信息共享

信息也是一种资源，Internet 就是一个巨大的信息资源宝库，每个接入 Internet 的用户都可以共享这些信息。

（3）通信功能

通信功能是计算机网络的基本功能之一，它可以为网络用户提供强有力的通信手段。建设计算机网络的主要目的就是让分布在不同地理位置的计算机用户之间能够相互通信、交流信息。

5.　计算机网络的应用

随着计算机及网络技术的飞速发展，目前计算机网络已经应用到社会的各行各业，并且深入家庭生活。计算机网络的主要应用有以下几方面。

（1）计算机网络在政府部门的应用

随着国家信息化建设的不断拓展，政府政务上网工程是目前国内各大中城市政府工作的一项重点工程。政务信息公布、项目合同的招标、网上审批等一系列政府工作都在网上进行。它标志着一个城市的文明程度，提高政府政务工作的透明度，更能进一步体现公平、公开、公正的原则。

（2）计算机网络在企事业单位的应用

企事业单位利用计算机网络实现内部管理自动化、办公自动化、业务信息共享、资源共享，并逐步实现无纸化办公。同时，通过 Internet 不断扩大企事业单位的对外影响力，加强企事业单位之间的联系，提高了办事效率，降低了办事成本。

（3）计算机网络在科研和教育中的应用

计算机网络的发展使科技工作者受益匪浅。他们利用计算机网络的强大功能在网上查询各种科研信息，以及进行学术交流、项目合作等工作。这样一来，不但扩大了信息搜索范围、提高了速度，而且节省了大量科研经费。最主要的作用是提高了科研水平，缩短了科研时间。

计算机网络在教育事业中的发展也较快，网上教学和远程教育使名校、名师的受益人数不断扩大，解决了我国有些地区师资不足的难题。同时也充分利用计算机网络资源共享的功能，解决了许多名校由于校内硬件条件不足、生源扩大受限的问题，使教育者的作用得到了充分的发挥，使受教育者得到了更好的服务。

（4）计算机网络在商业上的应用

电子商务是随着计算机网络的发展而快速发展的一种贸易活动。利用计算机网络进行企业与企业（business to business，B TO B）、企业与消费者（business to customer，B TO C）等的贸易活动。同时，网上银行业务也得到迅速发展和广泛应用。它们的发展改变了传统的经营管理模式和人们的生活方式。这些对社会和人类的贡献是难以估量的。

6. 计算机网络的传输介质及设备

（1）网络传输介质

在计算机网络中，涉及传输介质的主要是物理层。网络传输介质分为有线和无线两种。目前，常用的有线传输介质有双绞线、同轴电缆和光导纤维。

1）双绞线。双绞线由两根具有绝缘保护的铜导线组成，把一对或多对双绞线放在一根导管中，便组成了双绞线电缆，如图4-47（a）所示。双绞线可分为屏蔽双绞线和非屏蔽双绞线两种。双绞线可用于传送模拟和数字信号，特别适用于较短距离的信息传输。

2）同轴电缆。同轴电缆由一根空心的外圆柱导体及其所包围的单根导线组成。同轴电缆的频率特性比双绞线的频率特性好，能够进行较高速率的传输，如图4-47（b）所示。由于它的屏蔽性能好，抗干扰能力强，因此多用于基带传输。按照同轴电缆的直径可将其分为粗缆和细缆。一般来说，粗缆传输距离较远，而细缆只能用于传输距离在500m以内的数据。同轴电缆常用于总线型网络拓扑结构。

3）光导纤维。光导纤维是一种传输光束的细小而柔韧的介质，通常由非常透明的石英玻璃拉成细丝，由纤芯和包层构成双层通信圆柱体，如图4-47（c）所示。纤芯用来传导光波，而包层具有较低的折射率，当光纤碰到包层时就会折射回纤芯。这个过程不断重复，光就沿着光纤传输下去。光纤在两点之间传输数据时，在发送端置有发光机，在接收端置有光接收机。发光机将计算机内部的数字信号转换成光纤可以接收的光信号，光接收机将光纤上的光信号转换成计算机可以识别的数字信号。

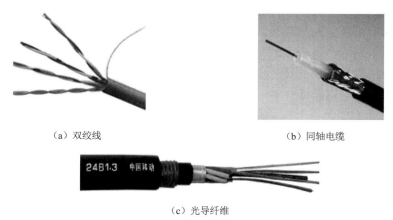

（a）双绞线　　　　　　　　　　　　　　（b）同轴电缆

（c）光导纤维

图4-47　网络传输介质

（2）网络设备

在计算机网络中，除了用于传输数据的传输介质外，还需要连接传输介质与计算机系统，以及帮助信息尽可能快地到达正确目的地的各种网络设备。目前，常用的网络设备有网络接口卡、集线器、网桥、交换机、路由器和网关等。

1）网络接口卡。网络接口卡（network interface card，NIC）又称为网络适配器，简称网卡，是一种连接设备，属于物理层设备，如图4-48（a）所示。它将工作站、服务器、打印机或其他结点与传输介质相连，进行数据接收和发送。网卡的类型取决于网络传输系统、网络传输速率、连接器接口、主机总线类型等因素。网卡是有地址的，并且是全球唯一的，称为介质访问控制地址（media access control，MAC），由 48 位二进制数表示。其中，前 24 位二进制数表示网络厂商标识符，后 24 位二进制数表示序号，采用 6 个十六进制数表示一个完整的 MAC 地址，如 74:27:EA:46:AA:13。数据链路层传输的数据帧中的地址就是 MAC 地址。

2）集线器。集线器（hub）属于物理层设备，主要功能是对接收到的信号进行再生放大，以扩大网络的传输距离。集线器是计算机网络中连接多台计算机或其他设备的连接设备，是对网络进行集中管理的最小单元，如图 4-48（b）所示。集线器的一个端口与主干网相连，并由多个端口连接一组工作站。集线器可以有多种类型，按照尺寸可分为机架式和桌面式；按照带宽可分为 10Mb/s 集线器、100Mb/s 集线器、10/100Mb/s 自适应集线器等。

3）网桥。网桥（bridge）属于数据链路层设备，用于连接两个局域网，根据数据帧目的地址（MAC 地址）转发帧。随着网络交换技术和路由技术的发展，目前已经不再把网桥作为一种独立设备使用。

4）交换机。交换机（switch）属于数据链路层设备，是一种高性能网桥，用于连接多个局域网，如图 4-48（c）所示。一台交换机相当于多个网桥，交换机的每个端口都扮演一个网桥的角色，而且每个连接到交换机上的设备都可以享有它们自己的专用信道。交换机内部有一个地址表，标明了 MAC 地址和交换机端口的对应关系。当交换机从某个端口收到一个数据帧时，首先读取帧头中的源 MAC 地址，得到源 MAC 地址的机器所连接的端口，然后读取帧头中的目的 MAC 地址，并在地址表中查找相应的端口，将数据帧直接复制到该端口。交换机的主要任务就是建立和维护自己的地址表。广义上说，交换机分为广域网交换机和局域网交换机。其中，前者主要用于电信领域，提供通信用的基础平台；后者用于局域网络，用于连接终端设备。从传输介质和传输速度划分，交换机可分为以太网交换机、快速以太网交换机、千兆以太网交换机、FDDI 交换机、ATM 交换机和令牌环网交换机。

5）路由器。路由器（router）属于网络层设备，是一种多端口设备，如图 4-48（d）所示。路由器有两个功能：①用于连接多个逻辑上分开、使用不同协议和体系结构的网络；②根据信道的情况自动选择和设定两个结点之间的最短最快的传输路径，并且按照先后顺序发送信号。路由器内部有一个路由表，标明了要去某个地方下一步应该往哪里走。路由器从某个端口收到一个数据包后，首先把链路层的包头去掉读取目的网络地址，然后查找路由表，若能够确定下一步往哪送，则再加上链路层的帧头把该数据包转发出去。

6）网关。网关（gateway）又称为网间连接器、协议转换器，是将一个局域网连接到互联网的"点"。网关不能完全归类为一种网络硬件，它是能够连接不同网络的软/硬件的综合。特别是它可以使用不同的格式、通信协议或结构连接两个系统。网关实际上是通过重新封装信息以使它们能够被另一个系统读取。为了完成这项任务，网关必须能够运行在OSI 模型的几个层上，具备与应用通信、建立和管理会话、传输已经编码的数据、解析逻辑和物理地址数据等功能。网关可以设在服务器、微机或大型机上，常见的网关有电子邮件网关、因特网网关、局域网网关等。

（a）网络接口卡　　　　　　　　　　　　　　（b）集线器

（c）交换机　　　　　　　　　　　　　　（d）路由器

图 4-48　网络设备

4.5.2　典型的网络结构

1．规则网络

规则网络是具有规则图结构的网络。规则网络示意图如图 4-49 所示。若一个网络中的任意两个结点之间都有边直接连接，则称该网络是全局耦合网络或完全耦合网络。若一个网络的每个结点只与它周围的邻居结点相连，则称该网络是最近邻耦合网络。一个网络中如果有一个中心结点，除中心结点外的其他各结点都只与这个中心结点连接而它们彼此之间并不连接，这样的网络称为星形耦合网络。

（a）全局耦合网络示意图　　　　　　（b）最近邻耦合网络示意图　　　　　　（c）星形耦合网络示意图

图 4-49　规则网络示意图

2．随机网络

与规则网络不同，随机网络中结点之间的连接是随机的。随机网络有两方面特性：①要生成的网络是随机网络；②在生成的随机网络中不能出现孤立结点、重复链路和循环回路。随机网络模型非常重要，目前最经典的随机网络模型是保罗·厄多斯（Paul Erdos）和阿尔弗雷德·莱利（Alfred Renyi）于 20 世纪 50 年代末提出的 ER 随机网络模型。目前，生成随机网络的标准方法：假设有大量的纽扣（可被看成结点，结点数>>1）

散落在地上，每次在随机选取的一对纽扣之间系上一根线（可被看作边），重复 M 次后，就得到一个包含 N 个点、M 条边的随机网络模型。通常希望构造的是没有重复边和自环的简单图，因此在每次选择结点对时选择两个不同且没有边连接的结点对。实际上，该模型就是从所有的具有 N 个结点和 M 条边的简单图中完全随机地选取出来的。随机网络研究的一个关键问题是"以什么样的概率能够产生一个具有某些特性的网络"。

随机网络示意图如图 4-50 所示，虽然 3 个图都具有 10 个结点和 7 条边，但是做了 3 次实验，对不同的结点对相连得到的网络是不同的。因此，严格来讲，随机网络模型并不是指随机生成的单个网络，而是指一簇网络。

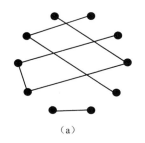 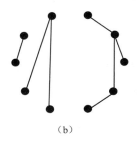 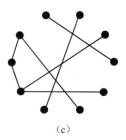

　　　（a）　　　　　　　　　　　（b）　　　　　　　　　　（c）

图 4-50　随机网络示意图

3.　小世界网络

在实际网络中，结点与结点之间的链接并不只是具有规则网络的特征或随机网络的特征，而是同时具有明显的聚类和小世界特征。例如，在现实生活中，人们通常认识邻近的邻居和同事，但也有一些人可能认识远在异国他乡的朋友。他们所组成的网络既不完全是规则网络，也不完全是随机网络，而是一个从规则网络到随机网络的过渡网络，既具有规则网络的一些特性，也具有随机网络的一些特性，这种网络被称为"小世界网络"。

典型的六度分割（six degrees of seperation）理论就是关于小世界网络的。六度分割理论指出："在这个世界上，任意两个人之间只隔着六个人。六度分割在这个星球上的任意两个人之间。"如果把每个人看成是一个小型社交圈的中心，那么"六小步的距离"即转变为"六个社交圈的距离"。在小世界网络中，大部分网络结点不与其他任意结点直接相连，但都能通过极少数目的中间结点到达其他任意结点。

瓦茨（Watts）和斯托加茨（Strongtz）最早给出了一种小世界网络的生成方法，即在规则网络中引入少许的随机性，就可以产生具有小世界特征的网络模型，这就是 WS 小世界网络模型。由规则网络生成的小世界网络示意图如图 4-51 所示。最近邻耦合网络如图 4-51（a）所示，每个结点与它周围的 4 个邻居结点相连，从网络链路中随机选取两条链路进行重连，即链路的一端结点保持不变，另一端结点从网络中随机选取重新连接，形成了由规则网络衍生的小世界网络，如图 4-51（b）所示。图 4-51（a）是规则网络，图 4-51（b）是小世界网络，这也表明小世界网络具有复杂网络的特性，可以由规则网络增加随机性来进行研究。

小世界网络更符合实际网络，如公路线路图、食物链、电力网、脑神经网络、社会影响网络等都体现出小世界网络的特征。

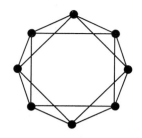 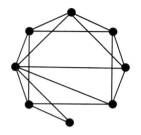

（a）规则网络之最近邻耦合网络　　　　　　　（b）由规则网络衍生的小世界网络

图 4-51　由规则网络生成的小世界网络示意图

4. 无标度网络

无标度网络是由少量高度结点和大量低度结点构成的网络。高度结点就是拥有大量连接的结点，也被称为 hub。低度结点就是连接数很少的结点。无标度网络虽然是非随机的，但是比规则网络、小世界网络具有更多的随机性。

巴拉斯（Barabasi）和艾伯特（Albert）于 1999 年提出了 BA 无标度网络模型，他们在无标度网络模型中考虑了 ER 随机网络和 WS 小世界网络忽略的实际网络的两个重要特性。

1）网络增长。网络的规模是不断扩大的，如 WWW 上每天都有大量的新网页出现，科研合作网络上每天都会有很多最新科研论文发表，而 ER 随机网络和小世界网络模型中的网络结点数是固定的。

2）偏好连接。新添加的网络结点偏向于与网络中的高度结点连接，也就是说，新结点更有可能与网络中具有较高连接数的结点连接，而不是随机相连。无标度网络模型适用于 Internet、WWW、科研合作网络、蛋白质交互网络等多领域的复杂网络研究。

4.5.3　网络协议与 TCP/IP 网络模型

1. 网络协议

1）协议。计算机网络如同一个计算机系统一样，包括硬件系统和软件系统两大部分，只有网络硬件设备部分是不能实现通信工作的，需要有高性能的网络软件管理网络，才能发挥计算机网络的功能。计算机网络功能是实现网络系统的资源共享，因此网络上各计算机系统之间要不断地进行数据交换。然而，不同的计算机系统可能使用完全不同的操作系统或者采用不同标准的硬件设备等，为了使网络上各个不同的计算机系统之间能够实现相互通信，通信的双方就必须遵守共同一致的通信规则和约定，如通信过程的同步方式、数据格式、编码方式等。这些为进行网络中数据交换而建立的规则、标准或约定称为协议。

2）协议的内容。在计算机网络中任何一种协议都必须解决语法、语义、定时 3 个主要问题。

① 协议的语法。在协议中对通信双方采用的数据格式、编码方式等进行定义。例如，报文中内容的组织形式、内容的顺序等，都是语法要解决的问题。

② 协议的语义。在协议中对通信的内容作出解释。例如，对于报文由几部分组成，

哪些部分用于控制数据,哪些部分是真正的通信内容,这些是协议的语义要解决的问题。

③ 协议的定时。定时也称时序,在协议中对通信内容先讲什么、后讲什么、讲的速度进行了定义,如在通信中采用同步传输还是异步传输等,这些是协议定时要解决的问题。

3)协议的功能。计算机网络协议应当具有以下功能。

① 分割与重组。协议的分割功能可以将较大的数据单元分割成较小的数据单元,其相反的过程是重组。

② 寻址。寻址功能使得网络上的设备彼此识别,同时可以进行路径选择。

③ 封装与拆封。协议的封装功能是在数据单元的始端或末端增加控制信息,其相反的过程是拆封。

④ 排序。协议的排序功能是指对报文发送与接收顺序的控制。

⑤ 信息流控制。协议的流量控制功能是指在信息流过大时采取一系列措施对流量进行控制,使其符合网络的吞吐能力。

⑥ 差错控制。差错控制功能使得数据按照误码率要求的指标在通信线路中正确地传输。

⑦ 同步。协议的同步功能可以保证收发双方数据传输的一致性。

⑧ 干路传输。协议的干路传输功能可以使多个用户信息共用干路。

⑨ 连接控制。协议的连接控制功能可以控制通信实体之间建立和终止链路的过程。

4)协议的种类。协议按其不同的特性可分为以下 3 种。

① 标准或非标准协议。标准协议涉及各类通用环境,而非标准协议只涉及专用环境。

② 直接或间接协议。设备之间可以通过专线进行连接,也可以通过公用通信网络相互连接。当网络设备之间直接通信时,需要一种直接通信协议;当网络设备之间间接通信时,需要一种间接通信协议。

③ 整体协议或分层的结构化协议。整体协议是一个协议,也是一整套规则。分层的结构化协议分为多个层次实施,这样的协议是由多个层次复合而成的。

2. Internet 网络协议

网络协议是计算机系统之间通信的各种规则,只有双方按照同样的协议通信,把本地计算机的信息发出去,对方才能接收。因此,Internet 上的每台计算机都必须安装执行协议的软件。协议是网络正常工作的保证,针对网络中的不同问题制订了不同的协议。Internet 协议主要有以下几种。

1)传输控制协议 TCP。TCP 负责数据端到端的传输,是一个可靠的、面向连接的协议,保证将源主机上的字节准确无误地传递到目的主机。为了保证数据可靠传输,TCP对从应用层传来的数据进行监控管理,提供重发机制,并且进行流量控制,使发送方以接收方能够接受的速度发送报文,不会超过接收方所能处理的报文数。

2)网际协议 IP。IP 是提供无连接的数据报服务,负责基本数据单元的传送,规定了通过 TCP/IP 的数据格式,选择数据传输路径和确定分组及数据差错控制等。IP 在互联层,实际上这一层配合 IP 的协议还有在 IP 之上的互联网络控制报文协议 ICMP,在IP 之下的正向地址解析协议 ARP 和反向地址解析协议 RARP。

3)用户数据报协议 UDP。提供不可靠的无连接的数据报传递服务,没有重发和记错功能。因此，UDP 适用于那些不需要 TCP 的顺序与流量控制而希望自己对此加以处理的应用程序。例如，在语言和视频应用中需要传输准同步数据时，用 UDP 传输数据，如果使用有重发机制的 TCP 来传输数据，就会使某些音频或视频信号延时较长，这时即使这段音频或视频信号再准确也毫无意义。在这种情况下，数据的快速到达比数据的准确性更重要。

计算思维——协议

协议是为了实现计算机之间通信与交互而制定的共同遵守的约定。只有遵守协议，才能合作顺利。协议的质量决定了合作的效率和速度。

3. OSI 参考模型

国际标准化组织提出一个通用的网络通信参考模型开放系统互联模型（OSI 模型）。OSI 参考模型将整个网络系统分成七层，每层负责各自特定的工作，各层都有主要功能，如图 4-52 所示。

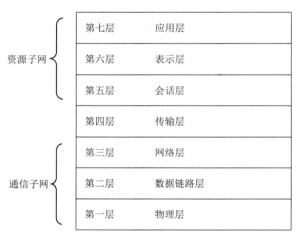

图 4-52　OSI 参考模型网络七层结构

1）OSI 参考模型分层原则。按照网络通信功能性质进行分层，将性质相似的工作计划分在同一层，每层所负责的工作范围层次清楚，彼此不重叠，处理事情时逐层处理，绝不允许越层，功能界限清晰，并且每层向相邻的层提供透明的服务。

2）各层功能。简单介绍各层主要功能。

① 物理层。它提供计算机操作系统和网线之间的物理连接，规定电缆引线的分配、线上的电压、接口的规格及物理层以下的物理传输介质等。在这一层传输的数据以比特为单位。

② 数据链路层。数据链路层完成传输数据的打包和拆包工作。把上一层传来的数据按照一定的格式组织，这个工作称为组成数据帧，然后将帧按照顺序传出。另外，它主要解决数据帧的破坏、遗失和重复发送等问题，目的是把一条可能出错的物理链路变成一条让网络层看起来是不出差错的理想链路。数据链路层传输的数据以帧为单位。

③ 网络层。它的主要功能是为数据分组进行路由选择，并负责通信子网的流量控制、拥塞控制。要保证发送端传输层传下来的数据分组能够被准确无误地传输到目的结点的传输层。网络层传输的数据以数据单元为单位。一般称上述三层为通信子网。

④ 传输层。它的主要功能是为会话层提供一个可靠的端到端连接，以使两个通信端系统之间透明地传输报文。传输层是计算机网络体系结构中的最重要的层，传输层协议也是最复杂的，其复杂程度取决于网络层提供的服务类型以及上层对传输层的要求。传输层传输的数据以报文为单位。

⑤ 会话层。它的主要功能是使用传输层提供的可靠的端到端连接，在通信双方应用进程之间建立会话连接，并对会话进行管理和控制，保证会话数据可靠传送。会话层传输的数据以报文为单位。

⑥ 表示层。它的主要功能是完成被传输数据的表示工作，包括数据格式、数据转化、数据加密和数据压缩等语法变换服务。表示层传输的数据以报文为单位。

⑦ 应用层。它是 OSI 参考模型中的最高层，功能与计算机应用系统所要求的网络服务目的有关。通常是为应用系统提供访问 OSI 环境的接口和服务，常见的应用层服务有信息浏览、虚拟终端、文件传输、远程登录、电子邮件等。应用层传输的数据以报文为单位。一般称第五层至第七层为资源子网。

3）在 OSI 模型中数据传输方式。在 OSI 模型中，通信双方的数据传输由发送端应用层开始向下逐层传输，并在每一层增加一些控制信息，可以理解为每层对信息加一层信封，到达最低层源数据加了七层信封；再通过网络传输介质，传送到接收端的最低层，再由下向上逐层传输，并在每层去掉一个信封，直到接收端的最高层，数据还原成原始状态为止。

另外，当通信双方进行数据传输时，实际上是对等层使用相应的协议在沟通，它是在不同终端相同层之间实施的通信规则。在同一终端不同层之间的通信规则称为接口或服务访问点。OSI 参考模型通信方式如图 4-53 所示。

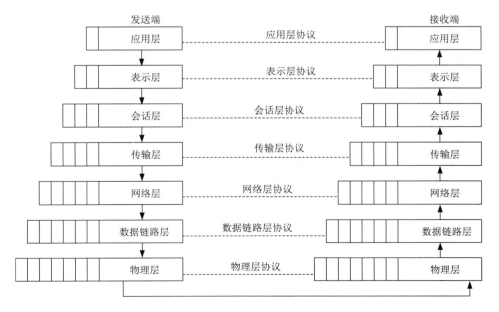

图 4-53　OSI 参考模型通信方式

4. TCP/IP 参考模型

在 Internet 中普遍使用传输控制协议/互联协议（transmission control protocol/internet protocol，TCP/IP）体系。TCP/IP 是一个网络协议簇，其中 TCP 和 IP 是两个非常重要的协议，因此常用 TCP/IP 表示 Internet 体系结构。虽然它不是 OSI 的标准协议，但是由于它所支持的网络产品大量进入 Internet 市场，因此称 TCP/IP 为实际的工业标准，它也是现在使用的 Internet 的标准协议，实际上已成为 Internet 的代名词。

TCP/IP 参考模型设计与 OSI 参考模型设计的出发点不同。OSI 是为统一国际标准而设计的，因此考虑因素多，协议复杂，产品推出较为缓慢。TCP/IP 起初是为军用网设计的，将异构网的互联、可用性、安全性等特殊要求作为重点考虑。因此，TCP/IP 参考模型分为网络接口层、互联层、传输层和应用层四层。TCP/IP 参考模型见表 4-9。

表 4-9 TCP/IP 参考模型

OSI 中的层	TCP/IP 协议簇
应用层	Telnet、FTP、SMTP、DNS
传输层	TCP 协议、UDP 协议
互联层	IP 协议
网络接口层	局域网、无线网、卫星网、X.25

TCP/IP 中各层的功能如下。

1）网络接口层。它是 Internet 协议的最低层，与 OSI 的数据链路及物理层相对应。这一层的协议标准很多，包括各种逻辑链路控制和媒体访问协议，如各种局域网协议、广域网协议等任何可用于 IP 数据报文交换的分组传输协议。它的作用是接收互联层传来的 IP 数据报；或者从网络传输介质接收物理帧，将 IP 数据报传给互联层。

2）互联层。它与 OSI 的网络层相对应，是网络互联的基础，提供无连接的分组交换服务。互联层的作用是将传输层传来的分组装入 IP 数据报，选择去往目的主机的路由，再将数据报发送到网络接口层；或者从网络接口层接收数据报，先检查其合理性，然后进行寻址，若该数据报是发送给本机的，则在接收并处理后传送给传输层；若该数据报不是发送给本机的，则转发该数据报。另外，它还有检验正确性、控制报文、流量控制等功能。

3）传输层。传输层与 OSI 的传输层相对应。传输层的作用是提供通信双方的主机之间端到端的数据传送，在对等实体之间建立用于会话的连接。它管理信息流，提供可靠的传输服务，以确保数据可靠地按照顺序到达。传输层包括传输控制协议 TCP 和用户数据报协议 UDP 两个协议，这两个协议分别对应不同的传输机制。

4）应用层。应用层与 OSI 中的会话层、表示层和应用层相对应。向用户提供一组常用的应用层协议，向用户提供调用应用程序访问 TCP/IP 互联网络的各种服务。常见的应用层协议包括网络终端协议 Telnet、文件传输协议 FTP、简单邮件传输协议 SMTP、域名服务 DNS 和超文本传输协议 HTTP。

4.5.4　网络连接

计算机网络是现代计算机技术和通信技术相结合而发展起来的一种新的通信形式，它是以共享资源（硬件、软件和数据）为目的，利用某种传输媒介将不同地点的独立的计算机或外部设备连接起来形成的系统。计算机网络按照规模大小及地理位置的延伸范围可分为局域网（local area network，LAN）、广域网（wide area network，WAN）和互联网（Internet）。

1.　网络的分类

（1）局域网

局域网是将较小地理范围内的各种数据通信设备连接在一起实现资源共享和数据通信的网络（一般在几千米以内）。这个小范围可以是一间办公室、一座建筑物或近距离的几座建筑物，如一座工厂或一所学校。局域网具有传输速度快，准确率高的特点。另外，它的设备价格相对较低，建网成本低。这种计算机网络适合在某一个数据较重要的部门、某一个企事业单位内部使用，可以实现资源共享和数据通信。

（2）广域网

广域网是将实际距离相对较远的数据通信设备连接起来实现资源共享和数据通信的网络。广域网一般覆盖面较大，可以是整个城市、一个国家、几个国家甚至全球范围。广域网一般利用公用通信网络提供的信息进行数据传输，传输速度相对较低，网络结构较为复杂，造价相对较高。常见的广域网有公共电话网（public switched telephone network，PSTN）、DDN 专线等，其核心技术是调制解调技术和分组交换技术。

（3）互联网

互联网是通过专用设备连接在一起的若干个网络的集合。通过专用互连设备可以进行局域网和局域网之间的互连、局域网与广域网之间的互连，以及若干局域网通过广域网的互连。

网络互联使用的主要设备是路由器，由路由器连接起来的若干局域网的集合就是Internet。Internet 不是一种新的物理网络，而是把多个物理网络互连起来的一种方法和使用网络的一套规则，任何计算机只要遵守 Internet 互连协议，就都可以接入 Internet。对一般用户而言，一旦接入 Internet，就可以不必关心网络的具体连接形式如何、本机和远程的服务器之间有多少个路由器和多少个网络，而只需关心通信的内容即可。

2.　无线网络技术

随着 Internet 的深入发展，人们的生活越来越离不开"网络"。虽然计算机网络只有40 多年的历史，但是网络技术始终在不断地快速发展，人们的需求也在不断提高，当前移动计算技术更是得到了人们的青睐，人们希望摆脱有线网络的束缚，生活在一种无处不在的计算环境中，真正实现任何人在任何时候、任何地点可以采用任何方式与其他任何人进行任何通信。

（1）无线网络的定义

无线网络是指采用无线传输媒介（无线电波、红外线等）的网络。无线网络的用途与有线网络的用途十分类似，最大的区别在于传输媒介不同，无线网络用无线技术取代了传统的网线。

无线网络技术涵盖的范围很广，既包括允许用户建立远距离无线连接的全球语音和数据网络，也包括为近距离无线连接进行优化的红外线技术及射频技术等。

（2）无线网络的分类

与有线网络一样，无线网络可以根据数据发送的距离分为不同的类型。

1）无线广域网络。无线广域网络（WWAN）技术可以使用户通过远程公共网络或专用网络建立无线网络连接，通过使用无线服务提供商所维护的若干天线基站或卫星系统，这些连接可以覆盖广大的地理区域，如许多城市或国家（地区）。WWAN 技术是第二代（2G）系统。2G 系统主要包括全球数字移动电话系统（GSM）、网络数字包数据（CDPD）和多址代码分区访问（CDMA）。从 2G 网络向 3G 网络的过渡中，2G 网络原有的某些限制漫游功能和互不兼容的功能，到第三代（3G）系统网络技术执行了国际标准并提供全球漫游功能。

2）无线域区网络。无线域区网络（WMAN）技术可以使用户在城市主要区域的多个场所之间创建无线连接而不必花费高昂的费用铺设光缆、电缆或租赁线路。例如，在大学校园的办公楼之间。此外，若有线网络的主要租赁线路不能使用，则可将 WMAN 用作有线网络的备用网络。WMAN 既可以使用无线电波，也可以使用红外光波来传输数据。提供给用户以高速访问 Internet 的无线网络带宽需求正日益增长。无线域区网络使用多种不同技术，如多路多点分布服务（MMDS）和本地多点分布服务（LMDS）等。IEEE 802.16 宽频无线访问标准工作组仍在开发标准化以规范这些技术的发展。

3）无线本地网络。无线本地网络（WLAN）技术可以使用户在本地创建无线连接。例如，在公司内或校园内的大楼里，在机场等公共场所。WLAN 可用于临时办公室或其他缆线安装受限的场所，或者用于增强现有的 LAN 使用户可以在不同时间在办公楼的不同地方工作。WLAN 可以按照两种不同方式运行。在基础 WLAN 中，无线站（具有无线电波网络卡或外置调制解调器的设备）连接无线访问点，其在无线站与现有网络中枢之间起"桥梁"作用。在有限区域（会议室）内的几个用户之间，如果不需要访问网络资源，就可以不使用访问点而建立临时网络。这种临时网络称为特殊 WLAN。

4）无线个人区域网络。无线个人区域网络（WPAN）技术为用户使用个人操作空间（POS）的设备（掌上计算机、移动电话和膝上型计算机等）创建特殊无线通信。POS 是个人周围空间 10m 以内的距离。目前，两个主要的 WPAN 技术是蓝牙技术和红外光波技术。蓝牙技术是一种替代技术，它可以在 9m 以内使用无线电波传送数据。蓝牙传输的数据可以穿透墙壁、口袋和公文包。蓝牙技术是由蓝牙专门利益组（SIG）引导发展的。该组于 1999 年发布了 1.0 版本的蓝牙规范。此外，要在近距离（1m 以内）连接设备，用户也可以创建红外连接。

（3）无线网络技术

1）WPAN 无线个人网采用红外数据传输（IrDA）和蓝牙技术。红外数据传输（IrDA）技术是一种利用红外线进行点对点通信的技术，是第一个实现无线个人局域网（WPAN）的技术。它是一种视距传输，两个相互通信的设备之间必须对准，中间不能被其他物体阻隔，因而该技术只能用于两台（非多台）设备之间的连接。通信距离一般为 0～1m，传输速率最快可达 16Mb/s，通信介质为波长约为 900nm 的近红外线。红外数据传输具备小角度（30°锥角以内）、短距离、直线数据传输、保密性强、传输速率较高的特点，适用于传输大容量的文件和多媒体数据。大部分的 PDA 及手机、笔记本计算机、打印机等产品都支持 IrDA。

蓝牙技术是一种无线数据与语音通信的开放性全球规范，其本质是为固定设备或移动设备之间的通信环境建立通用的近距离无线接口，将通信技术与计算机技术进一步结合起来，使各种设备在没有电线或电缆相互连接的情况下，也能在近距离范围内实现相互通信或操作。蓝牙技术的数据传输频段为全球公众通用的 2.4GHz ISM 频段，提供 1Mb/s 的传输速率和 10m 的传输距离。只要有蓝牙接口，就能够实现移动电话、计算机、数码相机、摄像机、打印机、传真机和掌上计算机等设备之间随心所欲的无线连通，使用户不必再为找不到连接线而烦恼。

2）WLAN 无线局域网采用 Wi-Fi 技术（IEEE 802.11b）。Wi-Fi 其实就是 IEEE 802.11b 的别称，它是由一个名为"无线以太网相容联盟"（wireless ethernet compatibility alliance，WECA）的组织发布的业界术语，中文译为"无线相容认证"。它是一种短程无线传输技术，能够在几十米范围内支持互联网接入的无线信号。随着技术的发展及 IEEE 802.11a 和 IEEE 802.11g 等标准的出现，现在 IEEE 802.11 标准已被统称为 Wi-Fi。

IEEE（美国电气和电子工程师协会）802.11b 无线网络规范是 IEEE 802.11 网络规范的扩展，另外还有两种 802.11 空间的协议 IEEE 802.11a 和 IEEE 802.11g 也是公开使用的，但 IEEE 802.11b 最为常用。Wi-Fi 或 IEEE 802.11b 在 2.4GHz 频段工作，最高带宽为 11Mb/s，在信号较弱或有干扰的情况下，带宽可以根据实际情况自动调整为 5.5Mb/s、2Mb/s 和 1Mb/s，带宽的自动调整有效地保障了网络的稳定性和可靠性。Wi-Fi 技术的主要特性是速度快，可靠性高，在开放性区域通信距离可达 305m，在封闭性区域通信距离为 76～122m，方便与现有的有线以太网络整合，组网的成本更低。

Wi-Fi 是一种帮助用户访问电子邮件、Web 和流式媒体的赋能技术。它为用户提供了无线宽带访问互联网。同时，它也是在家里、办公室里或在旅途中快捷上网的途径。能够访问 Wi-Fi 网络的地方被称为热点。Wi-Fi 热点是通过在互联网上连接安装访问点来创建的。这个访问点将无线信号通过短程进行传输，一般覆盖范围为 90m。当一台支持 Wi-Fi 的设备（笔记本计算机或智能手机）遇到一个热点时，这个设备可以用无线方式连接到那个网络。大部分热点位于可以供大众访问的地方，如机场、咖啡店、旅馆、书店及校园等。此外，许多家庭和办公室也拥有 Wi-Fi 网络。虽然有些热点是免费的，但是大部分稳定的公共 Wi-Fi 网络是由私人互联网服务提供商（ISP）提供的，因此会在用户连接到互联网时收取一定费用。

由于 Wi-Fi 的频段在世界范围内是无需任何电信运营执照的免费频段，因此 WLAN 无线设备提供了一个在世界范围内可以使用的费用极其低廉且数据带宽极高的无线空中接口。用户可以在 Wi-Fi 覆盖区域内快速浏览网页和随时随地接听拨打电话，而其他一些基于 WLAN 的宽带数据应用（流媒体、网络游戏等功能）更是值得用户期待。有了 Wi-Fi 功能，人们在打长途电话（含国际长途）、浏览网页、收发电子邮件、音乐下载、数码照片传递时，就无需再担心速度慢和花费高的问题。

Wi-Fi 技术在掌上设备上的应用越来越广泛，而智能手机就是其中一个典型的例子。

与以前应用于手机上的蓝牙技术不同，Wi-Fi 具有更大的覆盖范围和更高的传输速率，因此 Wi-Fi 手机成为目前移动通信业界的时尚潮流。

3）WMAN 无线城域网采用 WiMAX 技术（IEEE 802.16）。WiMAX 是一项基于 IEEE 802.16 标准的宽带城域网无线接入技术，该标准仅仅制定了物理层（PHY）和媒质接入层（MAC）的规范，是针对微波频段提出的一种新的空中接口标准。

IEEE 802.16 技术可以应用的频段非常宽，包括 10～66GHz 频段、<11GHz 许可频段和<11GHz 免许可频段。

WiMAX 技术的突出特点是比 Wi-Fi 具有更远的覆盖半径。Wi-Fi 主要解决 100m 内的无线接入问题，属于 WLAN（无线局域网）的范畴。Wi-Fi 在开阔地带最远可以达到 300m，在室内一般有效覆盖范围在 100m 以内。WiMAX 的覆盖范围最远可以达到 50km，属于无线城域网（WMAN）的范畴，其典型应用的覆盖范围为 6～10km。

4）WWAN 无线广域网采用 GSM、GPRS、CDMA、2.5-3G 技术。GSM 作为最具代表性和最为成熟的数字移动通信系统，其发展历程就是一部频率有效利用技术的演进史。GSM 采用时分多址制式，其对频率的有效利用主要是通过频率复用技术的不断升级实现的。从传统的 4×3 方式到 3×3、1×3、MRP、2×6 等新方式的复用技术，频率复用的密集度逐步提升，频谱效率快速提高，GSM 系统的容量得到逐步释放。

3. 网络的拓扑结构

计算机网络的拓扑结构是由计算机网络上各结点（分布在不同地理位置上的计算机设备及其他设备）和通信链路所构成的几何形状。常见的拓扑结构有总线型、星形、环形、树形和网状 5 种。

（1）总线型结构

总线型拓扑结构采用一条公共线（总线）作为数据传输介质，网络上的所有结点都连接在总线上，通过总线在网络上各结点之间传输数据，如图 4-54（a）所示。

总线型拓扑结构使用广播传输技术，总线上的所有结点都可以发送数据到总线上，数据在总线上传播。在总线上所有其他结点都可以接收总线上的数据，各结点接收数据之后，首先分析总线上的数据的目的地址，再决定是否真正接收。由于各结点共用一条总线，在任一时刻只允许一个结点发送数据，因此传输数据容易出现冲突现象，一旦总线出现故障，就将影响整个网络的运行。总线型拓扑结构具有结构简单、建网成本低、布线与维护方便及易于扩展等优点。著名的以太网就是典型的总线型拓扑结构。

（2）星形结构

在星形结构的计算机网络中，网络上每个结点都由一条点到点的链路与中心结点相连，如图 4-54（b）所示。星形结构网络设备有交换机、集线器等。

在星形结构中，信息传输是通过中心结点的存储转发技术来实现的。这种结构具有结构简单、便于管理与维护及易于结点扩充等优点。缺点是中心结点负担重，一旦中心结点出现故障，将影响整个网络的运行。

（3）环形结构

在环形拓扑结构的计算机网络中，网络上各结点都连接在一个闭合环形通信链路上，如图 4-54（c）所示。

在环形结构中，信息的传输沿着环的单方向传递，两个结点之间仅有唯一的通道。网络上各结点之间没有主次关系，各结点负担均衡，但是网络扩充及维护不太方便。一旦网络上有一个结点或环路出现故障，就可能引起整个网络故障。

（4）树形结构

树形拓扑结构是星形结构的发展，在网络中各结点按照一定的层次连接起来，形状像一棵倒置的树，因此称为树形结构，如图 4-54（d）所示。

在树形结构中，顶端的结点称为根结点，它可以带若干个分支结点，每个分支结点又可以再带若干个子分支结点。信息的传输可以在每个分支链路上双向传递。网络扩充、故障隔离较为方便。一旦根结点出现故障，就将影响整个网络运行。

（5）网状结构

在网状拓扑结构中，网络上的结点连接是不规则的，每个结点都可以与任何其他结点相连，而且每个结点可以有多个分支，如图 4-54（e）所示。

在网状结构中，信息可以在任何一个分支上进行传输，这样可以减少网络阻塞现象。然而，由于网状结构复杂，因此不易管理和维护。

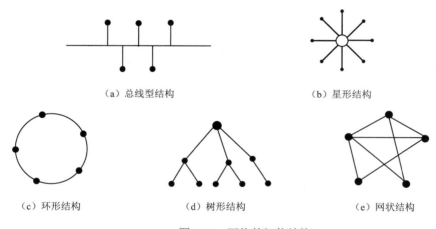

（a）总线型结构　　　　　　　　　　　（b）星形结构

（c）环形结构　　　　　（d）树形结构　　　　　（e）网状结构

图 4-54　网络的拓扑结构

4.5.5　因特网

Internet 是世界上规模最大、覆盖面最广的计算机互联网。它采用 TCP/IP 协议簇，将全世界不同国家、不同地区、不同部门和不同结构类型的计算机系统、国家骨干网、广域网、局域网，通过互联设备连接在一起实现资源共享。Internet 是一个计算机网络的网络，它的中文译名是因特网或国际互联网。接入 Internet 的主机必须用唯一的 IP 地址，为了便于记忆，还可以通过域名系统为主机用字符命名，称为域名。

Internet 的前身是美国国防部高级研究计划署（ARPA）于 1968 年主持研制的用于支持军事研究的计算机实验网络（ARPAnet）。建网初衷是为帮助美国军方研究人员利用计算机进行信息交换，最初的 ARPAnet 只有 4 个结点，分别是洛杉矶加州大学、斯坦福研究所、加州大学伯克利分校和犹他大学。

20 世纪 80 年代初，在局域网中的大多数计算机运行 UNIX 操作系统，而 IP 只是该系统的组成部分。当建立这些局域网的机构连入 ARPAnet 后，各局域网上使用 IP 的计算机用户通过 ARPAnet 实现了通信。随着 TCP/IP 的标准化，ARPAnet 的规模不断扩大，在世界范围内很多国家将计算机和网络连入 ARPAnet。这是 Internet 发展的第一阶段，ARPAnet 为早期的骨干网。

由于 ARPAnet 的军用性质，不能开放自由地使用，因此美国国家科学基金会（NSF）1986 年提出并开始组建 NSFnet。到 1988 年年底，NSF 把在全国建立的五大超级计算机中心用通信干线连接起来，组成了基于 IP 的计算机通信网络 NSFnet，并以此作为 Internet 的基础实现同其他网络的连接。从这以后，NSF 巨型计算机中心一直肩负着扩展 Internet 的使命，NSFnet 最终将 Internet 向全社会开放。这是 Internet 发展的第二阶段。后来，随着计算机网络通信技术、网络互联技术和信息工程技术的迅速发展，Internet 也在不断地发展，许多机构、商业网不断地连入 Internet。今天 Internet 已经渗透到世界各地以及社会生活的方方面面，且用户数呈指数增长。目前 Internet 已成为人们工作、学习、生活离不开的工具。

1994 年，我国的互联网与 Internet 连通，成为加入 Internet 的第 81 个国家。我国的 Internet 主要由中国教育和科研计算机网、中国科技网、中国公用计算机互联网和中国金桥信息网四大互联网络组成。

中国教育和科研计算机网（CERNET）是由国家投资建设、教育部负责管理、清华大学等高等学校承担建设和管理运行的全国学术性计算机互联网络，主要面向教育和科研单位，是全国最大的公益性互联网络。

中国科技网（CSTNET）是在中关村地区教育与科研示范网和中国科学院计算机网络的基础上建设和发展起来的覆盖全国范围的大型计算机网络。它是非营利、公益性的网络，主要为科学界、科技管理部门、政府部门和高新技术企业服务。中国科技网由中国科学院计算机网络信息中心管理运行，同时管理和运行中国顶级域名 cn。

中国公用计算机互联网（CHINANET）是中国最大的 Internet 服务提供商（ISP），由中国电信经营管理，是中国第一个商业化的计算机互联网。CHINANET 提供 Internet 上的所有服务。

中国金桥信息网（CHINAGBN）是国家公用经济信息通信网，实行"天地一网"，即天上卫星网和地面光纤网互联互通。

计算思维——分散性控制

分散管理是大型企业运行的一个概念。在大型系统中实施分散管理，可以提高系统的可靠性和安全性，使系统高效而稳健地运行。同时，还可以降低系统的维护成本。

---

1. Internet 地址

在局域网中，各台终端上的网络适配器（网卡）都有一个地址，称为网卡物理地址或 MAC 地址。它是全球唯一的地址，每块网卡上的地址与其他任何一块网卡上的地址都不相同。而在 Internet 上的主机，每台主机也都有一个与其他任何主机不重复的地址称为 IP 地址。IP 地址与 MAC 地址之间没有必然的联系。

每个 IP 地址用 32 位二进制数表示，通常被分割为 4 个 8 位二进制数，即 4 个字节（IPv4 协议中），如 11001011.01100010.01100001.01001111。为了便于记忆，实际使用 IP 地址时，将二进制数用十进制数来表示，每 8 位二进制数用一个 0～255 的十进制数表示，并且每个数之间用小数点分开。例如，上面的 IP 地址可以用十进制地址 203.98.97.143 表示网络中某台主机的 IP 地址。计算机系统很容易地将用户提供的十进制地址转换成对应的二进制 IP 地址，以识别网络上的互联设备。

（1）IP 地址的分类

IP 地址分为五类，分别为 A 类、B 类、C 类、D 类和 E 类。其中，A、B、C 三类地址是主类地址，D、E 两类地址是次类地址。IP 地址的格式由类别、网络地址和主机地址三部分组成，如图 4-55 所示。

类别	网络地址	主机地址

图 4-55　IP 地址的格式

A 类地址类别号为 0，第一字节中剩余的 7 位表示网络地址，后 3 个字节用来表示主机地址。B 类、C 类、D 类和 E 类地址的具体分类如图 4-56 所示。

位	0	1	2	3	4	5	6	7	8…15	16…23	24…31	地址范围
A 类	0	网络地址 2^7							主机地址 2^{24}			0.1.0.0～126.225.255.255
B 类	1	0	网络地址 2^{14}							主机地址 2^{16}		128.0.0.0～191.255.255.255
C 类	1	1	0	网络地址 2^{21}							主机地址 2^8	192.0.0.0～223.255.255.255
D 类	1	1	1	0	广播地址							224.0.0.0～239.255.255.255
E 类	1	1	1	1	0	留用						240.0.0.0～247.255.255.255

图 4-56　IP 地址分类

一般全 0 的 IP 地址不使用，有特殊用途。

从图 4-56 中可以看出，A 类地址的网络数最少，但网络中的主机数目较大；与其对应的 C 类地址网络数较大，但每个网络中的主机数较少。

（2）IPv6 技术

IPv4 是 IP 的第四版，也是第一个被广泛使用的 Internet 基础协议，至今已经使用了 30 多年。IPv4 地址表示为点分十进制格式，即将 32 位二进制数的地址分成 4 个 8 位二进制数一组，每 8 位二进制数写成一个十进制数，中间用点号分隔。它采用的地址位数为 32 位，也就是最多有 $2^{32}-1$ 台计算机可以连接到 Internet 上。近十年来，由于互联网的蓬勃发展，IP 位址的需求量愈来愈大，因此使得 IP 位址的发放愈趋严格。

IPv6 是下一版本的互联网协议，也可以说是下一代互联网的协议。它的提出，最初是解决 IPv4 定义的有限地址空间将被耗尽的问题，而地址空间的不足必将妨碍互联网的进一步发展。为了扩大地址空间，拟通过 IPv6 重新定义地址空间。IPv6 的 128 位地址是以 16 位为一分组，每个 16 位分组写成 4 个十六进制数，中间用冒号分隔，称为冒号分十六进制格式。它采用 128 位地址长度，几乎可以不受限制地提供地址。在 IPv6 的设计过程中，除了一劳永逸地解决了地址短缺问题以外，还考虑了在 IPv4 中解决不好的其他问题，主要有端到端 IP 连接、服务质量（QoS）、安全性、多播、移动性、即插即用等问题。

1）IPv6 地址。例如，21DA:00D3:0000:2F3B:02AA:00FF:FE28:9C5A 是一个完整的 IPv6 地址。

IPv6 的地址表示有以下几种特殊情形。

① IPv6 地址中每个 16 位分组中的前导零位可以去除作出简化表示，但每个分组必须至少保留一位数字。

例如，地址 21DA:00D3:0000:2F3B:02AA:00FF:FE28:9C5A，去除前导零位后可以写成 21DA:D3:0:2F3B:2AA:FF:FE28:9C5A。

② 某些地址中可能包含很长的零序列，为进一步简化表示法，还可以将冒号十六进制格式中相邻的连续零位合并，用双冒号"::"表示。"::"符号在一个地址中只能出现一次，该符号也能用来压缩地址中前部和尾部相邻的连续零位。

例如，地址 1080:0:0:0:8:800:200C:417A，0:0:0:0:0:0:0:1，0:0:0:0:0:0:0:0，分别可以表示为压缩格式 1080::8:800:200C:417A，::1，::。

③ 在 IPv4 和 IPv6 的混合环境中，有时更适合采用另一种表示形式：x:x:x:x:x:x:d.d.d.d，其中 x 是地址中 6 个高阶 16 位分组的十六进制值，d 是地址中 4 个低阶 8 位分组的十进制值（标准 IPv4 表示）。

例如，地址 0:0:0:0:0:0:13.1.68.3，0:0:0:0:0:FFFF:129.144.52.38，写成压缩形式为::13.1.68.3，::FFFF.129.144.52.38。

④ 要在一个 URL 中使用文本 IPv6 地址，文本地址应当用符号"["和"]"来封闭。

例如，IPv6 地址 FEDC:BA98:7654:3210:FEDC:BA98:7654:3210 写作 URL 示例为 http://[FEDC:BA98:7654:3210:FEDC:BA98:7654:3210]:80/index.html。

2）IPv6 相对于 IPv4 的优势。IPv6 地址容量大大扩展，由原来的 32 位扩充到 128 位，彻底解决了 IPv4 地址空间不足的问题；支持分层地址结构，从而更易于寻址；扩展支持组播和任意播地址，这使得数据包可以发送给任何一个或一组结点。大容量的地址空间能够真正地实现无状态地址自动配置，使 IPv6 终端能够快速连接到网络上而无需人工配置，实现了真正意义的即插即用。

IPv4 在数据传输过程中是不加密的，这就带来了很大的安全隐患，而 IPv6 把 IPSec 作为必备协议，保证了网络层端到端通信的完整性和机密性。IPv6 在移动网络和实时通信方面有很多改进。IPv6 技术彻底解决了地址空间耗尽和路由表"爆炸"等问题，而且为 IP 注入了新内容，使支持安全、主机移动及多媒体成为 IP 的有机组成部分。IP 的设计使路由器处理报文更加简便，扩展性也更好。目前，IPv6 的实验网 6Bone 已经遍布全球，IP 从 IPv4 过渡到 IPv6 已经是历史的必然。

2．域名

由于人们更习惯用字符型名称来识别网络上互联设备，因此通常用字符给网上设备命名，这个名称由许多域组成，域与域之间用小数点分开。例如，哈尔滨商业大学的校园网域名为 www.hrbcu.edu.cn，这是该大学的 www 主机的域名。在这个域名中从右至左越来越具体，最右端的域为顶级域名 cn，表示中国；edu 是二级域名，表示教育机构；hrbcu 是用户名；www 是主机名。又如，www.tsinghua.edu.cn 是清华大学校园网 www 主机的域名。这两个域名主机名和后两个域名都相同，但用户名不同就代表 Internet 上的两台不同的主机。在 Internet 上域名或 IP 地址一样都是唯一的，只不过表示方式不同。在使用域名查找网上设备时，需要有一个翻译将域名翻译成 IP 地址，这个翻译任务由域名服务系统 DNS 来承担，它可以根据输入的域名来查找相对的 IP 地址，如果在本服务系统中没找到，就再到其他服务系统中去查找。

在美国一般主机的顶级域名用二级域名表示，而在美国之外的其他国家和地区用标准化的两个字母表示国家和地区的名字，即顶级域名。例如，中国用 cn，中国香港用 hk 等。常用的二级域名有：edu 表示教育机构、com 表示商业机构、mil 表示军事部门、gov 表示政府机构、org 表示其他机构。

计算思维——用户体验

很显然，域名比 IP 地址更好记忆。在业务处理或系统设计过程中，为用户提供多种可选择的描述问题的方法，提供多种可选择的表达要求，可以增强用户体验，获得用户信任。因此，以用户为中心的设计思想体现了互联网时代的趋势。

3．统一资源定位符 URL

在 Internet 上，每种资源（包括网页、各种文件、程序等）都可以使用统一的格式、统一资源定位符（Universal Resource Locator，URL）来定位。基本的 URL 包含：协议、服务器名称（IP 地址或域名）、路径和文件名。例如，哈尔滨商业大学主页的 URL 为 http://www.hrbcu.edu.cn/，其中 htttp 为其使用的协议类型，www.hrbcu.edu.cn 为哈尔滨商业大学的 Web 站点服务器的域名。

URL 的第一部分明确指出了所使用的 Internet 服务的协议类型，告诉浏览器如何处理将要打开的文件，也使 Internet 的每个文件程序都成为独立的实体，URL 中常使用的协议类型如下。

① http：超文本传输协议资源。
② https：用安全套接字层传送的超文本传输协议。
③ ftp：文件传输协议。
④ mailto：电子邮件地址。
⑤ ldap：轻型目录访问协议搜索。
⑥ file：当地电脑上的文件。
⑦ news：特定新闻服务器上的 Usenet 新闻组。

⑧ gopher：Gopher 菜单和文件。

⑨ telnet：远程登录对话。

URL 的第二部分是文件所在服务器的名称或 IP 地址，后面是到达这个文件的路径和文件名称。有时 URL 以斜杠"/"结尾，没有给出文件名，在此种情况下，URL 将引用路径中最后一个目录中的默认文件 index.html 或 default.html。

利用 URL 定位，使用不同的协议，输入服务器的地址和路径，可以访问 Internet 上的任何目录、文件及程序。

4. WWW 服务

WWW（world wide web）服务是一种建立在超文本基础上的浏览、查询 Internet 信息的方式，它以交互方式查询并访问存放于远程计算机的信息，为多种 Internet 浏览与检索访问提供一个单独一致的访问机制。Web 页将文本、超媒体、图形和声音结合在一起，给企业带来通信与获取信息资源的便利条件。

WWW 以超文本技术为基础；用面向文件的阅览方式替代通常的菜单列表方式，提供具有一定格式的文本、图形、声音、动画等。通过将位于 Internet 上不同地点的相关数据信息有机地编织在一起，WWW 提供一种友好的信息查询接口，用户仅需提出查询要求，而到什么地方查询及如何查询则由 WWW 自动完成。因此，WWW 带来的是世界范围的超级文本服务，只要操纵计算机的鼠标，就可以通过 Internet 从全世界任何地方调来用户所希望得到的文本、图像（活动影像）和声音等信息。

WWW 是建立在客户机/服务器模型之上的。WWW 服务包含的最核心的技术是超文本标注语言 HTML 与超文本传输协议 HTTP。能够提供面向 Internet 服务的、用户界面一致的信息浏览系统。其中 WWW 服务器采用超文本链路来链接信息页，这些信息页既可以放置在同一台主机上，也可以放置在不同地理位置的主机上；本链路由统一资源定位器（URL）维持，WWW 客户端软件（WWW 浏览器）负责信息显示及向服务器发送请求。

Internet 采用超文本和超媒体的信息组织方式，将信息的链接扩展到整个 Internet 上。目前，用户利用 WWW 不仅能够访问到 Web Server 的信息，而且可以访问到 FTP、Telnet 等网络服务。因此，它已经成为 Internet 上应用最广和最有前途的访问工具，并在商业范围内发挥日益重要的作用。

WWW 服务的程序在 Internet 上被称为 WWW 浏览器，它是用来浏览 Internet 上 WWW 主页的软件。目前，流行的浏览器软件主要有 360 安全浏览器、Google Chrome、Microsoft Internet Explorer 和 Mozilla FireFox。

5. 超文本传输协议 HTTP

超文本传输协议（hypertext transfer protocol，HTTP）是互联网上应用最广泛的一种网络协议。所有的 WWW 文件都必须遵守这个标准。

HTTP 是一个客户端和服务器端请求和应答的标准。客户端是终端用户，服务器端是网站。通过使用 Web 浏览器、网络爬虫或其他工具，客户端发起一个到服务器上指定端口（默认端口为 80）的 HTTP 请求。这个客户端称为用户代理（user agent）。应答的服务器上存储着一些资源，如 HTML 文件和图像。这个应答服务器称为源服务器（origin server）。

计算思维——冗余

冗余是计算机工程的重要概念，因特网基础设施的可靠性和稳固性归功于其设计的高度冗余（结点之间多个路由）及没有中央控制的管理模式。在系统设计中，有意增加设备或技术方面的冗余度，可以提高系统的可靠性和安全性。

4.5.6　网络搜索引擎

搜索引擎是一个为用户提供信息"检索"服务的网站。用户向搜索引擎发出查询请求，搜索引擎接受查询请求并向用户返回资料。目前，搜索引擎返回的资料主要是以网页链接的形式存在的，通过这些链接，用户能够得到含有自己所需资料的网页。通常搜索引擎会在这些链接下提供一小段来自这些网页的摘要信息以帮助用户判断此网页是否含有自己需要的内容。

1. 具有代表性的搜索引擎

1）百度（http://www.baidu.com）搜索引擎。百度以自身的核心技术"超链分析"为基础，提供的搜索服务体验赢得了广大用户的喜爱。百度拥有全球最大的中文网页库，目前收录中文网页已超过 20 亿，这些网页的数量每天正以千万级的速度在增长。同时，百度在中国各地分布的服务器，能直接从最近的服务器上，把所搜索的信息返回给当地用户，使用户享受极快的搜索传输速度。

2）搜狗（http://www.sogou.com）搜索引擎。搜狗是搜狐公司于 2004 年 8 月 3 日推出的全球首个第三代互动式中文搜索引擎。搜狗以搜索技术为核心，致力于中文互联网信息的深度挖掘，帮助中国上亿网民加快信息获取速度，为用户创造价值。搜狗的产品线包括了网页应用和桌面应用两大部分。网页应用以网页搜索为核心，在音乐、图片、新闻、地图领域提供垂直搜索服务，通过说吧建立用户间的搜索型社区。桌面应用则旨在提升用户的使用体验：搜狗工具条帮助用户快速启动搜索，拼音输入法帮助用户更快速地输入，PXP 加速引擎帮助用户更流畅地享受在线音视频直播、点播服务。

2. 搜索引擎的使用

1）搜索关键词提炼。学会从复杂搜索意图中提炼最具代表性和指示性的关键词，对提高信息查询效率至关重要。

2）细化搜索条件。搜索条件越具体，搜索引擎返回的结果就越精确，有时多输入一两个关键词，效果就完全不同，多个关键词之间用空格或逗号分开，这是搜索的基本技巧之一。

3）用好逻辑命令。搜索逻辑命令通常是指布尔命令 AND、OR、NOT 及与之对应的"+""-"等逻辑符号命令。用好这些命令同样可使人们的日常搜索应用达到事半功倍的效果。

4.5.7　云计算、大数据与人工智能

1. 云计算

云计算是基于互联网相关服务的增加、使用和交付模式，通常涉及通过互联网来提供动态易扩展且虚拟化的资源。"云"是网络或互联网的一种比喻说法。狭义云计算是指 IT 基础设施的交付和使用模式，是指通过网络以按需、易扩展的方式获得所需资源；广义云计算是指服务的交付和使用模式，是指通过网络以按需、易扩展的方式获得所需服务。这种服务可以是 IT 和软件、互联网相关的，也可以是其他的服务。它意味着计算能力也可作为一种商品通过互联网进行流通。

云计算是网格计算、分布式计算、并行计算、效用计算、网络存储技术、虚拟化、负载均衡等传统计算机技术和网络技术发展融合的产物。它旨在通过网络把多个成本相对较低的计算实体整合成一个具有强大计算能力的完美系统，并借助 SaaS、PaaS、IaaS、MSP 等先进的商业模式把这种强大的计算能力分布到终端用户手中。云计算的一个核心理念就是通过不断提高"云"的处理能力，进而减少用户终端的处理负担，最终使用户终端简化成一个单纯的输入输出设备，并能按需享受"云"的强大计算处理能力。

云计算的基本原理是通过使计算分布在大量的分布式计算机上，而非本地计算机或远程服务器中，企业数据中心的运行将与互联网更相似。这使得企业能够将资源切换到需要的应用上，根据需求访问计算机和存储系统。

云计算主要包含 3 个服务模式：基础设施即服务、平台即服务和软件即服务。

1）基础设施即服务 IaaS。消费者通过 Internet 可以从完善的计算机基础设施获得服务。

2）平台即服务 PaaS。它是指将软件研发的平台作为一种服务，以 SaaS 的模式提交给用户。因此，PaaS 也是 SaaS 模式的一种应用。PaaS 的出现可以加快 SaaS 的发展，尤其是加快 SaaS 应用的开发速度。

3）软件即服务 SaaS。SaaS 是一种通过 Internet 提供软件的模式，用户无需购买软件，只需向提供商租用基于 Web 的软件来管理企业经营活动。相对于传统的软件，SaaS 解决方案有明显较低的前期成本，以及易于维护、快速展开使用等优势。

计算思维——云服务

云服务是指通过网络以按需、易扩展的方式获得所需服务，如云计算、云存储、云管理等。云服务意味着计算能力可作为一种商品通过互联网进行流通。它降低了社会在信息消费方面的成本，加快了运行效率，提高了数据的安全性和可靠性，降低了灾害风险。

---

2. 大数据

大数据是指无法在一定时间范围内用常规软件工具进行捕捉、管理和处理的数据集合，是需要新处理模式才能具有更强的决策力、发现洞察力和流程优化能力的海量、高

增长率和多样化的信息资产。

在大数据时代，任何微小的数据都可能产生不可思议的价值。大数据有 4 个特点，分别为大量（volume）、多样（variety）、高速（velocity）、价值（value），一般称为 4V 特征。

1）大量。大数据的显著特征体现为"大"。随着信息技术的高速发展，数据开始爆发性增长，数据集合的规模不断扩大，存储单位从 GB 到 TB，再到现在的 PB、EB。国际知名咨询机构 IDC 的研究报告预测，未来十年全球大数据将增加 50 倍。因此，迫切需要智能的算法、强大的数据处理平台和新的数据处理技术来统计、分析、预测和实时处理大规模的数据。

2）多样。任何形式的数据都可以产生作用，广泛的数据来源决定了大数据形式的多样性。大数据的类型包括结构化、半结构化和非结构化数据。有固定格式和有限长度的数据为结构化数据；长度不定、无固定格式的数据为非结构化数据，如图片、语音、视频等。

3）高速。大数据的产生非常迅速，主要通过互联网传输。生活中每个人都离不开互联网，也就是说每个人每天都在向大数据提供大量的资料。这些数据是需要及时处理的，而花费大量资本去存储作用较小的历史数据是非常不划算的。对于一个平台而言，也许保存的数据只有过去几天或一个月之内的，再远的数据就要及时清理，不然代价太大。基于这种情况，大数据对处理速度有着非常严格的要求，服务器中的大量资源都用于处理和计算数据，很多平台需要做到实时分析。

4）价值。这也是大数据的核心特征。在现实世界所产生的数据中，有价值的数据所占比例很小。相比于传统的小数据，大数据最大的价值在于从大量不相关的各种类型的数据中挖掘出对未来趋势与模式预测分析有价值的数据，并通过机器学习方法、人工智能方法或数据挖掘方法深度分析，发现新规律和新知识，并运用于农业、金融、医疗等各个领域，从而最终达到改善社会治理、提高生产效率、推进科学研究的效果。

随着信息化的到来，信息越来越多，数据必须要经过一定的专业化处理才能得到有用的信息。大数据处理技术本质上是将数据分析为信息，将信息提炼为知识，以知识促成决策和行动。大数据的处理流程主要包括数据抽取和集成、数据处理和分析、数据检索和挖掘 3 个过程。

由于数据来源广泛，数据类型多样，大数据处理的第一步就是对数据进行抽取和集成，再采用统一的格式存储起来。数据处理和分析是对存储的数据进行清洗和过滤，得到高质量的数据，采用统计分析软件将这些数据进行分析，从中发现规律并提取新知识。最后对这些有价值的数据根据不同需求采用机器学习、数据挖掘等分析技术进行分析，进行基于各种算法的计算，从而达到预测的效果，实现一些高级别的数据分析需求。

3. 人工智能

人工智能（artificial intelligence，AI）是用人工的方法在机器上实现智能，或者说是人们使用机器模拟人类的智能。由于人工智能是在机器上实现的，因此又称为机器智能，它是研究、开发用于模拟、延伸和扩展人类智能的理论、方法、技术及应用系统的一门技术科学。人工智能是计算机科学的一个分支，试图了解智能的实质，并生产出一种新的能够以人类智能相似的方式作出反应的智能机器。该领域的研究包括机器人、语言识别、图像识别、自然语言处理和专家系统等。

人工智能的主要任务之一就是采用合适的技术来模仿人类求解问题。求解一个问题时，首先需要考虑为该问题找到一个合适的表示方法，把问题用某种形式表示出来。然后再选择一种相对合适的求解方法，而搜索则是一种求解问题的一般性方法。

搜索是指从由大量事物构成的状态空间中寻找某个特定对象的过程。基于搜索进行问题求解的关键是找到合适的搜索策略。人工智能中的搜索策略大体分为两种：无信息搜索和有信息搜索。其中，无信息搜索是指除了问题定义提供的状态信息外，没有任何附加信息可用于指导搜索过程；有信息搜索是指采用启发式函数来衡量哪一个状态比其他状态更接近目标状态，并优先对该状态进行搜索。

推理是人类求解问题的主要思维方法。知识推理是指在计算机或智能系统中模拟人类的智能推理方式，依据推理控制策略，利用形式化的知识进行机器思维和求解问题的过程。在智能系统中，推理是由程序实现的。一个智能系统通常包括综合数据库和知识库，综合数据库中存放用于推理的事实或证据，而知识库中则存放用于推理所必须的知识。进行推理时，根据综合数据库中已有的事实到知识库中去寻找与之匹配的知识，并从所有匹配的知识中选择一条适当的知识进行推理，也就是说，要把这个推理能力告诉机器，让机器根据提问推理出相应的结论。

机器学习是研究如何使用机器来模拟人类学习活动的一门科学，即研究如何使机器通过识别和利用现有知识来获取新知识和新技能、不断改善性能、实现自我完善。机器学习是实现人工智能的一种途径，即以机器学习为手段来解决人工智能中的问题。机器学习理论主要是设计和分析一些让计算机可以自动学习的算法，机器学习算法是一类自动分析已知数据获得规律并利用规律对未知数据进行预测的算法。

深度学习是最活跃的机器学习方法之一，它是一种基于对数据进行特征学习的机器学习方法，试图使用包含复杂结构或由多重非线性变换构成的多个处理层对数据进行高层抽象。深度学习通过组合低层特征形成更加抽象的高层特征表示属性类别或特征，以发现数据的分布式特征表示。目前，深度学习已经被成功应用到计算机视觉、语音识别、自然语言处理、音频识别与生物信息学等领域，并取得了非常好的效果。

4. 云计算、大数据与人工智能的关系

云计算是大数据的基础，为大数据提供基础平台与支撑技术，为大数据的运算提供资源。存储的数据如果不以云计算进行挖掘和分析，就是无用的、没有价值的数据。由于数据越来越多、越来越复杂、越来越实时，因此需要利用云计算为大数据提供强大的存储和计算能力，为更迅速地处理大数据信息提供更方便的服务。

大数据处理的特点是对海量数据进行分布式数据挖掘，因此依托云计算的分布式处理、云存储、虚拟化等技术。

大数据是人工智能的基石，目前的机器学习主要建立在大数据的基础之上，即对大数据进行处理分析，归纳可以被计算机运用的知识和规律。

人工智能的优势是自我学习和深度学习，它的发展离不开大数据的高效算法及云计算的服务基础，其背后就是以复杂的大数据技术和云计算技术作为支撑。

人工智能需要大数据，只有在大数据提供了训练学习算法的数据的前提下，人工智能才能得以蓬勃发展。

计算思维——物联网、云计算、大数据和人工智能

物联网是数据获取的基础，云计算是数据存储的核心，大数据是数据分析的利器，人工智能是反馈控制的关键。物联网、云计算、大数据和人工智能共同构成了一个完整的闭环控制系统，将物理世界和信息世界有机地融合在一起。

4.5.8　网络安全

保证一个系统运行的稳定性，要从可靠性和安全性两个方面考虑，控制不仅仅是由系统内部决定的，系统外因素也必须考虑在内。

随着计算机技术和信息技术的不断发展，由互联网、计算机系统和数字设备及其承载的应用、服务和数据等组成的网络空间正在全面改变人们的生产、生活方式，深刻影响人类社会的发展进程。在计算机网络发展面临重大机遇的同时，网络安全形势也日益严峻，国家政治、经济、文化、社会、国防安全及公民在网络空间的合法权益都面临着风险与挑战。

网络安全与道路交通安全、煤矿生产安全不同，它具有更大的隐蔽性、潜伏性。特别是"斯诺登事件"曝出的内幕令全世界感到极度的震惊和不安，也重重地敲响了我国网络安全的警钟。

1. 基本概念

从狭义角度讲，网络安全是指网络系统的硬件、软件及其系统中的数据受到保护，不因偶然的或恶意的原因而遭到破坏、更改、泄露，系统能够连续、可靠、正常地运行，网络服务不中断。从广义角度讲，网络安全是指网络空间安全，涵盖了网络系统的运行安全性、网络信息的内容安全性、网络数据的传输安全性、网络主体的资产安全性等。网络空间是由信息技术基础设施构成的相互依赖的网络，包括互联网、电信网、计算机系统等，以及信息与人交互的虚拟环境。网络空间已经成为海、陆、空、太空之外的"第五空间"。

日常生活和工作中的网络安全，一般包括以下 4 个方面的内容。

1）物理安全。物理安全是指保障信息处理和传输系统的安全。它侧重于保证系统的正常运行，避免因为系统崩溃和损坏对系统处理和传输的信息造成破坏和损失，避免由于电磁泄漏产生信息泄露、干扰他人或者受他人干扰。

2）系统安全。系统安全是指保证信息处理和传输平台是可信的操作系统，数据库等系统软件是安全的。系统具备口令鉴别、权限控制、安全审计、安全跟踪等机制，能够抵御伪代码、计算机病毒等恶意程序攻击。

3）数据安全。数据安全是指通过加密、完整性控制、信源迅速认证等手段，确保信息系统承载的数据处于安全状态，并且能够被安全使用。

4）内容安全。内容安全是要求信息内容在政治层面是健康的，在法律层面是符合国家法律法规的，在道德层面是符合中华民族优良道德规范的。

2. 面临的风险与挑战

（1）网络安全关系国家安全

近十年来，尤其是最近几年，网络安全事件频发，网络新技术、新应用不断涌现，给人民生活、社会发展、国家安全带来了严重的威胁，主要体现在以下几方面。

1）重要信息基础设施的安全威胁日益加剧。针对政府部门、事业单位、企业机构等重要信息系统的有组织攻击日益增多，针对交通、金融、能源等关键基础设施的安全威胁日益复杂，这些重要信息系统和关键基础设施一旦遭受攻击，不仅会造成其自身瘫痪，还将扰乱其他领域活动的正常运转，进而影响国家经济和社会发展。网络攻击的目标更加具有针对性，工具也变得多样化，手段更具隐蔽性。其中，高级可持续性攻击APT成为有组织攻击的主要手段，即将高价值目标作为主要打击对象。如果把一般性攻击称为"贼偷"，那么 APP 就是"贼惦记"，这是因为一般性攻击是"打哪儿指哪儿"，而 APT 是"指哪儿打哪儿"。

2）针对工业控制系统的网络攻击数量增多。早期的工业控制系统通常是与外部系统保持物理隔离的封闭系统，其安全保障工作主要是在组织内部开展，并不属于网络空间安全的保障范围。随着工业信息化的进一步推进，工业控制系统越来越多地采用通用协议、通用硬件和通用软件，并且以各种方式与公共网络连接，因而面临的安全风险日益加剧。敲响全球工业控制系统安全警钟的标志性事件是 2010 年伊朗布什尔核电站遭到"震网"病毒攻击，导致一千多台离心机损坏，使伊朗的核计划推后了两年。让人震惊的是，由于"震网"病毒采用自我保护、自我隐蔽等手段，因此伊朗当时并未找到事件的真正原因，以致无法应对。2015 年 12 月，乌克兰发生一起针对电力公司的网络恶意攻击事件，该事件导致至少有 3 个电力区域被攻击，全国超过一半地区的近一百四十万居民家中断电数小时。

3）手机等移动设备面临一定安全威胁。随着智能移动终端的普及与迅猛发展，手机木马、手机漏洞、伪基站等针对手机平台的新兴安全威胁让人防不胜防。人们在信息获取、学习交流、娱乐购物等很多方面的活动都是通过手机平台进行的，因而对手机的依赖性越来越强，但是手机带来的安全威胁更是触目惊心，如"流量消耗"木马和"拦截窃取短信"木马的大量增加。随着 4G 网络用户的增加，用户手机可能瞬间被下载大量推送信息，各种短信拦截和窃取类木马会将银行、支付平台等发来的短信拦截，危害极大。

4）社交媒体对网络安全环境影响愈加明显。Facebook、推特、微信等网络社交媒体成为非法势力进行策动群体活动、放大现实问题、进行意识形态渗透和进攻的新工具。社交媒体应是人们彼此之间分享意见、见解、经验和观点的工具和平台。社交媒体的社会影响有两个方面：一方面促进了公民的知情权、表达权和监督权等民主权利的实现；另一方面，也是促使社会政治不稳的现实和潜在的危险因素。

5）国家参与的网络战开始显现且威力巨大。国家参与的网络战已经开始出现，它既可以独立存在，也可以作为当代战争中的一部分，给国家安全带来新的威胁。一旦军事领域的网络系统遭到攻击，国家的军事力量就可能直接被削弱，甚至面临部分或全部瘫痪的风险。

另外，云计算和大数据等新技术的应用也带来了新的风险。云计算系统开放、数据云端存储、软件云端运行、公开网络互连的特征，给解决其安全问题带来巨大挑战。随着对海量数据分析能力地不断提升，攻击者只需采集元数据，然后通过大数据分析技术就能洞察隐私甚至窃取国家机密。

可以看出，网络空间安全面临的威胁复杂多样。没有网络安全就没有国家安全。如今，网络空间安全不仅成为国家安全不可或缺的重要组成部分，更因其对陆地、海洋、空中甚至太空的高度渗透和制约，成为国家综合安全新的战略制高点。

（2）网络空间安全与每个人息息相关

互联网已经渗透到了人们工作、学习、生活的方方面面。中国互联网信息中心报告显示，截至 2018 年 12 月，我国网民规模达到 8.29 亿，普及率达到 59.6%。互联网与经济社会的融合度越来越高，出现了多种"互联网+"模式。特别是随着移动互联网和智能移动终端的出现，"低头族""手机控"成了流行词，人们对网络社交、网络购物、网络搜索、网络资讯、网络电话、网络银行、网络医疗、网络游戏、网络舆论、网络娱乐、网络知识产权等已经不再陌生。更多的网络应用会源源不断地推出，生活会因为网络而变得更加美好。

任何事物都有两面性，在享受网络应用带来的美好体验的同时，也必须面对由此带来的安全问题。事实上，网络安全问题伴随着网络的诞生而出现，随着网络应用的丰富变得更加复杂。

3. 密码学基础

（1）基本概念

密码学是一门既古老又现代的学科。作为数学、计算机、电子、网络等领域的一门交叉学科，从几千年前具有神秘性和艺术性的字谜，到广泛应用于军事、商业和现代社会人们生产、生活的方方面面，密码学逐步从艺术走向科学。密码学包括密码编码学（cryptography）和密码分析学（cryptanalysis）两部分。密码编码学主要研究信息的编码，构建各种安全有效的密码算法和协议，实现对消息的加密、认证等；密码分析学主要研究加密消息的破译，或对消息进行伪造。

传统的密码学主要用于保密通信，其基本目的是使两个在不安全信道中通信的实体，以一种使敌手不能明白和理解其通信内容的方式进行通信。现代密码技术及应用已经涵盖数据处理过程中的各个环节，如数据加密、密码分析、数字签名、身份识别、零知识证明、秘密分享等。通过以密码学为核心的理论与技术来保证数据的机密性、完整性、可用性等安全属性。

（2）发展历史

密码学的发展历史可以大致划分为以下 4 个阶段。

1）第一阶段：从古代到 19 世纪末。这是密码学发展早期的古典密码阶段。例如，两千多年前，罗马国王 Julius Caesar（凯撒）就开始使用目前称为"凯撒密码"的密码系统。这一阶段可以看作科学密码学的前夜时期，但此阶段的密码学可以说是一种艺术，而不是科学。这一时期的密码学专家常常凭直觉和信念来设计和分析密码，而不是凭借推理和证明。密码算法的基本手段是针对字符的替代（substitution）和置换（permutation）。

2）第二阶段：从 20 世纪初到 1949 年。这是近代密码学的发展阶段。由于机械工业的迅猛发展，这一阶段开始使用机械代替手工计算，发明了机械密码机和更先进的机电密码。但是密码算法的安全性仍然取决于对密码算法本身的保密。这个阶段最具代表性的密码机是 ENIGMA 转轮机，如图 4-57 所示。

ENIGMA 是德国在 1919 年发明的一种加密电子器，它被证明是有史以来最可靠的加密系统之一，二战期间令德军保密通信技术处于领先地位。

3）第三阶段：从 1949 年到 1975 年，这是现代密码学的早期发展时期。1949 年仙农（Claude Shannon）发表了论文《保密系统的通信理论》，为近代密码学奠定了理论基础。从 1949 年到 1967 年，密码学文献近乎空白。这一时期，密码学是军队独家专有的领域。美国国家安全局以及苏联、英

图 4-57　ENIGMA 转轮机

国、法国、以色列及其他国家的安全机构，将大量的财力投入加密自己的通信，同时又千方百计地去破译别人的通信的残酷游戏之中。

4）第四阶段：从 1976 年至今。为了适应计算机网络通信和商业保密要求产生公开密钥密码理论，密码学才在真正意义上取得了重大突破，进入近代密码学阶段。近代密码学改变了古典密码学单一的加密手法，融入了大量的数论、几何、代数等丰富知识，使密码学得到更蓬勃的发展。这个时期，密码学的研究出现了两大成果：一是 1977 年美国国家标准局颁布的数据加密标准（data encryption standard，DES）；二是由菲尔德（Diffie）和赫尔曼（Hellman）联合提出的公钥密码体制思想。DES 将传统密码学的发展推到了一个新的高度，公钥密码体制的思想则被公认为是现代密码学的基石。随着计算机网络在人类社会生活中的日益普及，密码学的应用也随之扩大，消息鉴别、数字签名、身份认证等都是由密码学派生出来的新技术和新应用。

（3）密码算法

密码算法按其功能特性主要分为三类：对称密码（也称为传统密码）算法、非对称密码（也称为公钥密码）算法和哈希函数。

1）对称密码算法。在对称加密系统中，加密和解密采用相同的密钥，如图 4-58 所示。因为加解密密钥相同，需要通信的双方必须选择和保存他们共同的密钥，各方必须信任对方不会将密钥泄密，这样就可以实现数据的机密性和完整性。对于具有 n 个用户的网络，需要 $n(n-1)/2$ 个密钥，在用户群不是很大的情况下，对称加密系统是有效的。但是对于大型网络，当用户群很大、分布很广时，密钥的分配和保存就成了问题。比较典型的对称密码算法有 DES、IDEA、AES、RC5 等。对称加密算法的特点是算法公开、计算量小、加密速度快、加密效率高。

2）非对称密码算法。在非对称密码系统中，加密密钥（即公开密钥）PK 是公开信息，而解密密钥（即秘密密钥）SK 是需要保密的。加密算法 E 和解密算法 D 也是公开的。虽然解密密钥 SK 是由公开密钥 PK 决定的，但却不能根据 PK 计算出 SK，如图 4-59

所示。这种加密体制算法强度复杂、安全性依赖于算法与密钥，但是由于其算法复杂，加密、解密速度没有对称加密、解密的速度快。主要的非对称密码算法有 RSA、Elgamal、背包、Rabin、ECC（椭圆曲线加密算法）。其中，RSA 是使用最广泛的非对称加密算法。

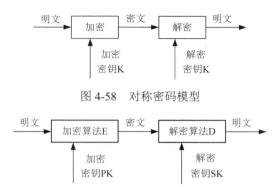

图 4-58　对称密码模型

图 4-59　非对称密码模型

非对称密码算法克服了对称密码算法的缺点，解决了密钥传递的问题，大大减少了密钥持有量，并且提供了对称密码技术无法或很难提供的认证服务（如数字签名）。其缺点是计算复杂、耗用资源大，并且会导致密文变长。

对称密码和非对称密码的特征如表 4-10 所示。

表 4-10　对称密码和非对称密码的特征

名称	一般要求	安全性要求
对称密码	① 加密和解密使用相同的密钥 ② 收发双方必须共享密钥	① 密钥必须是保密的 ② 若没有其他信息，则解密消息是不可能或至少是不可行的 ③ 知道算法和若干密文不足以确定密钥
非对称密码	① 同一算法用于加密和解密，但加密和解密使用不同的秘钥 ② 发送方拥有加密或解密密钥，而接收方拥有另一密钥	① 两个密钥之一必须是保密的 ② 若没有其他信息，则解密消息是不可能或至少是不可行的 ③ 知道算法及其中一个密钥及若干密文不足以确定另一密钥

3）哈希函数：哈希函数是进行消息认证的基本方法，主要用于消息完整性检测和数字签名。哈希函数接受一个消息作为输入，产生一个称为哈希值的输出，也可称为散裂值或者消息摘要（message digest，MD）。更准确地说，哈希函数是将任意长度的比特串映射为固定长度的串，如图 4-60 所示。

哈希函数的特点是能够应用到任意长度的数据上，并且能够生成大小固定的输出。典型的哈希函数包括 MD2、MD4、MD5 和 SHA-1。

（4）密码学的应用

随着信息技术的发展，密码学的应用领域越来越广，信息系统中的很多软硬件产品或多或少地使用了密码技术，用于防止窃听、假冒、篡改、越权及否认等安全威胁，以此来保护这些产品自身的安全性或对外提供安全服务，从而解决下列安全保护问题。

1）机密性保护问题。机密性保护通常通过加密来解决。加密可以采用对称密码算法，也可以采用非对称密码算法，还可使用这两类算法的混合密码体制。

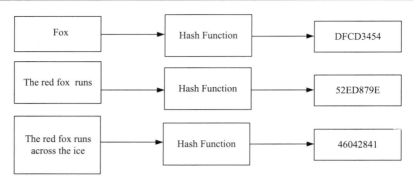

图 4-60　哈希函数

2）完整性保护问题循环冗余校验码（cyclic redundancy check，CRC）是一种完整性保护措施。基于现代密码学知识，完整性保护可以采用哈希函数、消息鉴别码、对称或非对称加密算法、数字签名等多种方法实现。

3）可鉴别性保护问题。可鉴别性保护一般通过数字签名来实现，数字签名可以产生仅由签名者生成且难以伪造的签名结果，是可鉴别想保护的首选方法。

4）不可否认性保护问题。不可否认性保护通常通过在发送数据中嵌入或附加一段只有发送者能够生成的数据，这段数据是别人不可伪造的，可以证实这些数据来源的真实性，数字签名是实现不可否认的密码技术。

5）授权与访问控制的问题：授权证书（或属性证书）能保证授权访问的有效性，即将被授权者的身份及对应的权限、许可绑定在一起，然后让授权者通过使用数字签名算法进行签名，使之无法被伪造和篡改。在实际访问系统资源时，通过验证授权证书来确定访问者是否有权访问该资源。

4. 计算机病毒

（1）定义

计算机病毒与医学上的"病毒"相比不完全相同，计算机病毒不是天然存在的，而是编制者利用计算机软、硬件所固有的弱点编制的、具有特殊功能的程序。计算机病毒是一个程序，或一段可执行代码，它像生物病毒一样具有独特的复制能力，能够很快蔓延，有很强的感染性、一定的潜伏性、特定的触发性和极大的破坏性，又常常难以被根除。随着计算机网络的发展，计算机病毒与网络技术结合，其蔓延的速度更加迅速。

（2）特征

作为一段程序，病毒与正常的程序一样可以执行，以实现一定的功能，达到一定的目的。但病毒一般不是一段完整的程序，而需要附着在其他正常的程序之上，并且要不失时机地传播和蔓延。所以，病毒又具有普通程序所没有的特性。

1）传染性：是病毒的基本特征。病毒通过将自身嵌入一切符合其传染条件的未受到传染的程序上，实现自我复制和自我繁殖，达到传染和扩散的目的。病毒的传染可以通过各种移动存储设备，如硬盘、U 盘、可擦写光盘、移动终端等；也可以通过网络渠道进行传播。是否具有传染性是判别一个程序是否为计算机病毒的最重要条件。

2）潜伏性：病毒在进入系统之后通常不会马上发作，可长期隐藏在系统中，除了传染以外不进行什么破坏，以提供足够的时间繁殖扩散。病毒在潜伏期不破坏系统，因而不易被用户发现。潜伏性越好，其在系统中的存在时间就会越长，病毒的传染范围就会越大。病毒只有在满足特定触发条件时才能启动。

3）可触发性：是指病毒的发作一般有一个触发条件，即一个条件控制。这个条件根据病毒编制者的设计可以是时间、特定程序的运行或程序的运行次数等。病毒的触发机制将检查预定条件是否满足，满足条件时，病毒发作，否则继续潜伏。例如，著名的"黑色星期五"在逢 13 号的星期五发作，时间便是触发的条件。

4）破坏性：任何病毒只要侵入系统，都会对系统及应用程序产生不同程度的影响。轻者会降低计算机的工作效率，占用系统资源，重者可导致系统崩溃。病毒的破坏性主要取决于病毒设计者的目的，体现了病毒设计者的真正意图。根据病毒的破坏性特征，可将病毒分为良性病毒和恶性病毒。

5）隐蔽性：病毒一般是具有很高的编程技巧、短小精悍的程序，通常附着在正常程序中或存储设备较隐蔽的地方，目的是不让用户发现它的存在。如果不经过代码分析，病毒程序与正常程序是不容易区分的。通常，计算机在受到病毒感染后仍能正常运行，用户不会感到任何异常。病毒的隐蔽性使其在用户没有察觉的情况下扩散。

6）衍生性：很多病毒是用高级语言编写的，可以衍生出各种不同于原版本的新的计算机病毒，称为病毒变种。变种病毒造成的后果可能比原版病毒更为严重，自动变种是当前病毒呈现的新特点。

7）非授权性：一般正常的程序是先由用户调用，再由系统分配资源，完成用户交给的任务。其目的对用户是可见的、透明的。而病毒具有正常程序的一切权限，它隐藏在正常程序中，当用户调用正常程序时，它窃取到系统的控制权，先于正常程序执行，病毒的动作、目的对用户是未知的，是未经用户允许的。病毒对系统的攻击是主动的，不以人的意志为转移。从一定程度上讲，计算机系统无论采取多么严密的保护措施，都不可能彻底排除病毒对系统的攻击，而保护措施充其量只是一种预防的手段而已。

随着计算机软件和网络技术的发展，网络时代的病毒又具有很多新的特点，如利用系统漏洞主动传播，主动通过网络和邮件系统传播，传播速度极快、变种多；病毒与黑客技术融合，具有攻击手段，更具有危害性。

（3）病毒类型

1）按照病毒的破坏能力分类，病毒有如下 4 种。

① 无害型病毒。这类病毒除了传染时减少存储的可用空间外，对系统没有其他影响。

② 无危险型病毒。这类病毒仅仅会减少内存、显示图像、发出声音等。

③ 危险型病毒。这类病毒在计算机系统中造成严重的危害。

④ 非常危险型病毒。这类病毒可以删除程序、破坏数据、消除系统内存区和操作系统中一些重要的信息。

2）按照病毒特有的算法分类，病毒有如下 4 种。

① 伴随型病毒。这类病毒并不改变文件本身，它们根据算法产生 EXE 文件的伴随体，具有同样的名字和不同的扩展名（.COM）。

② 蠕虫型病毒。这类病毒通过计算机网络传播，不改变文件和资料信息，一般除

了内存不占用其他资源。

③ 寄生型病毒。这是一类传统、常见的病毒类型。这种病毒寄生在其他应用程序中。当被感染的程序运行时，寄生病毒程序也随之运行，继续感染其他程序，传播病毒。

④ 变型病毒（又称幽灵病毒）。这类病毒算法复杂，每传播一份都具有不同的内容和长度，使得防病毒软件难以检测。

3）按照病毒的传染方式分类，病毒有如下 4 种。

① 文件型病毒。这类病毒能够感染文件、并能通过被感染的文件进行传染扩散，其主要感染可执行性文件（扩展名为 COM、EXE 等）和文本文件（扩展名为 DOC、XLS 等）。

② 系统引导型病毒。这类病毒感染计算机操作系统的引导区，系统在引导操作系统前先将病毒引导入内存，进行繁殖和破坏性活动。

③ 混合型病毒。这类病毒综合了系统引导型和文件型病毒的特点，它的危害比系统引导型和文件型病毒更为严重。这种病毒不仅感染系统引导区，也感染文件。

④ 宏病毒。这类毒是一种寄存于文档或模板的宏中的计算机病毒，主要利用文档的宏功能将病毒带入有宏的文档中，一旦打开这样的文档，宏病毒就会被激活，进入计算机内存中，并感染其他文档。

（4）常见病毒

从各大反病毒软件的年度相关报告来看，目前计算机病毒主要以木马病毒为主，蠕虫病毒也有大幅增长的趋势，新的后门病毒综合蠕虫、黑客功能于一体，它们窃取账号密码、个人隐私及企业机密，给用户造成巨大损失。常见病毒有如下几种。

1）ELK Cloner（1982 年）。ELK 病毒被看作攻击个人计算机的第一款全球病毒，它通过苹果 Apple II 软盘进行传播。病毒被放在一个游戏软盘上，可以正常使用 49 次，在第 50 次使用的时候，它并不运行游戏，取而代之的是打开一个空白屏，并显示一首短诗。

2）Brain（1986 年）。Brain 是第一款攻击 DOS 操作系统的病毒，可以感染 360KB 软盘，会填充软盘上全部未用的空间，从而导致其不能再被使用。

3）Morris（1988 年）。Morris 病毒程序利用系统存在的弱点进行入侵，在当时，顷刻之间使得 6000 多台计算机瘫痪（占当时 Internet 上计算机总数的 10%多）。Morris 设计的最初的目的并不是想造成破坏，而是用来测量互联网的规模。但是，由于程序的循环没有处理好，计算机不断地执行，最终导致死机。

4）CIH（1988 年）。CIH 病毒在当时造成数十万台计算机受到破坏，也是世界上首例破坏硬件的病毒。它发作时不仅破坏硬盘的引导区和分区表，而且破坏计算机系统BIOS，导致主板损坏。

5）Melissa（1999 年）。Melissa 病毒是最早通过电子邮件传播的病毒之一，当用户打开一封电子邮件的附件时，病毒会自动发送到用户通讯簿中的前 50 个地址，在当时这个病毒在数小时之内传遍全球。

6）Love bug（2000 年）。Love bug 病毒也是通过电子邮件附件进行传播的，它把病毒伪装成一封求爱信来欺骗收件人打开。这个病毒在一年时间内共感染了 4000 多万台计算机，造成大约 87 亿美元的经济损失。

7）"冲击波"（2003 年）。"冲击波"病毒是一种蠕虫病毒，利用 RPC 漏洞进行传播，一旦攻击成功，病毒体将会被传送到对方计算机中进行感染，使系统操作异常，不停地重启，甚至导致系统崩溃。

8）"震荡波"（2004 年）。该病毒也是通过系统漏洞进行传播的，感染了病毒的计算机会出现系统反复重启、机器运行缓慢、弹出系统异常的出错框等现象。

9）"熊猫烧香"（2007 年）。"熊猫烧香"是一款拥有自动传播、自动感染硬盘能力和强大的破坏能力的病毒，它不但能感染系统中 exe，com，pif，src，html，asp 等文件，还能中止大量的反病毒软件进程，并且会删除扩展名为 gho 的文件，被感染的用户系统中所有.exe 可执行文件全部被改成熊猫举着三根香的模样，如图 4-61 所示。

10）WannaCry（2017 年）。WannaCry 也称作"永恒之蓝"，是一款勒索病毒。恶意代码会扫描开放 445 文件共享端口的 Windows 机器，无需用户任何操作，只要开机上网，不法分子就能在计算机和服务器中植入勒索软件、远程控制木马、虚拟货币挖矿机等恶意程序。被袭击的设备被锁定，并索要 300 美元比特币赎金，要求尽快支付勒索赎金，否则将删除文件，如图 4-62 所示。包括美国、英国、俄罗斯、中国等百余个国家受到大规模攻击。我国的多个高校校内网、大型企业内网和政府机构专网也被攻击，被勒索支付高额赎金才能解密恢复文件。

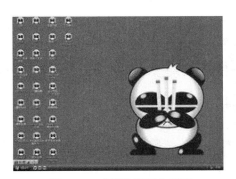
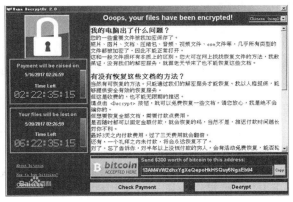

图 4-61　"熊猫烧香"病毒　　　　　图 4-62　"永恒之蓝"病毒

（5）木马

伪装后潜伏在用户的计算机中，在一定时机触发运行，进而窃取他人文件、财产与隐私的程序称为木马。木马本身是一个或多个文件，并且其中至少有一个是可执行文件。病毒附着在一个可执行的文件上，而木马本身通常就是一个可执行文件。这一特征意味着，查杀木马的时候，不必像查杀病毒那样复杂，对待木马采用直接删除 exe 文件的方式即可。

为了避免被用户发现，木马文件本身需要伪装，为了进入用户系统并运行更是费尽心机。木马常见的伪装方式是网站下载、垃圾邮件中的附件、偷偷放在某个游戏中等。

木马运行的两个重要事件：一个是运行，木马不像病毒一样有宿主，可以借助宿主运行的时候运行，木马是独立的程序，除非是操作系统启动的时候自己运行，否则可能永远没有运行的机会；另一个是隐藏，通过 Ctrl+Alt+Del 组合键，可以调出操作系统的任务管理器，而在任务管理器中，基本可以看到当前所有正在执行的 exe 文件，为了避免被任务管理器查到，常见的方式是作为 DLL 文件依附于某个系统程序中。

木马与病毒的区别，除了是否为寄生关系外，病毒通常不需要通过网络进行操作，而木马由于其设计的初衷，需要时时刻刻与外界进行沟通，就必然要有网络端口的操作，可以进行查杀或追踪。木马对计算机系统和网络安全、特别是个人信息安全危害相当大。目前，病毒、木马之间的界限越来越模糊，同时二者相互渗透，技术互用，所以经常被统称为"病毒"。

（6）病毒的防治

对于计算机病毒，需要树立以防为主、以清除为辅的观念，防患于未然。而防范计算机病毒，具有主动性。"三分技术，七分管理"是网络安全领域的一句至理名言。也就是说，网络安全中的 30%依靠计算机系统信息安全设备和技术保障，而 70%则依靠用户安全管理意识的提高及管理模式的更新。

为了最大限度地减少计算机病毒的发生和危害，必须采取有效的预防措施，使病毒的波及范围、破坏作用减到最小。下面列出一些简单有效的计算机病毒预防措施。

① 定期对重要的资料和系统文件进行备份，数据备份是保证数据安全的重要手段。

② 尽量使用本地硬盘启动计算机，避免使用 U 盘、移动硬盘或其他移动存储设备启动，同时尽量避免在无防毒措施的计算机上使用可移动的存储设备。

③ 可以将某些重要文件设置为只读属性，以避免病毒的寄生和入侵。

④ 重要部门的计算机，尽量专机专用。

⑤ 安装新软件前，先用杀毒程序检查，减少中毒机会。

⑥ 安装杀毒软件、防火墙等防病毒工具，定期对软件进行升级，对系统进行病毒查杀。

⑦ 及时下载最新的安全补丁，进行相关软件升级。

⑧ 使用复杂的密码，提高计算机的安全系数。

⑨ 警惕欺骗性的病毒，如无必要，不要将文件共享，慎用主板网络唤醒功能。

⑩ 不要在互联网上随意下载软件。

⑪ 合理设置电子邮件工具和系统的 Internet 安全选项。

⑫ 慎重对待邮件附件，不要轻易打开广告邮件中的附件或单击其中的链接。

⑬ 不要随意接收在线聊天系统（如 QQ）发来的文件，尽量不要从公共新闻组、论坛、BBS 中下载文件，使用下载工具时，一定要启动网络防火墙。

杀毒软件也称反病毒软件，是用于清除计算机病毒、特洛伊木马和恶意软件等，保护计算机安全的一类软件。杀毒软件通常集成监控识别、病毒扫描、清除和自动升级等功能，有的还带有数据恢复等功能。但杀毒软件不可能查杀所有病毒，且能查到的病毒，也不一定都能清除。大部分杀毒软件是滞后于计算机病毒的。所以，应及时更新升级软件版本和定期扫描。

目前，病毒防治工具是装机必备软件，常用的有 360 杀毒、百度杀毒软件、腾讯电脑管家、金山毒霸、卡巴斯基反病毒软件、诺顿防病毒软件等。应有针对性的安装一种防病毒软件，尽量不要安装两种或两种以上，以免发生冲突。近年新兴的云安全服务，如 360 云安全、瑞星云安全也得到了普及，卡巴斯基、MCAFEE、趋势、SYMANTEC、江民科技、PANDA、金山等也都推出了云安全解决方案。

5. 网络安全法律法规

网络安全技术是双刃剑，用得好则有利于社会，有利于国家；反之则会造成极大的破坏，所以需要用法律法规进行约束和指引。

（1）我国网络安全法律体系框架

从 20 世纪 90 年代初开始，我国有关部门、行业相继制定了多项有关网络安全的法律、行政法规、部门规章、自制条例和单行条例、地方性法规和地方规章，共同构成了宪法统领下的统一法律体系，网络安全所涉及的法律和政策，贯穿整个立法体系的多个法规文件中。

（2）网络安全相关的法律法规

1）专门法律。1995 年 2 月，全国人民代表大会常务委员会通过的《中华人民共和国人民警察法》中明确规定，公安机关的人民警察按照职责分工，依法履行监督管理计算机信息系统的安全保护工作的职责。1997 年《中华人民共和国刑法》修订后，规定了非法入侵计算机信息系统罪和破坏计算机系统罪，首次将计算机犯罪纳入刑事立法体系。2000 年 12 月，第九届全国人民代表大会常务委员会第十九次会议通过了《全国人民代表大会常务委员会关于维护互联网安全的决定》，这是我国第一部关于互联网安全的法律，该法分别从保障互联网运行安全、维护国家安全和社会稳定、维护社会主义市场经济秩序和社会管理秩序，以及保护个人、法人和其他组织的人身财产合法权利 4 个方面，明确了公安机关对互联网的安全监督管理职责，规定对构成犯罪的行为，依照刑法有关规定追究刑事责任。

我国是面临网络安全威胁最严重的国家之一，迫切需要建立和完善网络安全的法律制度，提高全社会的网络安全意识和网络安全保障水平。在这样的背景下，《中华人民共和国网络安全法》（以下简称《网络安全法》）于 2017 年 6 月 1 日起正式施行，全文共 79 条，以网络安全等级保护制度为中心，包括基础设施安全、数据安全、内容安全、运行安全四大领域。《网络安全法》是我国第一部网络安全的专门性、综合性立法，提出了应对网络安全挑战这一全球性问题的中国方案，是国家安全法律制度体系中的又一部重要法律。

2）行政法规和互联网行业规范。除了专门性的法律之外，我国还颁布了一系列与网络安全相关的行政法规和互联网行业规范，来完善互联网安全体系。1994 年，国务院令第 147 号《中华人民共和国计算机信息系统安全保护条例》规定了公安部主管全国计算机信息系统的安全保护工作，这是我国第一部涉及计算机系统安全的行政法规。1997 年，公安部令第 33 号《计算机信息网络国际联网安全保护管理办法》规定了任何单位和个人不得利用国际互联网危害国家安全、泄露国家秘密，不得侵犯国家的、社会的、集体的利益和公民的合法权益，不得从事违法犯罪活动等四项禁止和从事互联网业务的单位必须履行的六项安全保护责任，这是我国第一部全面调整互联网络安全的行政法规。

除此之外，公安部、工业和信息化部、教育部、国家保密局等多个部门相继出台了一系列互联网行业规范、部门规章及地方性法规，如《电信和互联网用户个人信息保护规定》（2013 年 9 月 1 日起施行）、《计算机软件保护条例》（2013 年 1 月第 2 次修订）、

《信息网络传播权保护条例》（2013 年 1 月修订）、《中国互联网行业自律公约》（2004 年 6 月）等，完善了我国的网络安全立法保护体系，奠定了我国加强信息网络安全保护和打击网络违法犯罪活动的法律基础。

2016 年 12 月 27 日，《国家网络空间安全战略》由国家互联网信息办公室发布并实施，包括坚决捍卫网络空间主权、坚决维护国家安全、保护关键信息基础设施、加强网络文化建设、打击网络恐怖和违法犯罪、完善网络治理体系、夯实网络安全基础、提升网络空间防护能力、强化网络空间国际合作 9 个方面。《国家网络空间安全战略》阐明了中国关于网络空间发展和安全的重大立场和主张，明确了战略方针和主要任务，切实维护国家在网络空间的主权、安全、发展利益，是指导国家网络安全工作的纲领性文件。

4.6 系 统 设 计

在计算思维中，周以真将系统科学中结构和层次等思想纳入计算思维的本质抽象之中，用于控制和降低软件的复杂性。在降低了复杂度的系统中，可以更好地对各种科学问题进行求解。系统科学在科学技术方法论中占有重要的地位，下面给出系统设计的一般性原则和方法。

4.6.1 系统设计的原则

系统科学方法的一般原则主要包括三部分。

1. 整体性原则

整体性原则要求人们在研究系统时，应从整体出发，立足于整体来分析其部分及部分之间的关系，进而达到对系统整体更深刻的理解。整体性原则将对象看作有机整体，强调局部与全局、个别与一般、分析与综合的协调，应具备非还原性、非加和性和涌现性。

1）特性不可分割性：系统以整体形式存在，还原为部分便不存在的特性。

2）部分不可加和性：整体不能完全以各部分之和来衡量。

3）涌现性：系统科学把"整体"具有而"部分"不具有的东西（即新质的涌现）称为涌现性。从层次结构的角度看，涌现性是指那些高层次具备而还原为低层次就不复存在的特性。

2. 动态优化原则

动态优化原则要求人们在研究系统时，应从动态的角度去研究"系统"的各个阶段，准确把握发展趋势，将系统看作动态的活系统，联系其历史、现状与发展趋势，注意阶段性与连续性的结合，达到整体优化的目的。常采用孤立系统或闭合系统的抽象，但在实际系统中，应考虑耗散结构。

1）系统必须是一个开放系统。

2）系统应当远离平衡态，系统内部各个要素之间存在非线性的相互作用。

3）系统从无序到有序演化是通过随机的涨落来实现的。

耗散结构是一种"活"的结构，它需要与外界不断进行物质和能量的交换，依靠能量的耗散才能维持其有序状态。一个系统由无序变为有序的自然现象称为自组织现象。自组织现象的含义是：生命过程是一个开放的热力学系统，熵变可以用一个耗散型结果进行描述。如果是一个独立的封闭系统，根据热力学第二定律，一个孤立系统的熵自发地趋于极大，不可能自发地产生新的有序结构。对于一个开放系统来说，熵（S）的变化可以分为两部分，一部分是系统本身的熵（si），si 永远大于零；另一部分是系统与外界交换物质和能量引起的熵流（sf），sf 可正可负，表示如下：

$$dS=dsi+dsf$$

dS 即微熵或熵变，根据熵增原理，如果 dsi 小于零且绝对值大于 dsf，则

$$dS=dsi+dsf<0$$

这表明只要从外界流入的负熵流足够大，就可以抵消系统自身的熵产生，使系统的微熵减少，从而使系统从无序走向有序，即系统进化。

3. 模型化原则

模型化原则是根据系统模型说明的原因和真实系统提供的依据，提出以模型代替真实系统进行模拟实验，达到认识真实系统特性和规律性的方法。系统研究的模型化方法通常是指通过建立和分析系统数学模型来解决问题的方法。模型化方法是系统科学的基本方法。系统科学研究主要采用的是符号模型和非实物模型。符号模型包括概念模型、逻辑模型、数学模型，其中最重要的是数学模型。数学模型是指描述元素之间、子系统之间、层次之间，以及系统与环境之间相互作用的数学表达式，如树结构、图、代数结构等。数学模型是系统定性和定量分析的工具。所有数学模型均可转化为基于计算机的模型，并通过计算来研究系统。一些复杂的、无法建立数学模型的系统，也可以建立基于计算机的模型，如生物、社会和行为过程等。

4.6.2　可利用的系统设计方法

系统科学方法用系统科学的理论和观点，把研究对象放在系统的形式中，从整体和全局出发，在系统与要素、要素与要素、结构与功能，以及系统与环境的对立统一关系中，对研究对象进行考察、分析和研究，是一种最优化处理与解决问题的科学研究方法。

1. 分层方法

系统科学的主要方法之一是系统的划分。分层方法是划分系统的一个重要方面，系统可以表示为各级子系统的层次结构形式，在每个层次上定义相对独立的概念和方法，并给出相邻层之间的关系（接口或协议）。任何系统内部都具有不同结构水平的部分，如物体可分为分子、原子、原子核、"基本粒子"等若干层次；高级生命体可分为系统、器官、组织、细胞、生物大分子等若干层次。层次从属于结构，依赖结构而存在。系统内部处于同一个结构水平上的诸要素，互相联结成一个层次，而不同的层次则代表不同的结构等级。层次依赖于结构，结构不能脱离层次，没有也不可能有无层次的结构，层次总是体现在众多范畴的相互关系之中。系统性质主要由层次决定，一个系统内子系统是否存在层次结构是这个系统是否复杂的主要标志之一，系统科学对系统的分类也主要依赖其层次结构。

　　划分系统的目的是为了更好地理解和实现整个系统。因此，要准确地对各子系统进行功能分析，并对各子系统进行描述并实现整体最优化设计。一般来说，高层子系统包含和支撑低层子系统，低层子系统隶属和支撑高层子系统。系统组织结构的划分，首先要明确定义每层的职责范围，其次要明确定义不同层次之间的上下层关系，再次要明确对等层之间的关系，最后还有优化这些层次结构，达到分工协作、整体大于部分之和的系统效应。

2. 系统分析法

　　系统分析法是运用运筹学并将计算机作为主要工具，把一个复杂的问题看作系统工程，通过系统目标分析、系统要素分析、系统环境分析、系统资源分析和系统管理分析，诊断问题，揭示问题起因，有效地提出解决方案。系统分析过程在对问题现状及目标充分挖掘的基础上，运用建模及预测、优化、仿真、评价等方法，对系统的有关方面进行定性与定量相结合的分析，为决策者选择满意的系统方案，提供决策依据的分析研究过程。系统分析法广泛应用于计算机硬件的研制和软件的开发、技术产品的革新、环境科学和生态系统的研究，以及城市管理规划等方面。

3. 信息论方法

　　信息论是运用概率论与数理统计的方法研究信息、信息熵、通信系统、数据传输、密码学、数据压缩等问题的应用数学学科。信息论方法以信息论为基础，通过获取、传递、加工、处理、利用信息来认识和改造对象。信息论分析过程是运用信息的观点，把系统的过程当作信息传递和信息转换的过程，通过对信息流程的分析和处理，以达到对某个复杂系统运动过程的规律性的认识。信息与结构有关，结构不同，信息则不同，结构决定信息，信息和"熵"密切相关，一般来说，熵越小，信息量越大。

$$H = -K\sum_{i=1}^{n}P_i \log P_i$$

其中，H 代表每个消息的平均信息量；i 代表信源输出第 i 个消息的信息量；K 是常数。可见，信息的量是统计量。由于信息的普遍性、综合性、灵活性、同构性、主观性、相似性和形式性，使信息方法获得了广泛的应用，几乎遍及基础科学、技术科学、哲学和社会科学的各个领域。

4. 功能模拟方法

　　功能模拟方法是以控制论为基础，根据两个系统功能的相同或相似性，应用模型来模拟对象的方法。运用模型对系统的功能进行描述，以实现对系统的行为进行模拟。模拟是指模仿或仿真，即模仿真实系统。功能模拟过程，不要求系统结构相同而只要求系统的行为和功能相似，撇开系统的物质基础、能量状态和内部结构，只通过系统的行为来研究其功能，只研究系统与环境。功能模拟方法用于社会经济系统，研究其运动的规律，并对其进行正确的控制，也为现代科学技术（如仿生学、人工智能等）提供了崭新的科学方法，不仅具有广泛的可能性，而且还具有重要的现实意义。

5. 黑箱方法

黑箱是指内部要素和结构尚不清楚的系统。黑箱方法通过研究外部输入黑箱的信息和黑箱输出信息的变化关系来探索黑箱内部构造和机理。黑箱方法的过程是：观测输入和输出的动态系统，确定可供选择的黑箱模型进行检验和筛选，推出系统内部结构的运动规律。在计算机领域，黑箱方法主要应用于程序的测试阶段。测试程序时，负责设计输入和输出时检验程序的对与错，而不负责程序代码具体是怎样运行的。在社会领域中，对一些规模庞大、结构复杂的大系统，如国民经济计划管理系统、环境监测系统等也采用黑箱方法，从整体上进行研究和分析。

6. 反馈方法

反馈是系统与环境相互作用的一种形式。在系统与环境相互作用过程中，系统的输出成为输入的部分，反过来作用于系统本身，从而影响系统的输出。反馈过程是指输出量通过适当装置返回到输出端，并与输入量进行比较的过程。在闭环控制系统一定用反馈，利用反馈方法来分析和处理系统被控对象，对系统生成的偏差进行调整和补充，使系统沿着预期的目标运行。

其中，因果反馈法是指通过原因与结果之间的反馈作用机制对过程进行控制，以达到特定目的一种科学方法。

运用因果反馈法对系统进行控制或调节，必须坚持以下 3 个方法论原则，相应地形成 3 个方法类型。

1）目的型方法。在系统科学方法中的因果反馈环是一个动态过程，在一定条件下，最后可能达到一个不随时间变化的状态，即定态。定态把事物"吸引"到自己这里来，这就使系统的运动具有了内在的目的性，为此设计系统吸引子，就是不确定中的确定，紊乱中的方向和目标。

2）稳定型方法。根据输入输出与定态的偏差信息来调整原因，使系统回到定态上，从而消除系统内外的随机原因产生的干扰。

3）放大型方法。有目的的放大某种目标差，有助于系统的更新。细微的差值不断产生反馈，经过逐级放大，会使旧的系统瓦解产生新的系统。反馈方法是与功能模拟法、信息方法、系统方法相联系的，它也是现代科学技术研究的重要方法，对于技术系统、生物机体和社会领域调节系统的调节和控制具有很大的作用。

7. 有控自组织方法

有控自组织方法是指以自组织为基础，根据自组织的条件、机制与规律对系统加以控制的方法。自组织是系统自身的复杂化、系统化和结构化，它并不排除外部对它的控制。与此相对，他组织是指自组织的外部条件，外部环境的影响，或称之为外因或控制量。无论是认识复杂系统的进化规律，还是建构有序进行的复杂系统，在运用有控自组织方法时，一般应把握系统的耗散性、系统要素的协同性及系统涨落的偶然性和必然性等机制的运用。

8. 目标优化方法

从系统整合出发，经过因果反馈、信息选择、有控自组织等手段，达到目标优化，这是科学系统方法在解决复杂问题时所遵循的一套方法论。目标优化方法是指人们为系统达到目标而力图费力最小、路径最短、时间最快，亦即投入最小产出最大，耗费最小效益最大的思维原则和方法。在运用目标优化方法解决复杂性问题时，其方法类型有整体法、分析法、价值法和跟踪法。

整体优化方法是指从系统的总体出发，运用自然选择或人工技术等手段，从系统多种目标或多种可能的途径中选择最优系统、最优方案、最优功能、最优运动状态，使系统达到最优化的方法。

分析法的整体目标是由诸多子目标构成的，故必须在整体目标最优化的前提下，分析各子目标之间的非线性关系相互作用机制。

价值法是指无论是评估整体目标，还是分析子目标，都必须把握正确的价值取向。

跟踪法可以剖析系统内安全风险和流程质量隐患，不断优化目标。传统方法把注意力放在确定初始值上，并采取机械决定论的方法，"等待"必然确定的结果目标。与传统方法不同，跟踪法注重系统环境的变化，响应随机事件，时时修改目标。

小　结

系统科学是探索系统的存在和运动变化规律的学问，是对系统本质的理性认识。系统科学的发展和成熟，对人类的思维观念和思想方法产生了根本性的影响。在计算机科学中，系统科学以系统思想为中心，综合计算机学科的多类别内容，形成一个新的综合性知识领域的窗口。每个窗口都有各自的视角，从不同的窗口看，会发现计算思维构架下，系统科学的理论和方法已经广泛地渗透到计算机科学的各个领域。

本章从"化复杂为简"再层层细化的角度理解计算机系统的产生，揭示系统科学在计算机科学中辅助解决问题的意义、途径和典型应用。从分工-合作与协同求解的角度来了解计算机工作原理，从子系统的角度理解硬件系统，从不同性能资源组合优化的角度了解存储器系统，从分时调度与并行控制的角度了解处理器系统（进程），从分层与结构性的角度了解计算机软件系统，从抽象与关联的角度来了解计算机数据库系统，从复杂巨系统的角度来了解计算机网络系统。

通过学习，要求了解系统科学的基础理论，理解计算思维中系统设计的系统学方法，理解系统科学在计算机科学各个领域，尤其是计算机系统中是如何被运用的。具体包括硬件系统、软件系统、数据库系统、网络系统，理解系统设计的一般原则和系统构架的基本方法。

习　题　4

1. 请说明系统科学中为什么要引入层次结构的概念。层级结构的主要内容是什么？
2. 系统 X 具有 3 个可能状态，系统 Y 具有 4 个可能状态，根据信息论的观点，请写出组合系统的复杂度。

3. 图灵测试是如何从哲学的角度反映人工智能本质特征的。

4. 请说明冯·诺依曼机的思想和工作原理。

5. 请举例说明系统科学中子系统理论在计算机科学中的应用。

6. 以汇编语言到高级语言的演进过程为例，说明采用了什么方法来控制和降低复杂性。

7. 两辆车对向行驶，在一个只能通过一辆车的桥上相遇，都不肯倒退，这种对峙状态类似于进程的什么状态？如何预防和解决此种状态？

8. 请说明软件生命周期及其 3 个阶段。对于前期需求不明确，而又很难短时间明确的项目，采用瀑布模型还是敏捷模型？

9. 了解了 C/S 结构和 B/S 结构及它们之间的差异，请举例说明常用应用软件属于哪种体系结构？例如，微信、淘宝、Word、Excel、百度网盘。

10. 数据库领域常用的逻辑数据模型有哪些？请说明关系数据库的特点。

11. 什么是网络的拓扑结构？常见的拓扑结构类型有哪些？

12. 说明请 WLAN 无线局域网和 Wi-Fi 技术之间的关系。

13. 请说明 IPv6 相对于 IPv4 的优势。

14. 请说明 IP 地址、域名和 DNS 之间的关系。

15. 从信息世界的角度，请说明物联网、云计算、大数据和人工智能的内在关系。

16. 网络安全面临的威胁和挑战有哪些？

17. 简述对称密码和非对称密码的区别。

18. 什么是计算机病毒？如何防治？

第 5 章　计算思维的跨学科应用案例

ᴄ **教学目的和要求**

　　重点理解计算思维中，系统设计方法在多个交叉学科中的运用，也就是说，计算机科学的核心概念与其他学科的交叉融合，其核心是将其他学科的问题转化为一个计算问题，从计算思维的角度揭示这些问题的本质，实现一系列新的科学发现与技术创新。了解可视化计算机模拟仿真软件 Raptor 的应用。

　　通过学习，要求掌握计算思维问题求解的一般步骤：形式化描述—建模—优化—表示及执行，能够运用系统设计方法构建新系统。

5.1　科赫雪花的分形问题

　　分形的思考始于 1967 年数学家伯努瓦·曼德布罗特（B.B.Mandelbrot）教授在美国《科学》杂志上发表的题为"英国的海岸线有多长？统计自相似和分数维度"（*How Long is the Coast of Britain? Statistical Self-Similarity and Fractional Dimension*）的著名论文。论文内容以英国的海岸线为研究对象，在没有建筑物或其他东西作为参照物时，在空中拍摄的 100km 长的海岸线与放大了的 10km 长海岸线的两张照片，看上去十分相似。海岸线作为曲线，其特征是极不规则、极不光滑的，呈现蜿蜒复杂的变化。从形状和结构上难以区分这部分海岸与那部分海岸有什么本质的不同，这种几乎同样程度的不规则性和复杂性，说明海岸线在形貌上是自相似的，也就是局部形态和整体形态的相似。

　　1975 年，伯努瓦·曼德布罗特首先提出了分形的概念，并由此创立了分形几何学科。这门学科从最初形态或结构上具有自相似性的几何对象的狭义分形，扩展到功能、信息、时间、空间等具有自相似性的广义分形。在数学、地理、哲学、化学、物理学、天文学、生理学、建筑学、情报学、经济学、人口学、材料科学、计算机科学等领域，分形几何取得了丰硕成果，对科技发展乃至社会进步发挥了巨大作用。

　　分形思想的具体内容是：客观事物通常具有自相似的层次结构，局部与整体在形态、功能、信息、时间、空间等方面具有统计意义上的相似，称为"自相似性"。分形基于一个不断迭代的方程式，即一种基于递归的反馈系统。

　　具有自相似性的形态广泛存在于自然界中，如连绵的山川、飘浮的云朵、岩石的断裂口、粒子的布朗运动、树冠、叶子、花菜、大脑皮层等。例如，将一块磁铁进行分割，每个被分割出来的部分，会同样具有南北两极，不断分割下去，每部分都具有和整体磁铁相同的磁场。如图 5-1 所示，左图是树叶在自然界中的分形形态，右图是用计算机分形算法绘制的图像。

（a）自然界中树叶的分形

（b）计算机分形仿真

图 5-1　自然界中树叶的分形和计算机分形仿真

5.1.1　科赫雪花的形式化描述

科赫曲线是分形曲线中的一种。1904 年，数学家海里格·冯·科赫（H.von Koch）在论文《从初等几何构造的一条没有切线的连续曲线》（*Sur une courbe continue sans tangente，obtenue parune construction géométrique élémentaire*）中提出科赫曲线的设计思路，科赫曲线是一种类似雪花的几何曲线，因此又称为雪花曲线。科赫雪花如图 5-2 所示。

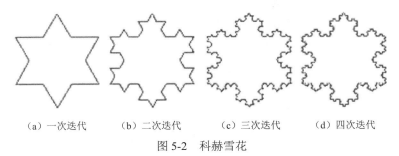

（a）一次迭代　　　（b）二次迭代　　　（c）三次迭代　　　（d）四次迭代

图 5-2　科赫雪花

科赫曲线可以由以下步骤生成。

1）给定线段 *AB*。

2）将线段分成三等份（*AC，CD，DB*）。

3）以 *CD* 为底，向外画一个等边三角形 *DMC*。

4）将线段 *CD* 移去。

5）分别对 *AC，CM，MD，DB* 重复 2）～4）。科赫曲线生成步骤如图 5-3 所示。

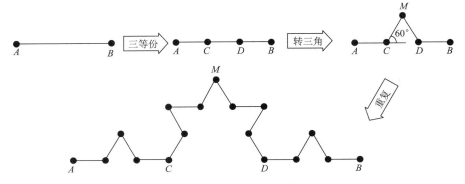

图 5-3　科赫曲线生成步骤

根据上述描述，科赫曲线可以用一个三元组表示为

$$Koch1=<n，length，Koch1>$$

其中，n 表示生成这条科赫曲线的分形次数；length 表示初始线段长度；Koch1 表示调用科赫曲线过程。

待解决问题 1：根据系统论中的子系统划分，子系统形式化地描述问题中 Koch1 元组迭代了问题 Koch1 本身，也就是说在元组中蕴含了其他元组。因此，对 Koch1 元组的抽象需要进一步分析，以便将一个迭代问题分解或划分为可实现的描述。

待解决问题 2：单条科赫曲线只是科赫雪花产生的基础，要生成科赫雪花，需要 3 条科赫曲线首尾相接，并且 3 个端点构成一个等边三角形。因此，在简单系统构造完成后，要得到最终系统，需要进行系统各个模块的组合装配。

5.1.2　科赫雪花的问题模型

通过对科赫雪花的初步问题描述，在建模之前搜寻已有知识领域，希望能够找到简约问题的代替系统。代替系统或者与待求解问题系统同构，或者可以向待求解问题系统转化，或者是待求解问题系统的子系统。通过知识搜索发现，采用迭代过程，科赫雪花分形问题与计算机科学中的递归过程相类似，进而找到了可以转化的模型。为此，选用递归法仿真科赫雪花，从而将绘制问题转化为递归问题（有关递归问题，请参阅 3.4.3 节的递归法）。

通常递归问题需要用递归函数进行刻画，科赫雪花问题的递归函数为

$$Koch(n，length) = \begin{cases} Koch(n-1，length/3) & (n > 0) \\ length & (n = 0) \end{cases}$$

除 $n=0$ 时是一条向前的线段外，其他情况需要按照 0°、60°、120°、0°调整线段的转角绘制成一条科赫曲线。科赫曲线递归过程如图 5-4 所示。

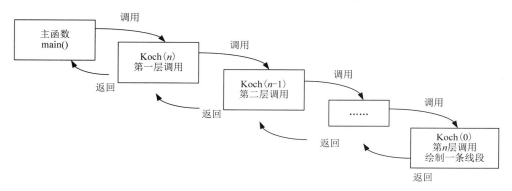

图 5-4　科赫曲线递归过程

5.1.3　科赫雪花的进一步优化

1. Koch1 元组的重新描述

回顾待解决问题 1，对于迭代过程 Koch1 进行递归分解，递归层层调用，直到最底

层，即 $n=0$ 时，绘制一条线段。递归在从底层返回最上层的过程中，每层都要处理按照 $0°$、$60°$、$120°$、$0°$ 的角度绘制线段的操作，确定 3 个中间点 V_2、V_3、V_4 的坐标，如图 5-5 所示。

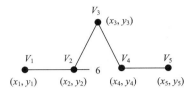

图 5-5　科赫曲线一次迭代

通过计算，求解 3 个中间点的坐标。

1）初始化第一条线段位置。设最底层为绘制起点，即 $n=0$ 时，线段的两个端点 V_1 和 V_5 的坐标值为（x_1，y_1）和（x_5，y_5）。

2）V_2 的坐标（x_2，y_2）可用如下公式计算：

$$x_2 = (2x_1 + x_5) / 3$$
$$y_2 = (2y_1 + y_5) / 3$$

3）V_4 的坐标（x_4，y_4）可用如下公式计算：

$$x_4 = (x_1 + 2x_5) / 3$$
$$y_4 = (y_1 + 2y_5) / 3$$

4）V_3 的坐标（x_3，y_3）可用如下公式计算：

$$x_3 = [(x_2 + x_4) + \sqrt{3}(y_2 - y_4)] / 2$$
$$y_3 = [(y_2 + y_4) + \sqrt{3}(x_4 - x_2)] / 2$$

根据 5 个点的坐标，产生 4 条线段的集合 L：

$$l_1\{(x_1,\ y_1),(x_2,\ y_2)\}$$
$$l_2\{(x_2,\ y_2),(x_3,\ y_3)\}$$
$$l_3\{(x_3,\ y_3),(x_4,\ y_4)\}$$
$$l_4\{(x_4,\ y_4),(x_5,\ y_5)\}$$

根据上述描述，科赫曲线可以用一个三元组表示为

$$\text{Koch2} = <n,\ V,\ L>$$

其中，n 表示生成这条科赫曲线的分形次数；V 表示点的集合，$V=\{v_1,v_2,\cdots,v_n\}$，v_i 表示第 i 个点；L 表示线段的集合，$L=\{(x_i,y_i),\ (x_{i+1},y_{i+1})|\ i \in V\}$，$(x_i,y_i)$ 表示第 i 个点 V_i 的坐标值，(x_{i+1},y_{i+1}) 表示与 V_i 相连的下一个点的坐标值。

2. 科赫雪花

回顾待解决问题 2，需要将 3 条科赫曲线首尾相接组成完整的科赫雪花。初始状态，3 个端点构成一个等边三角形。设三角形中心点坐标为 center（x，y），科赫雪花的半径为 r。初始化科赫雪花，3 条边的 3 个点的坐标分别为（m_1，n_1）、（m_2，n_2）、（m_3，n_3），计算如下。

$$\begin{cases} m_1 = x \\ n_1 = y - r \\ m_2 = x - \dfrac{\sqrt{3}}{2}r \\ n_2 = y - \dfrac{1}{2}r \\ m_3 = x + \dfrac{\sqrt{3}}{2}r \\ n_3 = y + \dfrac{1}{2}r \end{cases}$$

科赫雪花初始化 3 条边如图 5-6 所示。初始化 3 条边分别表示为

$$l_1\{(m_1, \ n_1),(m_2, \ n_2)\}$$
$$l_2\{(m_2, \ n_2),(m_3, \ n_3)\}$$
$$l_3\{(m_3, \ n_3),(m_1, \ n_1)\}$$

根据上述描述，科赫雪花可以用一个三元组表示为

$$Koch3=<n, V, L, r, center>$$

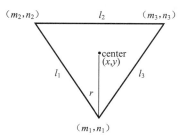

图 5-6　科赫雪花初始化 3 条边

其中，n 表示生成这条科赫曲线的分形次数；V 表示点的集合，$V=\{v_1,v_2,\cdots,v_n\}$，v_i 表示第 i 个点；L 表示线段的集合，$L=\{(x_i, y_i), \ (x_{i+1}, \ y_{i+1})|i \in V \}$，$(x_i, \ y_i)$ 表示第 i 个点 V_i 的坐标值，(x_{i+1}, y_{i+1}) 表示与 V_i 相连的下一个点的坐标值；r 表示科赫雪花的半径；center 表示科赫雪花的中心点，中心点坐标表示为 (x, y)。

5.1.4　科赫雪花的算法描述

综上所述，采用递归过程，模拟科赫雪花。

算法描述如下。

1）初始化科赫雪花等腰三角形，即确定 3 条科赫曲线的初始位置，初始化集合 L。

2）分形每条初始线段 $L\{(x_1, y_1), \ (x_5, y_5)\}$，初始化集合 V。

3）确定科赫曲线的 3 个中间顶点 (x_2, y_2)，(x_3, y_3)，(x_4, y_4)，并将 3 个点添加到集合 V。

4）循环分形 n 次后，将所有坐标点添加到集合 V。

5）将得到的科赫曲线 l_1、l_2、l_3、l_4 加入集合 L。

6）在二维坐标轴中绘制集合 L 中的所有直线段，即得到分形 n 次的科赫雪花。

5.1.5　使用 Raptor 软件模拟科赫雪花

科赫曲线的主程序如图 5-7 所示。其中，Open_Graph_Window（w, h）是 Raptor 自带的函数，用于打开一个窗口；参数 w 表示绘制窗口的宽度；参数 h 表示绘制窗口的高度。

主程序调用的 drawOneEdge(x1,y1,x2,y2,n) 函数用于绘制科赫曲线，drawOneEdge 子程序如图 5-8 所示。这是一个递归程序，递归的原理是将一条边分为 4 条边的分形过程，当递归到最后一层时，只需绘制一条线段就可以。其中，Draw_Line（x1,y1,x2, y2,color）是 Raptor 软件自带的函数，用于绘制线段；参数（x1,y1）和（x2,y2）表示绘制线段的

两个端点坐标；参数 color 表示绘制线段的颜色。

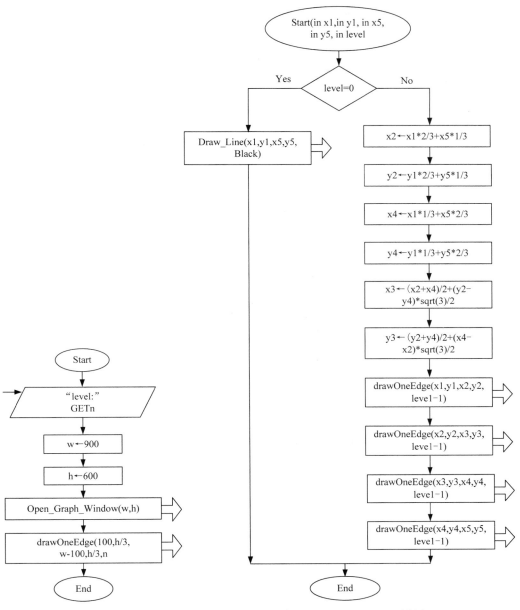

图 5-7 科赫曲线的主程序   图 5-8 drawOneEdge 子程序

一条科赫曲线模拟实现后，添加另外两条科赫曲线绘制科赫雪花，主程序如图 5-9 所示。首先，按照屏幕大小设屏幕中心点为科赫雪花中心点，计算 center 的位置（x, y）；然后，设科赫雪花的半径 r 为 h/2-50，打开一个窗口，根据 d_1、d_2、d_3 绘制的三角形绘制 3 条科赫曲线。科赫雪花的二次迭代绘制结果如图 5-10 所示，当 n=2 时，代表二次迭代后的科赫雪花。

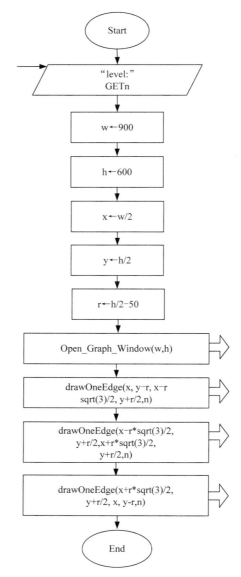

图 5-9　科赫雪花主程序

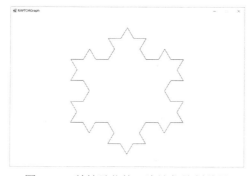

图 5-10　科赫雪花的二次迭代绘制结果

5.2　小世界网络模型的计算问题

计算思维在社会科学若干问题的研究进展中已经表现出独特的力量。社会科学家一直希望能够像研究自然现象那样，通过"实验-理论-验证"的范式研究社会现象，这种期盼在高度信息化的社会逐渐成为现实。当计算思维与社会科学背景知识结合起来时，有可能直接创造具有社会科学意义的新知识。

在数学、物理学和社会学中，小世界网络是一种数学图。在这种图中，大部分的结点彼此之间不邻接，但经由其他少数结点几步就可到达。小世界现象又称为六度分割现象，可通俗地阐述为，你和任何一个陌生人之间所间隔的人不会超过 6 个，也就是说，最多通过 6 个人，你就能够认识任何一个陌生人，如图 5-11 所示。"小世界现象"是美国哈佛大学的心理学教授斯坦利·米尔格拉姆（Stanley Milgram）为了要描绘一个连结人与社区的人际联系网，做过一次连锁信实验，结果发现了六度分隔现象。若每个人平均认识 260 个人，其六度就是 $260^6=308\ 915\ 776\ 000\ 000$。消除一些结点重复，也远远超出了整个地球人口。

图 5-11　六度分割理论示意

1998 年，邓肯·瓦茨（Duncan Watts）和史蒂文·斯托加茨（Steven Strogatz）在 *Nature* 杂志上发表了题为"小世界网络的集体动态"（*Collective Dynamics of 'Small-World' Networks*）的论文，提出了小世界现象的解释。他们指出，这类网络图可以通过两个独立的结构特征，即集聚系数和平均结点之间的距离来进行识别，这就是著名的 WS 小世界网络（SWN）概念。

社会网络其实并不高深，它的理论基础正是六度分割，而社会性软件则是建立在真实的社会网络上的增值性软件和服务。几年前一家德国报纸接受了一项挑战，要帮法兰克福的一位土耳其烤肉店老板，找到他和他最喜欢的影星马龙·白兰度的关联。经过几个月的调查分析，报社的员工发现，这两个人只经过不超过 6 个人的私交，就建立了人脉关系。原来烤肉店老板是伊拉克移民，有个朋友住在加州，刚好这个朋友的同事，是电影《这个男人有点色》的制作人的女儿在女生联谊会的结拜姐妹的男朋友，而马龙·白兰度主演了这部片子。

5.2.1　小世界网络的形式化描述

WS 小世界网络既具有较短的平均路径长度，又具有较高的聚类系数的网络总称。

WS 小世界网络理论，意味着一些陌生人，可以通过一条很短的熟人链条被联系在一起，如图 5-12 所示。

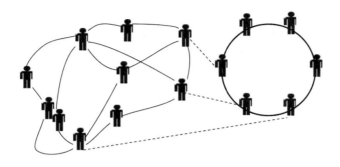

图 5-12　WS 小世界网络

根据系统论开放的复杂巨系统的概念描述，从全球范围内的社交网络角度来看，WS 小世界网络是一种典型的开放复杂巨系统。

根据系统设计最基本的"化复杂为简"思想，给出形式化描述最基本形式。设小世界网络中的总人数为 n，集聚系数 C_i 是指网络中与某人 i 的熟人之间又相互都两两相识的关系对 E 的个数 K_i，除以 i 的熟人之间全都两两相识的关系对的个数 K_{MAX}。最短路径 D_{ij} 是 i 与 j 能够经过最少的中间人就被联系在一起的链路。

根据上述描述，小世界网络可以用一个六元组形式化地描述为

$$WSSWN1=<n,\ V,\ E,\ K,\ C,\ D>$$

其中，n 表示小世界网络总人数；V 表示人的集合，$V=\{v_1,v_2,\cdots,v_n\}$，v_i 表示第 i 个人；E 表示两两相识的关系对的集合，$E=\{(i,j)|i,\ j\in V\}$，e_{ij} 表示第 i 个人与第 j 个人的相识关系；K 表示关系对个数的集合，$K=\{k_1,\ k_2,\ \cdots,\ k_n\}$，$k_i$ 表示第 i 个人的熟人之间又相互都两两相识的关系对总数；C 表示聚类系数的集合，$C=\{c_1,c_2,\cdots,c_n\}$，c_i 表示第 i 个人的集聚系数；D 表示最短链路长度，$D=\{(i,j)|i,\ j\in V\}$，d_{ij} 表示第 i 个人与第 j 个人的最短链路长度。

在此层次的形式化描述中，得到的 C、K 和 D，都需要进一步的分析其实现的模型。特别地，描述中的 K_{MAX} 也需要被进一步的表达。

待解决问题 1：根据系统论中的子系统划分，子系统形式化描述中 K 的表示还没有抽象到最底层，"熟人之间又相互都两两相识的关系对总数"中含有关系对 E 元组的描述——关系对，也就是说在元组中蕴含了其他元组。从系统结构和结构分析角度考虑 K，作为结构的基本元素，K 需要进一步分解或划分。

待解决问题 2：根据系统论子系统的思想，由于当前考虑的 C 和 D 作为元组因素，都是任意点的聚类系数，任意两点间的最短链路长度，即考虑的仅仅是 WS 小世界网络中，任意设定人 i 与其相熟的人构成的子系统。从层次和层次分析角度考虑 C 和 D 的实现，最终的网络总聚类系统和网络平均路径长度的获得，还需进一步分层细化系统来实现。

待解决问题 3：R 的确定，关联规则的确定，构建图中点和点之间的关联。

待解决问题 4：D_{ij} 的确定，如何找到两点之间的最短路径。

5.2.2　小世界网络的问题模型

通过对 WS 小世界模型的初步问题描述，在建模之前，搜寻已有知识领域，找到类似问题，目的是找到同构系统或可转换替代系统。通过知识搜索，找到小世界网络结构与数学领域的图论中的无向图同构。相关领域知识搜索内容的介绍，请参见第 3 章搜索问题与查找算法部分的知识。

图论（graph theory）是数学的一个分支，它以图为研究对象。图论中的图是由若干给定的点及连接两点的线所构成的图形，这种图形通常用来描述某些事物之间的某种特定关系，用点代表事物，用连接两点的线表示相应两个事物之间具有这种关系。直观来说，若一个图中每条边都是无方向的，则称为无向图。

无向图 $G=<V, E>$，其中：

1）V 是非空集合，称为顶点集。

2）E 是 V 中元素构成的无序二元组的集合，称为边集。

无向图的边都是双向的，即无向边所连接的两个顶点可以互相到达。在一些问题中，可以把无向图看作边是由正向和负向的两条有向边组成。顶点的度是指与该顶点相连的边的条数。完全图是一个简单的无向图，其中每对不同的顶点之间恰好有一条边相连。

以图论中的无向图作为建模的同构系统，小世界网络中的人可以用点代表，而人与人认识可以用点点之间的连线代表。因此，可以采用图论对小世界网络问题建模，从无向图的角度重新描述问题，n 个结点的无向图，图中任意点的集聚系数 C_i 是指顶点 V_i 的相邻结点之间互为邻居（即有边 E_i）的个数 K_i，除以邻居结点之间理论上存在的最多的边的个数 K_{MAX}，得到的比值。

5.2.3　小世界网络模型的进一步优化

1. K_{max} 的模型求解

在 WSSWN1 的形式化表示中，K 元组虽然可描述，但是很显然，点点之间理论上存在最多边的无向图就是完全图。因此，K_{max} 可以由完全图的性质导出，即 m 个结点的完全图有 $m(m-1)/2$ 条边。

2. K 元组的重新描述

回顾待解决问题 1，在 WSSWN1 的形式化表示中，需要分解 K 元组"熟人之间又相互都两两相识的关系对总数"：①确定何种人是熟人，即连线的规则；②计算两两相识的关系对总数，即连线的数目。在图论中，点与点之间连线表示两两相识的关系对，任意点与其他点有多少条连线就有多少个关系，任意点与其他点关联的个数可以用点的度来衡量。因此，K 元组中的关系对数目可以表述为点的度，k_i 表示 i 认识的人数。进一步地，随机模拟小世界网络中互相认识的关系，需要采用联系或关联规则，为了尽可能的模拟真实世界中的相识关系，采用关联规则，R 表示关联规则。

根据上述描述，小世界网络可以用一个七元组形式化地描述为

$$WSSWN2=<n, V, E, K, R, C, D>$$

其中，n 表示图中点的个数；V 表示点的集合，$V=\{v_1, v_2,\cdots, v_n\}$，$v_i$ 表示第 i 个点；E 表示连线的集合，$E=\{(i,j)|i,j\in V\}$，e_{ij} 表示第 i 个点与第 j 个点的相连；K 表示点的度构成的集合，$K=\{k_1, k_2,\cdots, k_n\}$，$k_i$ 表示第 i 个点的度；R 表示关联规则，$R=\{r_1, r_2,\cdots, r_n\}$，$r_i$ 表示第 i 种关联规则；C 表示聚类系数的集合，$C=\{c_1, c_2,\cdots, c_n\}$，$c_i$ 表示第 i 个点的集聚系数；D 表示最短路径长度，$D=\{(i,j)|i,j\in V\}$，d_{ij} 表示第 i 个点与第 j 个点的最短路径。

3. C 元组和 D 元组的重新描述

回顾待解决问题 2，在 WSSWN1 的形式化表示中，C 仅考虑了任意某人的集聚系数 C_i，即

$$C_i = \frac{k_i}{K_{\max}}$$

同样，在 WSSWN1 的形式化表示中，D 仅考虑了最短链路长度 D_{ij}，需要求出网络聚集系数和平均最短路径。

无向图的集聚系数（clustering coefficient）用 cc 表示，就是无向图中所有点的集聚系数求和后再求平均值，即

$$cc = \frac{1}{n}\sum_{i=1}^{n}C_i$$

均最短路径也称作平均最短路径长度（average phath length），用 apl 表示，就是任意两个结点之间最短的路径求和后再求平均值，即

$$apl = \frac{2}{n(n-1)}\sum_{i>j}D_{ij}$$

根据上述描述，小世界网络可以用一个七元组形式化地描述为

WSSWN3=$<n,\ V,\ E,\ K,\ R,\ cc,\ apl>$

4. R 元组的重新描述

回顾待解决问题 3，从已知的知识体系中寻找可直接利用或转换可利用的构建模型，对应的构造复杂网络的关联规则需要进一步筛选。

为了方便问题阐述，下文采用随机重连模型。

1）从一个环状规则图开始。给定一个含有 N 个结点的环状最近邻图，其中的每个结点都与它左右相邻的各 t 个结点相连，即初始化所有点的度 $k_i=t(i=1, 2, \cdots, n)$。

2）随机化重连。以概率 p 随机地重新连接图中原有的每条边，即每条边 (i,j) 的一个端点 i 保持不变，另外一个端点 j 随机选择图中另外的一个端点 m，连接为新的边 (i,m)，其中规定不可以有自连和重边。

根据上述描述，小世界网络可以用一个七元组形式化地描述为

WSSWN4=$<n,\ V,\ E,\ K,\ t,\ p,\ cc,\ apl>$

5. D_{ij} 的重新描述

回顾待解决问题 4，从某个顶点出发，沿图的边到达另一个顶点所经过的路径中，

各边上权值之和最小的一条路径称为最短路径。最短路径问题是图论研究中的一个经典算法问题，旨在寻找图中两结点之间的最短路径。最短路径问题包括以下 4 种情况。

1）确定起点的最短路径问题，即已知起始结点，求最短路径的问题。

2）确定终点的最短路径问题，与确定起点的问题相反，该问题是已知终点结点，求最短路径的问题。在无向图中该问题与确定起点的问题完全等同，在有向图中该问题等同于把所有路径方向反转的确定起点的问题。

3）确定起点、终点的最短路径问题，即已知起点和终点，求两结点之间的最短路径。

4）全局最短路径问题，求图中所有的最短路径。

解决最短路的问题通常可选用狄杰斯特拉算法或者弗洛伊德求邻接矩阵最短路径的算法。本问题是求两点间最短路径，已知起点和终点，属于第三种情况，可选用弗洛伊德算法。

5.2.4　小世界网络的算法描述

综上所述，采用随机重连模型和弗洛伊德最短路径算法，模拟小世界网络。

算法描述如下。

1）设定模型的初始参数（n，V，E，t，p）。

2）初始化结点数为 n 的环状规则图。

3）以概率 p 随机化重连图中结点。

4）根据边集合计算得到 K。

5）求出聚类系数 cc，平均最短路径 apl。

5.2.5　小世界网络的实例

采用随机重连模型和弗洛伊德最短路径算法，模拟人数 $n=10$，每个结点的度为定值 $t=4$，随机化重复率 $p=0.1$ 的小世界网络。

（1）设定模型的初始参数（n，V，E，t，p）

$n=10$，$V=\{1, 2, \cdots, 10\}$，$E=\{(i,j)|i,j \in V, j \in \{(i+1) \bmod 10, (i+2) \bmod 10\}\}$，$t=4$，$p=0.1$。

（2）初始化结点数为 10 的环状规则图

按照 E 的规则可以得到 20 条边的环状规则图，如图 5-13 所示。

当 $k_i=4$ 时，i 与另外 4 个结点相连，4 个结点最多可以有 $K_{\max}=6$ 条边。与 i 相连的 4 个结点之间，实际只有 3 条边相连，$k_i=3$。可以计算得到各结点的聚类系数均为 $C_i=0.5$，网络的聚类系数 cc=0.5，也就是网络中一个人通过认识的人能够找到任何一个陌生人的概率为 0.5。平均最短路径长度 apl=1.667，表示网络中一个人通过认识的人能找到任何一个陌生人平均需要通过 1.667 个人。

（3）以概率 p 随机化重连图中结点

将边的一个端点保持不变，另一个端点与随机选择的另一个网络中的结点相连。在连接时，排除自连和重连的连接。假设以 0.1 的随机选择概率重连后的网络为 $E_1=\{E-(2,4),(4,2),(7,8),(8,7)\} \cup \{(2,5),(5,2),(1,7),(7,1)\}$，如图 5-14 所示，虚线为去掉的边，加粗实线为新增加的边。

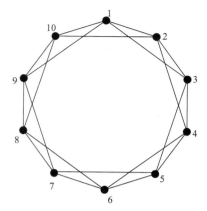

图 5-13 初始化 10 结点环状规则图

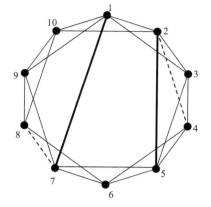

图 5-14 重连后的新网络图

（4）根据边集合计算得到 K

重新计算重连后的网络各结点的出度 k_i，如表 5-1 所示。

表 5-1 结点出度表

k_1	k_2	k_3	k_4	k_5	k_6	k_7	k_8	k_9	k_{10}
5	4	4	3	5	4	4	3	4	4

（5）求出聚类系数 cc 和平均最短路径 apl

根据实际连接边数 k_i 和最多可连接边数 K_{max}，通过公式计算 C_i，最后计算得到网络聚类系数 cc，如表 5-2 所示。

表 5-2 结点聚类系数及网络聚类系数表

C_1	C_2	C_3	C_4	C_5	C_6	C_7	C_8	C_9	C_{10}	cc
0.4	0.5	0.5	0.67	0.4	0.33	0.33	0.33	0.5	0.5	0.447

通过弗洛伊德算法计算 i 与 $j(i>j)$ 之间的最短路径 $d_{i,j}$，通过公式计算得到平均最短路径 apl，如表 5-3 所示。

表 5-3 结点最短路径及网络平均最短路径表

$d_{2,1}$	$d_{3,1}$	$d_{3,2}$	...	$d_{10,1}$	$d_{10,2}$	$d_{10,3}$	...	$d_{10,8}$	$d_{10,9}$	apl
1	1	1	...	1	1	2	...	1	1	1.622

经过这次重连后，小世界聚类系数减小，也就是小世界中一个人通过认识的人找到另一个人的概率减小了。平均最短路径的减少，表明一个人通过认识的人找到另一个人需要经过的认识减少了。

5.3 俄罗斯方块游戏

1984 年 6 月，在俄罗斯科学院计算机中心工作的数学家帕基特诺夫为了测试计算机的性能，利用闲暇时间，从拼图游戏里得到灵感，设计了俄罗斯方块，如图 5-15 所示。

俄罗斯方块原名是俄语 Тетрис（英语是 Tetris），20 世纪 80 年代风靡全球。谈到俄罗斯方块成功的奥妙，帕基特诺夫认为其魅力可能在于这个游戏非常简单，而且拼图的过程有"从混乱中寻找秩序"的成就感。

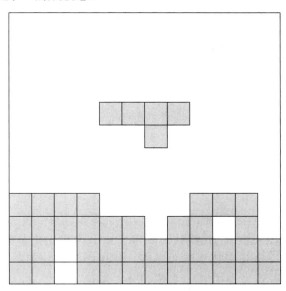

图 5-15　俄罗斯方块游戏

5.3.1　俄罗斯方块的形式化描述

俄罗斯方块游戏区域，上方是投放区，下方是堆积区。游戏的基本规则是：游戏从投放区遵循一定时间间隔自动投放各种方块，玩家在堆积区通过左右移动、旋转和摆放方块，使之在下方排列成完整的一行或多行并且消除得分。每次投放形状的同时，提示玩家下一次要投放的模块形状。当堆积的方块不能消去直至触及到顶端投放区时，游戏结束。

俄罗斯法方块由以下几种形状组成，如图 5-16 所示。

也就是说，堆积区处理的是由这些基本形状叠加而成的组合形状。根据系统论状态、演化和过程对游戏涉及的元组进行分析。

状态分析：以基本形状为单位，定量描述的特征有形状 F、位置 E 及组成形状的方块的边长 b。

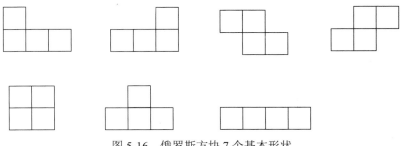

图 5-16　俄罗斯方块 7 个基本形状

演化分析：基本形状在游戏中可以被玩家操作的动态特征包括旋转 R 和方向 D。

过程分析：从游戏的总体过程来分析，游戏开始前应先初始化堆积区宽度 h 和高度 w、投放时间间隔 t，下降速度 p，游戏过程要采用随机数 I 确定当前投放形状和下次要出现的形状，判断消除行 L，记录得分 s，判断是否已经触及投放区，游戏结束 Over。

根据上述描述，俄罗斯方块游戏可以用一个 13 元组形式化地描述为

$$\text{Tetris1}=<b, w, h, t, p, s, I, F, E, R, D, L, \text{Over}>$$

其中，b 表示方格的边长；w 表示堆积区的宽度；h 表示堆积区的高度；t 表示投放形状的时间间隔；p 表示方块的下降速度；s 表示当前分数；I 表示产生的随机数，$I=\{1, 2, 3, 4, 5, 6, 7\}$；$F$ 表示 7 种形状的集合，$F=\{v_1, v_2, \cdots, v_7\}$，$v_i$（$i \in I$）表示第 i 种形状；E 表示方块的坐标位置，$E=\{(x, y)|x \leqslant w, y \leqslant h\}$，$e_{xy}$ 表示方格在 x 坐标轴和 y 坐标轴所处的坐标点；R 表示逆时针旋转 90°一次；D 表示方向，$D=\{d_1, d_2, d_3\}$，分别代表向左，向右，向下；L 表示行满得分，$L=\{l_1, l_2, \cdots, l_n\}$，$l_j$ 表示第 j 行方格已满；Over 表示游戏结束。

当堆积区最顶端方块坐标位置的 x 坐标值等于堆积区总高度 h 时游戏结束。

在此层次的形式化描述中，元组 m、w、h、t、p 为初始化参数，s 为系统输出，剩下的 7 个元组需要进一步分析其实现的模型。描述中的满行得分元组 L 与 s 元组有内部加法运算关系。根据系统论中的子系统划分，细化 I、F、E、R、D、L、Over 的抽象描述。

待解决问题 1：对于 F 元组描述的"7 种形状"用编号可以区分，却不能定性、定量识别，也就是说在元组中可以分化出更多的元组。从系统结构和结构分析角度考虑 F，作为结构的基本元素，F 元组需要进一步分解或划分。一旦 F 元组被重新描述，E 元组、R 元组、D 元组便可以根据确定的结构特征来确定描述系统。

待解决问题 2：对于 L 元组描述的满行得分，根据系统论子系统的思想，可以分解为满行判断和得分计算两个部分，当满足了 l_j，即表示第 j 行满行，s 需要更新，进行加分运算计算得分。L 元组描述需要借助其他元组才能实现判断，在系统中根据当前的方格放置情况如何判断系统满足了 l_j 状态。

待解决问题 3：对于 Over 元组描述的结束状态，根据系统论环境的思想，还应考虑用户中途放弃游戏的情况。此外，每次投放形状的同时，还应提示玩家下一次要投放的模块形状。

5.3.2 俄罗斯方块的问题模型

虽然形状是图形，但是在本例中并不能从图论中找到相似系统。搜索已知知识领域，考虑图形关系，把这些基本形状看作对象，其基本组成单位是方格，因此问题更接近于基于方格的棋盘放置问题。在计算机科学中有很多解决棋盘问题的可借鉴方法、模型或算法，对问题的描述通常采用二维数组。

二维数组又称为矩阵。矩阵是高等代数学中的常见工具，也常见于统计分析等应用数学学科中。由 $m \times n$ 个数 a_{ij} 排成的 m 行 n 列的数表称为 m 行 n 列矩阵，简称 $m \times n$ 矩阵。记作：

$$A = \begin{bmatrix} a_{11} & a_{12} & \cdots & a_{1n} \\ a_{21} & a_{22} & \cdots & a_{2n} \\ \vdots & \vdots & & \vdots \\ a_{m1} & a_{m2} & \cdots & a_{mn} \end{bmatrix}$$

a_{11}, a_{12}, $\cdots$, a_{mn} 这 $m \times n$ 个数称为矩阵 A 的元素，简称元，数 a_{ij} 位于矩阵 A 的第 i 行第 j 列，称为矩阵 A 的 (i, j) 元。矩阵的基本运算包括矩阵的加法、减法、数乘、转置、共轭和共轭转置。限于篇幅，这里仅给出本问题所涉及的运算，即矩阵加法和矩阵转置的基本运算规则。

（1）加法 $A+B$

设有两个 $m \times n$ 矩阵 $A=(a_{ij})$，$B=(b_{ij})$，那么矩阵 A 与 B 的和记为

$$A+B = \begin{bmatrix} a_{11}+b_{11} & a_{12}+b_{12} & \cdots & a_{1n}+b_{1n} \\ a_{21}+b_{21} & a_{22}+b_{22} & \cdots & a_{2n}+b_{2n} \\ \vdots & \vdots & & \vdots \\ a_{m1}+b_{m1} & a_{m2}+b_{m2} & \cdots & a_{mn}+b_{mn} \end{bmatrix}$$

（2）乘法 $A \times B$

设有一个 $m \times n$ 矩阵 $A=(a_{ij})$，一个 $n \times p$ 矩阵 $B=(b_{ij})$，那么矩阵 A 与 B 的乘积 C 中的第 i 行第 j 列元素可以表示为

$$C = \begin{bmatrix} c_{11} & c_{12} & \cdots & c_{1n} \\ c_{21} & c_{22} & \cdots & c_{2n} \\ \vdots & \vdots & & \vdots \\ c_{m1} & c_{m2} & \cdots & c_{mn} \end{bmatrix}$$

$$C_{ij} = \sum_{k=1}^{n} a_{ik} b_{kj} = a_{i1}b_{1j} + a_{i2}b_{2j} + \cdots + a_{in}b_{nj}$$

以数学学科中的矩阵作为俄罗斯方块问题建模，重新描述俄罗斯方块游戏。采用 2×4 矩阵直观地描述方块的 7 种形状。

$$F_1 = \begin{bmatrix} 1 & 0 & 0 & 0 \\ 1 & 1 & 1 & 0 \end{bmatrix} \qquad F_2 = \begin{bmatrix} 0 & 0 & 1 & 0 \\ 1 & 1 & 1 & 0 \end{bmatrix}$$

$$F_3 = \begin{bmatrix} 1 & 1 & 0 & 0 \\ 0 & 1 & 1 & 0 \end{bmatrix} \qquad F_4 = \begin{bmatrix} 0 & 1 & 1 & 0 \\ 1 & 1 & 0 & 0 \end{bmatrix}$$

$$F_5 = \begin{bmatrix} 1 & 1 & 0 & 0 \\ 1 & 1 & 0 & 0 \end{bmatrix} \qquad F_6 = \begin{bmatrix} 0 & 1 & 0 & 0 \\ 1 & 1 & 1 & 0 \end{bmatrix}$$

$$F_7 = \begin{bmatrix} 0 & 0 & 0 & 0 \\ 1 & 1 & 1 & 1 \end{bmatrix}$$

当矩阵中的元为"0"时填充白色，当矩阵中的元为"1"时填充黑色。

5.3.3　俄罗斯方块模型的进一步优化

1.　E 元组、R 元组和 D 元组的重新描述

回顾待解决问题 1，根据模型 F 元组描述的"7 种形状"用矩阵描述，E 元组、R 元组、D 元组便可以根据矩阵重新描述系统。E 元组所表示的形状坐标，通常可以选择形状的左下角或某个角的坐标进行定义，即在矩阵中可以选择 F_i 的(2,1)元来定坐标。但是，当有旋转操作时，坐标点的旋转使得运算更加复杂，因此把旋转中心点作为坐标点更为稳定。设堆积区的坐标原点在左上角，每个方格的坐标标识点也是其左上角。

以形状 F_1 为例，假定以(2,2)作为旋转点设置形状 F_1 的坐标点，

$$F_1=\begin{bmatrix} 1 & 0 & 0 & 0 \\ 1 & (x,y) & 1 & 0 \end{bmatrix}$$

E_1 可表示为(x, y)，F_1 中的其他方格位置可以由坐标(x,y)表示为

$$F_1=\begin{bmatrix} (x-1,y+1) & (x,y+1) & (x+1,y+1) & (x+2,y+1) \\ (x-1,y) & (\boldsymbol{x},\boldsymbol{y}) & (x+1,y) & (x+2,y) \end{bmatrix}$$

$$F_1=\begin{bmatrix} (x,y) & (x,y) & (x,y) & (x,y) \\ (x,y) & (\boldsymbol{x},\boldsymbol{y}) & (x,y) & (x,y) \end{bmatrix}+\begin{bmatrix} (-1,1) & (0,1) & (1,1) & (2,1) \\ (-1,0) & (\boldsymbol{0},\boldsymbol{0}) & (1,0) & (2,0) \end{bmatrix}$$

$$A=\begin{bmatrix} (-1,1) & (0,1) & (1,1) & (2,1) \\ (-1,0) & (\boldsymbol{0},\boldsymbol{0}) & (1,0) & (2,0) \end{bmatrix}$$

A 是确定旋转点(2,2)为 F_1 的坐标点 E_1，相对 $E_1(x, y)$，F_1 中各元的相对坐标矩阵。

R 元组的旋转操作可以用矩阵乘积实现，即采用旋转矩阵 $\begin{bmatrix} \cos\theta & -\sin\theta \\ \sin\theta & \cos\theta \end{bmatrix}$，逆时针旋转 90° 的旋转矩阵 $R=\begin{bmatrix} 0 & -1 \\ 1 & 0 \end{bmatrix}$。

以 F_1 为例，F_1 坐标 $E_1(x, y)$，逆时针旋转 90°，A'可表示为

$$A'=\begin{bmatrix} 0 & -1 \\ 1 & 0 \end{bmatrix}A$$

其中，A 中(1,1)元对应的相对坐标$(-1,1)$经过旋转变换 $\begin{bmatrix} 0 & -1 \\ 1 & 0 \end{bmatrix}\begin{bmatrix} -1 \\ 1 \end{bmatrix}$，得到新的相对坐标矩阵 A'，用 A'重新赋值相对坐标矩阵 A，通过 A 与 $E_1(x, y)$的和运算，可得到逆时针旋转一次后，F_1 中(1,1)元的新坐标，即

$$\begin{bmatrix} 0 & -1 \\ 1 & 0 \end{bmatrix}\begin{bmatrix} -1 \\ 1 \end{bmatrix}+\begin{bmatrix} x \\ y \end{bmatrix}$$

D 元组的平移操作可以用矩阵加法或减法实现。向左移动可定义为 x 轴坐标减"1"运算，向右移动可以定义为 x 轴坐标加"1"运算，向下平移可以定义为 y 轴坐标加"1"运算。

以 F_1 为例，F_1 坐标 $E_1(x,y)$，d_1 表示向左平移后 F_1 可表示为$(x-1, y)$；d_2 表示向右平

移后 F_1 可表示为$(x+1, y)$；d_3 表示向下平移后 F_1 可表示为$(x, y-1)$。

根据上述描述，俄罗斯方块游戏可以用一个十五元组形式化地描述为

Tetris2=<b, m, n, TT, t, p, s, I, F, E, A, R, D, L, Over>

其中，b 表示相邻坐标点之间的间隔距离；m 表示矩阵的行最大值，坐标点的 y 轴最大值；n 表示矩阵的列最大值，坐标点的 x 轴最大值；TT 表示 $m \times n$ 矩阵表达的堆积区，初始为零矩阵；t 表示投放形状的时间间隔；p 表示更新向下平移坐标的时间间隔；s 表示当前分数；I 表示产生的随机数，$I=\{1, 2, 3, 4, 5, 6, 7\}$；$F$ 表示 7 种形状的对应形状矩阵，$F=\{v_1, v_2, \cdots, v_7\}$，$v_i (i \in I)$ 表示第 i 种形状；E 表示矩阵元的下标，$E=\{(x, y)|x \leqslant m, y \leqslant n\}$，$e_{xy}$ 表示第 x 行、第 y 列的元下标；A 表示 7 种形状的对应相对坐标矩阵，$A=\{a_1, a_2, \cdots, a_7\}$；$R$ 表示逆时针旋转 90° 一次的旋转矩阵；D 表示方向，$D=\{d_1, d_2, d_3\}$，分别代表向左，向右，向下；L 表示行满得分，$L=\{l_1, l_2, \cdots, l_n\}$，$l_j$ 表示第 j 行方格已满；Over 表示游戏结束。

当堆积区最顶端方块坐标位置的 x 坐标值等于堆积区总高度 h 时游戏结束。

2. L 元组和 s 的重新描述

回顾待解决问题 2，L 元组描述的满行得分，分解为满行判断和得分计算两个部分。分析满行判断：当满足了 l_j，即表示第 j 行满行，根据 Tetris2 形式化描述，由矩阵 TT 表示的堆积区的第 j 行元素的值都是 1，即 $\sum_{i=1}^{n} TT(j,i) = n$，第 j 行元素之和为矩阵列最大值 n。当判断 l_j 成立，则将第 j 行所有元都改写为 0，显示为白色。分析得分计算：s 的初始值为 0，当判断满行得分后，需要将得分累加到 s 计算新的得分，为此得分计算应和当前得分合并为新的元组 S。

根据上述描述，俄罗斯方块游戏可以用一个十五元组形式化地描述为

Tetris3=<b, m, n, TT, t, p, I, F, E, A, R, D, L, S, Over>

3. Over 元组的重新描述

回顾待解决问题 3，Over 元组描述包括形状已停放好，即可操作性的终止，游戏本身的终止。

1）可操作性的终止包括被控形状 F_i 旋转的终止、左右移动的终止及停放完毕所有操作终止。可以采用 "按位与" $F_i \& F_{next}$ 的方法来判断。按位与运算符 "&" 是双目运算符。其功能是参与运算的两数各对应的二进位相与。

例如，以 F_1 为例，判断是否停放形状，不可再向下操作。

$$F_i \& F_{next} = \begin{bmatrix} 1 & 0 & 0 & 0 \\ 1 & 1 & 1 & 0 \end{bmatrix} \& \begin{bmatrix} 0 & 0 & 0 & 0 \\ 1 & 1 & 1 & 1 \end{bmatrix}$$

$$= \begin{bmatrix} 1\&0 & 0\&0 & 0\&0 & 0\&0 \\ 1\&1 & 1\&1 & 1\&1 & 0\&1 \end{bmatrix} = \begin{bmatrix} 0 & 0 & 0 & 0 \\ 1 & 1 & 1 & 0 \end{bmatrix}$$

首先，用当前形状 F_1 的坐标 $E(x, y)$ 计算下一时刻 F_{next} 的坐标 $E(x, y+1)$，一旦有了形状的坐标，形状数组中所有元的坐标就可以确定，通过坐标可以获得 F_{next} 所有元数据值。然后进行 "按位与" $F_i \& F_{next}$ 运算，当结果为零矩阵时可以下移，当结果为非零矩

阵时，移动后会与其他方块冲突，即不能再移动。特别地，当判断 F_{next} 为零矩阵时，可以直接移动。因为，1 代表有方块占位，0 代表没有方块占位，零矩阵代表下方没有任何方块。

2）从程序本身的结束条件来考虑，当方块触及投放区时游戏终止。根据已有的 Tetris3 形式化描述，判断是否已经触及投放区游戏结束 Over。下落 F_i 前，判断是否还有足够的空白区域产生方块，若没有则游戏结束。

此外，还应考虑用户中途放弃游戏的终止。

5.3.4 俄罗斯方块模型的算法描述

1）初始化游戏界面，当用户开始游戏时，要求设置下落速度 p。

2）初始化堆积区矩阵 TT。

3）随机产生本次要生产的形状 F_i。

4）随机产生下次要投放的形状 F_j。

5）在窗口右上方绘制 F_j。

6）投放本次形状 F_i，按照 p 的速度下移，在投放前判断是否有足够的空白区域产生形状，若没有则标记游戏结束，算法结束。

7）下落过程中，检测用户键盘输入，进行旋转，左右移动及加速下落操作。移动形状前，要判断是否可以进行该操作，若空间足够就执行操作，否则跳过用户输入。

8）当方块停放后，判断是否满足 L 行已满，满行时删除行，重新绘制堆积区，重新计算并显示新的分数。

9）重复 3）～8）步骤。

小　　结

跨学科的交叉融合，首要考虑的是沟通。计算思维作为一座桥梁，能够将其他学科的问题转化为一个计算问题，从抽象和自动化的角度，采用系统科学方法揭示问题本质，构建新的系统。当今计算机科学几乎融合了所有学科的研究，通过计算思维解决各个领域问题是时代的迫切要求。本章介绍了分形艺术领域的科赫雪花、社会科学领域的小世界网络和娱乐游戏领域中的俄罗斯方块。运用计算思维的问题求解过程和系统设计方法，从形式化描述、建模、优化、算法和实现等环节，详细介绍了 3 个案例。基于 Raptor 软件平台，实现了科赫雪花案例的可视化计算机模拟仿真。

通过学习，借鉴各领域知识在计算机科学中的解决方案，理解计算思维的抽象和自动化方法，了解系统科学在跨学科系统设计中的实现过程。

习　题　5

1. 计算思维问题求解的一般步骤是什么？
2. 通过小世界网络模型的计算问题说明计算思维在社会科学研究中的意义？

参 考 文 献

陈国良，2012．计算思维导论[M]．北京：高等教育出版社．

董付国，2016．Python 程序设计[M]．2 版．北京：清华大学出版社．

董荣盛，2017．计算思维的结构[M]．北京：人民邮电出版社．

董卫军，邢为民，索琦，2014．计算机导论[M]．北京：电子工业出版社．

郝兴伟，2014．大学计算机——计算思维的视角[M]．3 版．北京：高等教育出版社．

李廉，王士弘，2016．大学计算机教程——从计算到计算思维[M]．北京：高等教育出版社．

李暾，等，2018．大学计算机基础[M]．3 版．北京：清华大学出版社．

刘德山，付彬彬，黄和，2018．Python3 程序设计基础[M]．北京：科学出版社．

唐培合，徐奕奕，2015．计算思维——计算学科导论[M]．北京：电子工业出版社．

徐志伟，孙小明，2018．计算机科学导论[M]．北京：清华大学出版社．

杨俊，金一宁，韩雪娜，2014．大学计算机基础教程[M]．北京：科学出版社．

袁方，王兵，李继民，2014．计算机导论[M]．3 版．北京：清华大学出版社．

战德臣，聂兰顺，2013．大学计算机——计算思维导论[M]．北京：电子工业出版社．

张洪瀚，杨俊，张启涛，2008．大学计算机基础[M]．北京：中国铁道出版社．

周以真，2007．计算思维[J]．徐韵文，王飞跃，译．北京：中国计算机学会通讯，3（11）．